普通高等教育电子科学与技术特色专业系列教材

半导体结构

张　彤　李国兴　徐宝琨　编著

科学出版社

北京

内 容 简 介

本书是普通高等教育电子科学与技术特色专业系列教材之一，主要介绍半导体的晶体结构以及缺陷理论。全书的主要内容包括晶体的性质，晶体的构造理论，晶体的对称性理论，晶体的晶向和晶面，半导体材料及电子材料晶体结构的特点及性质，半导体中的点缺陷、线缺陷和面缺陷，以及半导体结构的表征技术。

本书可以作为电子科学与技术、物理学、材料物理等专业的本科生和研究生学习半导体或微电子的教材或参考书，也可作为相关研究领域的科研人员的参考书。

图书在版编目（CIP）数据

半导体结构 / 张彤，李国兴，徐宝琨编著. -- 北京：科学出版社，2024. 6. -- (普通高等教育电子科学与技术特色专业系列教材). -- ISBN 978-7-03-078977-8

Ⅰ. TN303

中国国家版本馆 CIP 数据核字第 2024YE3738 号

责任编辑：潘斯斯 / 责任校对：胡小洁
责任印制：赵 博 / 封面设计：马晓敏

科学出版社 出版
北京东黄城根北街 16 号
邮政编码：100717
http://www.sciencep.com

北京华宇信诺印刷有限公司印刷
科学出版社发行 各地新华书店经销
*
2024 年 6 月第 一 版 开本：787×1092 1/16
2025 年 3 月第二次印刷 印张：13 3/4
字数：300 000

定价：59.00 元
（如有印装质量问题，我社负责调换）

前　言

当前，世界处于百年未有之大变局，新工业革命推动新兴市场国家高速发展，为发展中国家带来了前所未有的战略发展机遇，尤其是以中国为代表的发展中国家成为新兴大国力量，对世界格局的变化产生革命性影响。新一轮技术革命将对人类社会的生活和生产方式产生重大的影响：信息技术将渗透到我们生活的各个领域，并发挥出重要的连锁作用；生产将走向智能化、自动化。这将加速企业变革，不断催生新的生产和运营模式。

信息技术的基础是电子技术，集成电路是电子技术的核心。半导体是集成电路技术的基础，被誉为"制造业的大脑"，在关系国家安全和国民经济命脉的主要行业和关键领域占据主导地位，是国民经济的重要支柱。党的二十大报告指出："以国家战略需求为导向，集聚力量进行原创性引领性科技攻关，坚决打赢关键核心技术攻坚战。"面对复杂严峻的外部环境和国际科技发展格局，我们清醒地认识到，只有集成电路产业的关键核心技术掌握在自己手中，才能从根本上保障国家经济安全、国防安全和其他安全。

半导体结构是学习半导体材料、半导体物理、微电子器件、光电子器件以及集成电路等课程的基础，是电子科学与技术、物理学相关领域工程技术人员和科研人员必备的基础知识。

本书是吉林大学半导体系列教材之一，旨在为半导体领域的从业者和学生提供必要的半导体结构的相关知识。本书由编者根据多年的教学经验，结合学校的学科特点和专业特色，在 1991 年吉林大学出版社出版的《结晶学》教材的基础上，参考不同类型的高等学校的相关教材编写而成，内容涉及半导体的晶体结构、外部形态、内部结构、物理性质和化学性质等诸多方面。全书共 9 章。第 1~4 章分别从晶体的性质、晶体的构造理论、晶体的对称性理论以及晶体的晶向和晶面等方面，介绍晶体学的基本知识；第 5 章通过典型半导体材料的晶体结构，介绍晶态半导体的基本结构和性质，以及一些典型和新兴的电子材料；第 6~8 章是缺陷理论，分别介绍半导体中的点缺陷、线缺陷和面缺陷；第 9 章介绍半导体结构的表征技术。

在本书的编写过程中，编者力图做到概念准确、图表清晰、文字简明、语言流畅。为了方便学生到实验室认识各种模型，本书设置了四个实习内容，这也是本书的一个特色。本书由吉林大学张彤、李国兴、徐宝琨编著。赵红然副教授参与了第 9 章的编写，隋宁博士参与完成了本书中大部分插图的制作，课题组的一些博士研究生在本书的插图绘制和文字校对中做了大量工作，科学出版社对本书的出版提供了大力支持和帮助，在此一并表示衷心的感谢！

半导体技术发展迅速，新的研究成果不断涌现，文献资料层出不穷。限于编者的水平，本书难免存在不足之处，希望得到专家和读者的批评指正。

编　者

2023 年夏于吉林大学

目　　录

第 1 章　晶体的性质

1.1　晶体和非晶体

在通常条件下，物质有三种不同的存在形态：气态、液态和固态。人们在与多种天然固态物质的长期接触中，曾建立起这样一个初步的概念：有一类固体通常具有天然规则的多面体外形，如水晶呈六角柱状、石盐呈立方体、方解石呈菱面体等，并把这类有规则多面体外形的固体称为晶体。这一晶体的概念是很不严谨的，例如，花岗石虽不具有规则的多面体外形，但仔细观察其剖面上的精细结构，会发现它是由许多小的有多面体外形的晶体颗粒构成的，这促使人们开始从晶体的微观结构入手来揭示晶体的秘密。当把某些大块晶体(如方解石)打碎后，会发现破碎的小晶块仍有某些规则的晶面，因此人们很早就从晶体的外形规律中推测出：在晶体内部构造中存在一定规律性。1895 年，伦琴发现了一种波长短、穿透能力很强的辐射线，称为 X 射线，随后人们便把它作为一种研究物质内部结构的有力工具。1912 年，劳厄通过晶体对 X 射线的衍射实验证实了：一切晶体都是由空间排列的很有规律的微粒(原子、分子或离子)组成的固体，晶体内部微粒的规则排列如同一种格子构造。从此，人们对晶体的认识由表及里、由现象到本质地提高了一大步。关于晶体的现代定义应是：内部微粒(原子、分子或离子)按一定规则周期性排列而构成的固体或具有格子构造的固体称为晶体。

由于晶体内部微粒的分布有高度的规律性，因此晶体具有远(长)程有序性，即在一定方向的直线上，粒子有规则地重复千百万次；而非晶体内的粒子的分布只有近(短)程有序性，即只有近邻的一些粒子形成了有规则的结构。例如，图 1.1.1(a)、(b) 分别表示出石英晶体和石英玻璃的平面结构示意图，构成两者的基体都是 SiO_2 四面体，硅在四面体的中心，氧在四面体的顶点上，然而，这些四面体在石英晶体中有规则地堆积起来，而在石英玻璃中没有严格的堆积顺序，表明石英玻璃是非晶体，没有远程有序性，只有近程有序性。

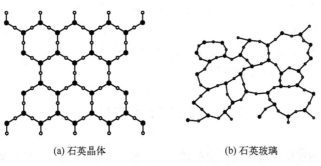

(a) 石英晶体　　　　　　　　(b) 石英玻璃

图 1.1.1　石英晶体和石英玻璃的平面结构

液相物质的内部结构也只具有近程有序性，从内部结构的观点来看，非晶体和液体是很相似的，因此有时把非晶物质看作过冷却的液体或硬化了的液体。另外，有相当多的有机物质，在从固态转变为液态之前，经历了一个或多个中间态，中间态的性质介于晶态和液态之间，所以称为液态晶，简称液晶。

非晶体由于不具有格子构造，因此也就不能自发地形成规则多面体的外形，因而有时非晶体也称无定形体。

对于有些晶体，整个晶体内的微粒都是按一定规则周期性排列的，这类晶体称为单晶或单晶体。另外有些晶体由许多小单晶块组成，这些小单晶块的大小和取向各不相同，这类晶体称为多晶或多晶体。例如，常见的金属材料就是多晶体。锗、硅、砷化镓等半导体材料在制备的初期也常呈多晶状态，之后要进一步加工使其生长成单晶才能成为供器件制造所用的实用材料。由多晶生产单晶的工艺就是人们常说的拉单晶。图 1.1.2(a)、(b) 为单晶体和多晶体的结构图。

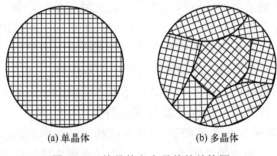

(a) 单晶体　　　　　　　　　(b) 多晶体

图 1.1.2　单晶体和多晶体的结构图

通常多晶体内部的小晶粒尺寸比较大，一般可通过肉眼分辨。有一类固体，如炭黑等由更微小的晶体颗粒构成，每个晶粒的尺寸在 1μm 以下，但从微观上看，它们仍由数以千计，甚至万计的原子、分子或离子构成，且其晶粒比通常所指的多晶体中的晶粒要微小得多，因此这类微小晶体称为微晶或微晶体。

近年来，由于固体材料制造技术的提高，人们可以制出晶粒尺寸仅在纳米量级($10^{-10}\sim10^{-7}$m) 的固体粉末，称其为纳米晶。纳米技术不仅是尺寸的缩小、材料粒径的降低，而且是人类认识自然、改造自然能力的又一次飞跃，是在对宏观世界的认识到微观世界的研究基础上，人们向微米、介观领域这一盲区的深入探索。纳米晶粒界面(表面)上的原子将多于内部的原子，界面原子数占据了总原子中可观的比例，因此必须考虑界面效应。在颗粒尺寸缩小后，纳米晶体中原子的排列虽然仍是远程有序，但已经不是无限远程有序，导致纳米晶体具有许多特异的性质，这些变化将使纳米材料产生一系列特殊的性质，因此纳米材料是一种很有发展前景的功能材料。

1.2　晶体的基本性质

人们经过长期的观察研究，总结出晶体具有一些基本的性质。仔细想来，晶体的这些基本性质也都是源于晶体内部微粒排列具有格子构造这一本质。晶体的基本性质有如下几个方面。

1．自范性

晶体具有自发地生长成一个结晶多面体的可能性，即晶体常能以平面作为与周围介质的分界面，这种性质称为晶体的自范性。非晶体则无此种性质。当生长环境不理想时，晶体的外形也可能是不规则的，但是如果将此外形不规则的晶体重新置于良好的生长环境中，使之作为结晶中心，则其仍会生长成结晶多面体。在拉制半导体材料锗、硅、砷化镓单晶过程中，有时在放肩部位会出现平整的晶面、在等径部位会出现棱线等，这就是晶体的自范性的表现。

晶体外部出现的晶面、晶棱等是晶体内部格子构造中存在的微粒平面的外部反映。至于格子构造中的哪些晶粒平面能够暴露在晶体的外部，取决于微粒平面所具有的表面能的大小，理论和实践证明那些具有最低表面能的微粒平面在晶体生长过程中倾向于暴露在晶体的外部。

2．均匀性和各向异性

一块晶体中的各个部位由于晶粒的成分和排列规律完全一样，因此表现出的各种宏观性质是完全相同的，这就是晶体的均匀性。气体、液体和非晶体也具有均匀性，但它们的均匀性是由于微粒排列得极为混乱，各种宏观性质都以平均值形式表现出来，因而在本质上和晶体均匀性有所不同。

从不同的方向上看，晶体内部微粒排列的情况又有所不同，由此导致晶体中不同方向上的性质有所差异，这就是晶体的各向异性。例如，在图 1.2.1 中，云母片上石蜡的熔化图形呈椭圆形，说明云母在不同方向上的导热速率不同。又如，石墨（层状结构）在与层垂直方向上的电导率为与层平行方向上的电导率的万分之一。后面介绍锗、硅、砷化镓等半导体材料沿各个方向的生长特性、腐蚀特性等也具有明显的差别。这些都是晶体各向异性的表现。气体、液体和非晶体都不具有各向异性，它们表现为各向同性。

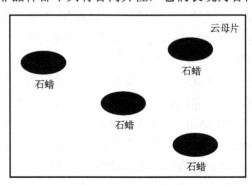

图 1.2.1　云母片上的石蜡加热熔化后呈现的图样

3．对称性

所有的晶体在外形上和各种性质上都具有或多或少的对称性。例如，对于具有立方体外形的食盐晶体，其各个面之间的关系是相互对称的。云母片上石蜡的熔化图形呈椭圆形，而不是呈现出其他任意的不规则形状，说明其表面沿各个方向的热传导性质是对称的。

晶体的对称性是由内部微粒排列的对称性所引起的。关于晶体内部微粒排列的对称性规律，在第 3 章中将专门加以讨论。

4. 最小内能和固定熔点

实验证明：从气体、液体和非晶体过渡到晶体时要放热；相反地，从晶体转变为非晶体、液体和气体时都要吸热。这说明在一定热力学条件(p 和 T)下，同样化学组成的物质形成晶体状态时具有的内能最小。

晶体受热至一定温度时开始熔化，从熔化开始到熔化完成，即全部变为液体时为止，一直保持着一定的温度，即晶体具有固定的熔点。非晶体受热至某一温度时开始软化为黏度很大的物质，然后随着温度升高，黏度逐渐变小，最后过渡为流动性大的液体。在由固态过渡到液态的全部过程中，非晶体的温度与时俱增，即无固定的熔点。晶体和非晶体的受热熔化情况可以从以时间为横坐标、温度为纵坐标组成的加热曲线（图 1.2.2(a)、(b)）看出。晶体的加热曲线具有一段水平部分，它对应晶体的熔点，非晶体的加热曲线则是连续变化的，由曲线形状看不出有明确的熔点。

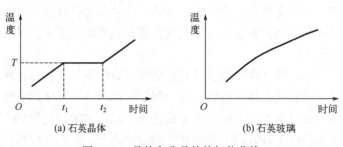

图 1.2.2　晶体和非晶体的加热曲线

晶体具有最小内能，也起因于晶体内部微粒的规则排列特性。在 1.3 节有关晶体结合力的阐述中将要说明晶体内部微粒的规则排列是微粒间引力和斥力达到平衡的结果。如果把微粒间的距离相对于平衡位置增大或减小，则都将导致微粒间的相互作用势能增大，从而使整个物体内部的势能增大，即内能增加。微粒由晶体转变到气体、液体或非晶体状态，也就是从规则排列状态转变为无规则状态，这时微粒间的距离必然有的相较于平衡距离增大，有的相较于平衡距离减小，总的效果是体系内能增大。因此，在相同热力学条件下，晶态内能最小。相对于非晶体来说，晶体状态是最稳定的，非晶体有自发调整其内部质点的排列方式向晶体转变的倾向。例如，玻璃在经过几十年时间以后，会产生一些由细小的晶体构成的白色羽毛状花纹，这就是非晶态的玻璃自发地转变为晶态的结果。

晶体具有固定的熔点也与晶体内微粒的规则排列有关，仍可以借助图 1.1.1 中石英晶体的结构示意图来加以说明。当对石英晶体加热时，其格子构造中的微粒热振动加剧，在达到某一温度时，微粒会脱离平衡位置转入不规则排列的液相状态。由于整个晶体中的微粒排列结构完全相同，如图 1.1.1(a)所示，各环的大小和构造相同，因此若一个环的结构能够被破坏，则其他的环也能够在同一温度下被破坏，于是整个系统将在这同一温度下完成由固相向液相的转变，这一温度就是熔点。对于石英玻璃，它没有规律的格子构造，由

图 1.1.1(b)可见，各环的大小不等、形状不同，因此破坏每一个环所需要的热运动能量也不同。当温度升高到一定数值时，某些环上的微粒的热运动能超过结合能，这些环的结构将会被破坏，另一些环则需要在更高的温度下才能被破坏，因此石英玻璃在温度升高过程中逐渐软化，没有一定的熔点。总之对于非晶体，如前所述，它的内部构造与液体无本质差别，可以看作过冷的液体，因此其加热曲线与纯液体的加热曲线相似，没有明显的平台区。

1.3　晶体的类型和结合力

晶体中的粒子(原子、分子或离子)是在三维空间内规则排列着的。那么是什么原因使这些微粒彼此结合并规则地排列起来的呢？这是由于粒子和粒子之间存在使它们结合起来的相互作用力，这种结合力称为键或键合。根据构成晶体的结合力的不同，可以把晶体分为如下几类。

1. 离子键和离子晶体

不同元素的原子由于结构上的差别，它们接受和失去电子的能力不同。特别是处在原子最外层的电子离原子核最远，原子核对它的吸引最弱，当受到外来影响时，这一外层电子最容易脱离原子核。因此，当不同元素的原子之间相互作用时，首先是这些外层电子将重新分配，且重新分配的结果将使整个体系的势能趋于减少以形成稳定的系统。那些参与重新分配的外层电子称为价电子。为便于比较不同元素的原子相互作用时彼此拉取电子能力的大小，人们引入电负性的概念。

如考虑原子 A 和 B 相互作用，当从 A 取出 1 个电子和 B 结合时，即

$$A + B = A^+ + B^- \tag{1.3.1}$$

若以 ΔE_1 表示完成上述过程所需要的能量，则

$$\Delta E_1 = I_A - Y_B \tag{1.3.2}$$

式中，I 是原子的电离势能，即原子失去某 1 个电子形成一价阳离子时所消耗的能量；Y 为原子的电子亲和能，即原子接受 1 个电子形成一价负离子时放出的能量，故符号与 I 相反。

如果从 B 获取 1 个电子和 A 结合，即

$$A + B = A^- + B^+ \tag{1.3.3}$$

则

$$\Delta E_2 = I_B - Y_A \tag{1.3.4}$$

表示这一过程所需要的能量，当 $\Delta E_1 = \Delta E_2$ 时，有

$$I_A - Y_B = I_B - Y_A \tag{1.3.5}$$

故

$$I_A + Y_A = I_B + Y_B \tag{1.3.6}$$

这就是说，中性原子 A 和 B 生成 A^+B^- 和 A^-B^+ 的倾向相等，在这种情况下，A 和 B 的电负性相等。如果 $\Delta E_1 > \Delta E_2$，则

$$I_A - Y_B > I_B - Y_A \tag{1.3.7}$$

那么生成 A^+B^- 所需要的能量就比生成 A^-B^+ 要多，故生成 A^+B^- 困难，即生成 A^-B^+ 倾向大，则 A 的电负性比 B 大，应有

$$I_A + Y_A > I_B + Y_B \tag{1.3.8}$$

故有人建议将 $K(I+Y)$ 作为衡量电负性的度量，用 X 表示，即

$$X = K(I + Y) \tag{1.3.9}$$

式中，K 是任意常数，若 I 和 Y 均以电子伏特为单位，为了使 Li 的电负性定为 1，则 K 应为 $0.18\ eV^{-1}$，故

$$X = 0.18(I + Y) \tag{1.3.10}$$

现将一些元素原子的电负性数据列于表 1.3.1 中。

表 1.3.1　元素的电负性

H 2.1																
Li 1.0	Be 1.5											B 2.0	C 2.5	N 3.0	O 3.5	F 4.0
Na 0.9	Mg 1.2											Al 1.5	Si 1.8	P 2.1	S 2.4	Cl 3.0
K 0.8	Ca 1.0	Sc 1.3	Ti 1.5	V 1.6	Cr 1.6	Mn 1.5	Fe 1.8	Co 1.8	Ni 1.8	Cu 1.9	Zn 1.6	Ga 1.6	Ge 1.8	As 2.0	Se 2.4	Br 2.8
Rb 0.8	Sr 1.0	Y 1.2	Zr 1.4	Nb 1.6	Mo 1.8	Tc 1.9	Ru 2.2	Rh 2.2	Pd 2.2	Ag 1.9	Cd 1.7	In 1.7	Sn 1.8	Sb 1.9	Te 2.1	I 2.5
Cs 0.7	Ba 0.9	La 1.1	Hf 1.3	Ta 1.5	W 1.7	Re 1.9	Os 2.2	Ir 2.2	Pt 2.2	Au 2.4	Hg 1.9	Tl 1.8	Pb 18	Bi 1.9	Po 2.0	At 2.0
Fr 0.7	Ra 0.9	Ac 1.1														

镧系元素和锕系元素

Ce~Lu 1.1~1.2			Th 1.3	Pa 1.5	U 1.7	Np~No 1.3

如果组成晶体的两种元素的电负性之差比较大(一般当 $\Delta X > 1.5$ 时)，则两者相互作用时价电子将会几乎全部被电负性较大的原子所占有。例如，在 NaCl 晶体中，Cl 原子($X = 3.0$)夺取 Na 原子($X = 0.9$)的一个价电子成为 Cl^-，Na 原子失去一个电子成为带正电荷的 Na^+。正负离子之间由于库仑力的作用相互吸引而接近。但当正负离子接近时，离子的电子云间又将相互排斥，当这种吸引和排斥的作用相等时就形成了稳定的离子键结合，构成 NaCl 晶体。图 1.3.1 表示出两原子间的结合力 F(引力和斥力的合力)随原子间距 r 变化的曲线及两原子间相互作用结合能 U 随原子间距 r 变化的曲线。由曲线变化情况可见，对应原子间距为 r_0 时，$F = 0$(引力和斥力相等)，相互作用结合能最低，体系处于稳定状态，r_0 即为原子的平衡间距。由于晶体是一个多粒子系统，除相邻原子的相互作用外还存在次近邻原子及更远邻原子间的相互作用。由图 1.3.1 所示的曲线可见，随着原子间距的增加，相互作用力将趋于减弱，因此在一般情况下，仅考虑近邻原子之间的相互作用力。

由于正、负离子间的库仑力是球对称的，因此离子键没有饱和性和方向性，所以在由离子键构成的离子晶体中，正、负离子倾向于以较高的配位数相互交错堆积。另外，堆积的形式也受正、负离子的相对大小和所带电荷的大小等因素的影响。典型的离子晶体 NaCl 的微观结构如图 1.3.2 所示。

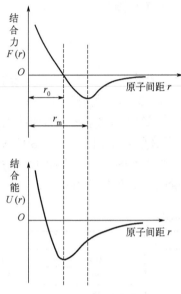

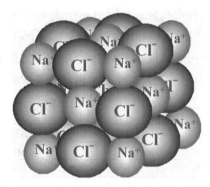

图 1.3.1　原子间作用力变化曲线　　　　　图 1.3.2　NaCl 离子晶体的微观结构

离子晶体一般具有硬度较大、熔点较高、熔融后能导电及多数能溶于极性溶剂(如溶于水)等特点。

2. 共价键和共价晶体

当同种元素的原子之间或夺取电子能力相近的两种元素的原子之间相互作用时，两者的电负性差为零或比较小(一般当 $\Delta X \leqslant 1.5$ 时)，原子外层电子不会像形成离子键那样明显地偏向哪一方，这时原子之间倾向于采取共用电子对的方式相互结合起来，结合的结果倾向于使得每个原子的外部价电子层填满 8 个电子，构成类似惰性气体外层电子的稳定状态。

原子通过共用电子对的方式相结合的作用力称为共价键或共价键合，而由共价键构成的晶体称为共价晶体或原子晶体。例如，金刚石、锗、硅等都是典型的共价晶体，它们的结构都是金刚石型，如图 1.3.3 所示。

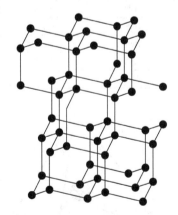

图 1.3.3　金刚石型晶体结构图

大多数Ⅲ-Ⅴ族化合物半导体材料，如 GaAs($\Delta X = 0.4$)、InSb($\Delta X = 0.2$)、GaP($\Delta X = 0.5$)等也都是共价晶体。然而它们与典型的共价键结合的晶体是有些差别的，即两种元素的原子相互作用时由于电负性不同，共用电子对将会偏向电负性较大的原子一边，也就是说，这种共价键中存在一定程度的离子键成分，常称为极性共价键，简称为极性键。电负性相差越大的元素相互作用时，形成极性键中的极性越大。由于极性键中存在离子键成分，因此由极性键构成的晶体在某些性质上与典型共价晶体会有某些差异，例如，后面将会讨论Ⅲ-Ⅴ族化合物半导体晶体材料的解理性与锗、硅等元素半导体晶体材料有所不同。

f_i 表示离子键成分，f_h 表示共价键成分，二者之间的关系满足：

$$f_i + f_h = 1$$

表 1.3.2 给出了某些晶体的离子键成分的参考数据。

由量子力学理论可知，电子对的共用就是两原子电子云的重叠，而原子电子云的分布是有方向性的，因此共价键是有方向性和饱和性的。例如，Si 原子的外层 4 个电子 $3s^2 3p^2$ 在相互作用构成共价键时将形成 4 个等同的 sp^3 杂化轨道，这时其电子云分布如图 1.3.4 所示，即电子云分布最密的方向对应于以原子为中心的四面体的 4 个顶角方向，因此 Si 原子相互作用时只能沿着这 4 个方向彼此形成共价键，最后构成如图 1.3.3 所示的金刚石型结构。在这里，每个 Si 原子都形成 4 个共价键，每两个键间的夹角都是 $109°28'$。

表 1.3.2 一些晶体的离子键成分

晶体	f_i	晶体	f_i	晶体	f_i
C	0	AlP	0.307	HgTe	0.650
Si	0	GaAs	0.310	HgSe	0.680
Ge	0	InSb	0.321	CdS	0.685
Sn	0	GaP	0.327	CdSe	0.699
BAs	0.002	InAs	0.357	CdTe	0.717
BP	0.006	InP	0.421	CuBr	0.735
BTe	0.169	AlN	0.449	CuCl	0.746
SiC	0.177	GaN	0.500	CuF	0.766
AlSb	0.250	MgTe	0.554	AgI	0.770
BN	0.256	InN	0.578	MgSe	0.790
GaSb	0.261	BeO	0.602	HgS	0.790
BeSe	0.261	ZnTe	0.609	LiF	0.920
AsAl	0.274	ZnO	0.616	NaCl	0.940
BeS	0.286	ZnS	0.632	RbF	0.960

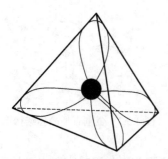

图 1.3.4 sp^3 杂化轨道电子云分布

由于共价键的强度较大，因此共价晶体的硬度和熔点一般较高。另外共价晶体中的价电子都束缚在价键上，不能在体内自由运动，因此它们在通常条件下不导电，半导体材料则正是利用它在低温和不掺杂情况下不导电的这一特点。

3. 金属键和金属晶体

金属元素的电负性均较小，其原子对外层电子的吸引作用较弱，因此当金属原子之间相互作用时，价电子既不能采用离子键方式被某原子单独占有，也不能采用共价键方式与相邻原子共用，而是把它们进一步"公有化"为全部原子所共用，这时全部金属原子的价电子离开单一原子的吸引，使原子成为阳离子，而游离出来的全部电子为所有的阳离子所共用，它们在各阳离子之间像气体一样自由运动，故称为电子气。阳离子吸引电子气，电子气又吸引另外的阳离子，因此电子气如同胶合剂一样将各阳离子"黏合"在一起构成晶体，这种电子气和阳离子之间的相互作用力称为金属键，由金属键构成的晶体称为金属晶体。

由于金属晶体内部到处充斥着自由电子，因此金属的导电性和导热性良好。另外，金属键和共价键不同，没有方向性和饱和性，因此单质金属晶体中的原子在空间的排列可以看作等径圆球的堆积，为了结构稳定，采取最紧密的堆积，简称金属的密堆积。密堆积将导致金属键的配位数较高及金属密度较大。金属键由于没有方向性，在外力作用下，那些等径圆球会发生相对滑移而又不会破坏金属键，故金属的延展性较好。

4. 分子键和分子晶体

上述介绍的离子键、共价键和金属键等都是反映原子之间的相互作用力，而分子和分子之间也存在着相互作用力。如范德瓦耳斯气体状态方程，就是考虑这种分子间的相互作用而对理想气体的修正，所以分子间作用力也称范德瓦耳斯力。

分子间作用力有 3 种情况。①当极性分子(其内部正、负电荷的中心不重合)之间相互作用时，由于极性分子有偶极矩，它们则依靠这些固有的偶极矩相互作用。这种极性分子之间的相互作用力称为静电力(也称葛生力)，如图 1.3.5 所示。②当极性分子和非极性分子被放在一起时，在运动的过程中，非极性分子受到极性分子的诱导会产生诱导偶极矩。这种极性分子的固有偶极矩和非极性分子的诱导偶极矩之间的相互作用力称为诱导力(也称德拜力)，如图 1.3.6 所示。③非极性分子之间也存在着相互作用力，这是由于虽然非极性分子本身的偶极矩为零，但在运动过程中，分子上电子云分布的密度并不是始终均匀的，就每一瞬间而言，由于非极性分子的电子云密度分布不均匀，会产生瞬间偶极矩的相互作用，这种相互作用力称为色散力(也称伦敦力)，如图 1.3.7 所示。这 3 种分子间作用力又是相互联系的，例如，极性分子之间的相互作用不仅有静电力，还会有诱导力和色散力的贡献。

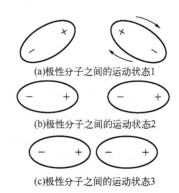

(a)极性分子之间的运动状态1

(b)极性分子之间的运动状态2

(c)极性分子之间的运动状态3

图 1.3.5　极性分子之间的静电力

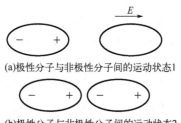

(a)极性分子与非极性分子间的运动状态1

(b)极性分子与非极性分子间的运动状态2

图 1.3.6　极性分子与非极性分子之间的诱导力

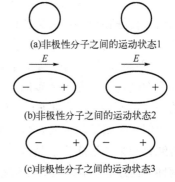

(a)非极性分子之间的运动状态1

(b)非极性分子之间的运动状态2

(c)非极性分子之间的运动状态3

图 1.3.7　非极性分子之间的色散力

　　由分子间作用力构成的晶体称为分子晶体。绝大多数的有机化合物的晶体和惰性气体元素的晶体都属于分子晶体。CO_2、H_2、Cl_2、HCl、N_2、I_2 等也都是分子晶体。由于分子间作用力比较弱，因此分子晶体的熔点低、硬度小。

5. 氢键和氢键型晶体

　　具有—OH、—NH_2 基的分子或 HF 分子之间还会产生另外一种分子间作用力，称为氢键。这是由于 O、N、F 等原子的电负性比较大，它们与 H 以共价键结合后，在形成的 O—H、N—H 基内沿键轴方向上将存在较大的极性或电偶极矩，H 原子的半径又很小（0.03nm）且无内层电子，于是 O—H、N—H 中的 H 容易伸向其他 N、O 原子的电子壳中，彼此产生较强的静电吸引作用而形成氢键。例如，H_2O 分子之间、HF 分子之间、HCN 分子之间会产生如下表示的相互作用：

式中，实线代表共价键；虚线代表氢键。

　　草酸、硼酸、碳酸氢钠、间苯二酚等晶体均是氢键型晶体。冰中水分子之间的结合力除一小部分是范德瓦耳斯力外，大部分由氢键贡献。

　　氢键也具有饱和性和方向性，且作用力比较弱，故使得氢键型的晶体具有配位数低、密度小、熔点低等特点。

6. 混合键型晶体

　　离子键、共价键、金属键、分子键（包括氢键）是构成晶体的 4 种典型键，对于一种晶体，其结构中往往存在多种类型的键，这类晶体称为混合键型晶体。

　　混合键型晶体的典型例子是石墨晶体，石墨属于六方晶系，其结构如图 1.3.8 所示。石墨中的 C 是 sp^2 杂化，每个碳原子与相邻的 3 个碳原子以 σ 键结合，形成无数个六角形蜂巢状的平面结构层，而每个碳原子还有 1 个 p 轨道和 p 电子，这些 p 轨道互相平行且与碳原子的 sp^2 杂化构成的平面垂直，生成大 π 键，这些 π 电子可以在整个碳原子平面方向上活动，类似于金属键的性质。每一个碳原子平面相当于一个大分子，彼此之间依靠分子间作用力结合起来，形成石墨晶体。因此，石墨晶体中既有共价键型的结合力，又有类似于金属键性质的结合力，还有分子键型结合力，是混合键型的晶体，所以石墨有金属光泽，在层平面方向有很好的导电性质。由于层间分子间作用力较弱，因此石墨各层间较易滑动，工业上用来作为固体润滑剂。

　　物质世界是丰富多彩的，晶体结构也是变化万千、层出不穷的，一些具有新奇结构的晶体物质不断地被发现和人工制造出来。例如，人们发现碳元素除具有金刚石和石墨两种晶体结构外，在一定的条件下还可以形成一种奇特的称为巴基球(buckyball)的集团分子，如图 1.3.9 所示。它是由 60 个碳原子组成的，也称 C_{60}。巴基球的空间图形很像一只足球，由 12 个正五边形和 20 个正六边形组成。球表面的碳原子之间以类似于金刚石型结构的共价键结合，构成一个封闭式球形集团分子，球和球之间则依靠分子键结合堆垛成面心立方或密排六方结构的晶体。除 C_{60} 外，人们还发现 C_{76}、C_{78}、C_{84}、C_{90}、C_{94} 等碳集团分子，也具有与 C_{60} 类似的结构。它们结构上的特异性导致许多性质上的特异性，并且具有许多潜在的应用价值。

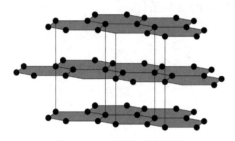

图 1.3.8　石墨的晶体结构

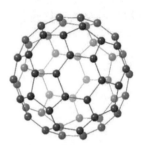

图 1.3.9　巴基球(C_{60})的结构

　　由于材料制备技术的不断发展，近些年来还出现了许多以碳纳米管(carbon nanotube，CNT)和石墨烯(graphene)为代表的低维材料，如图 1.3.10 所示。碳纳米管又称巴基管，是一种具有特殊结构的一维量子材料，它是由石墨的单层结构或多层结构卷曲而成的单壁或多壁纳米管。碳纳米管有非常大的长径比，具有良好的导电性，理论证明其导电性取决于其管径和管壁的螺旋角。如图 1.3.11 所示，石墨烯是一种由碳原子以 sp^2 杂化轨道组成的六角形蜂巢结构的二维纳米材料，是石墨的单层结构，具有非常大的比表面积。它是至今发现的厚度最薄和强度最高的材料。碳纳米管和石墨烯在许多领域都有重要应用，被认为是一种革命性的材料。

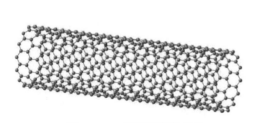

图 1.3.10　碳纳米管的结构

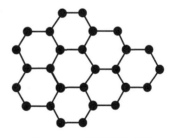

图 1.3.11　石墨烯的结构

习题及思考题

1.1　对比晶体与非晶体在微观结构上有什么不同点，性质上又有什么差异。

1.2　晶体在自然界有两种常见的状态：单晶和多晶，它们有什么本质区别和联系？指出它们体现在晶体性质上的差异。

1.3　从哪些自然现象中可以推测晶体具有远程有序性？

1.4　怎样用微粒排列的规律性来解释晶态物质有固定熔点，而非晶态物质无固定熔点？

1.5　怎样理解晶体既具有均匀性又具有各向异性？

1.6　分析石墨的晶体结构，指出其键合的特点和晶体性质之间的关系。

1.7　将一残角晶体（如 $CuSO_4 \cdot 5H_2O$）放于它们的饱和溶液中，试分析在温度升高、下降和恒定 3 种情况下，晶体会发生什么变化。

1.8　动手做一做：利用饱和溶液蒸发法尝试培育氯化钠、五水硫酸铜、氯化钾或明矾等单晶颗粒，并总结获得较大、较完整单晶颗粒的实验条件。

第 2 章　晶体的构造理论

2.1　点阵和平移群

晶体是由微粒(原子、离子、分子等)在空间有规则地排列构成的。因此,当研究某一晶体中微粒的排列方式时,可以把这些微粒抽象地看成几何学上的点,称为结点。这些结点在三维空间中规则排列的列阵就称为点阵。

点阵按其结点分布的情况,分为 3 类:直线点阵、平面点阵和空间点阵。

直线点阵是等距离的无限多的结点组成的单维列阵,如图 2.1.1 所示。在直线点阵中,任取一点为 O,与相邻的一点相连接的向量为 a,称为素向量(素是最简单的意思),此向量的长度 a 即为点阵的周期。把这些直线点阵按照 $\pm a$、$\pm 2a$、$\pm 3a$ 等进行平移,则每一点与另一相当点重合,看上去好像没有移动过一样。也就是说,平移以后,点阵又复原了。能使点阵复原的所有平移,包括素向量和大于 a 的复向量,组成一个向量群,称为平移群。上述直线点阵的平移群可以写成:

$$T_m = ma , \quad m = 0, \pm 1, \pm 2, \cdots \tag{2.1.1}$$

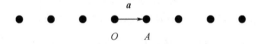

图 2.1.1　直线点阵结构

点阵是结点排列的方式,它可以用模型来表示,可以用图形来表示,也可以用数学式来表示;平移群就是点阵的数学表达式。$T_m = ma$ 就是上述直线点阵的平移群,它可以代表上述直线点阵。另外,这里提到的平移群及第 3 章将要学到的点群、空间群等都涉及数学上"群"的概念。

点阵与其相应的平移群间具有如下对应关系。

(1)从点阵中某一点指向其中每一点的向量都包括在平移群内。

(2)以点阵中任一点为起点时,平移群中的每一个向量都指向点阵中的一个点。

如果未同时满足这两条关系,就可断定那些点的排列未成为点阵或者平移群写错了。如图 2.1.2 所示,图中×处没有结点,则显然不满足关系(2),因此它不构成点阵。

如图 2.1.3 所示,从 O 点到 B 点的向量为 $2.5a$,这个向量显然不属于 $T_m = ma$,即不满足关系(1),因此它也不构成点阵。又如图 2.1.4 所示,从 O 点到 B 点的向量为 $1.5a$,也不属于 $T_m = ma$,这并不是说这些点不是点阵,而是平移群写错了,即素向量 a 选错了。

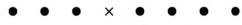

图 2.1.2　非直线点阵结构

图 2.1.3　非直线点阵结构

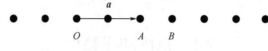

图 2.1.4　平移群选错

在一个平面上，由一组平行等距的直线点阵构成的二维列阵称为平面点阵，如图 2.1.5 所示。

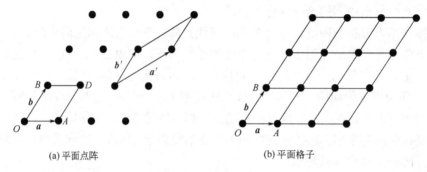

(a) 平面点阵　　　　　　　　　(b) 平面格子

图 2.1.5　平面点阵结构

在一平面点阵中，任取一点 O，并取与 O 最相邻的两点为 A、B，而 O、A、B 三点需不在同一直线上，则向量 $\boldsymbol{a} = \overrightarrow{OA}$，$\boldsymbol{b} = \overrightarrow{OB}$，形成该平面点阵的一组素向量，这组素向量规定的一个平行四边形内只平均占有一个结点，故称此平行四边形为该平面点阵的素单位。若 A、B 不是与 O 最相邻的两点，则平行四边形摊到两个或两个以上结点，此平行四边形称为复单位。显然向量 $\boldsymbol{a}$、$\boldsymbol{b}$ 的取法可以是多种多样的。因此，在一个平面点阵上，由 $\boldsymbol{a}$、$\boldsymbol{b}$ 向量决定的平行四边形也是多种多样的，换句话说，平面点阵的素向量的选取不是唯一的。

能使平面点阵复原的平移群可以写为如下形式：

$$T_{mn} = m\boldsymbol{a} + n\boldsymbol{b}, \quad m,n = 0, \pm 1, \pm 2, \cdots \tag{2.1.2}$$

平面点阵按照确定的平行四边形划分后称为平面格子。

在空间中，一组平行等距的平面点阵构成的三维列阵称为空间点阵，如图 2.1.6 所示。

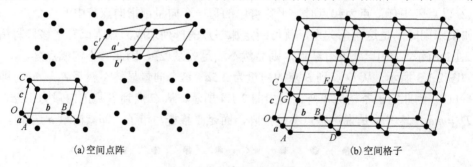

(a) 空间点阵　　　　　　　　　(b) 空间格子

图 2.1.6　空间点阵结构

在空间点阵中，任取一点 O，并取与 O 最相邻的 A、B、C 三点，而 O、A、B、C 四点需不在同一平面内，则向量 $\boldsymbol{a} = \overrightarrow{OA}$，$\boldsymbol{b} = \overrightarrow{OB}$，$\boldsymbol{c} = \overrightarrow{OC}$，形成该空间点阵的一组素向量，这组素向量规定的一个平行六面体中只摊到一个结点，故称此平行六面体为该空间点阵的素单位(在固体物理教科书中，习惯上将这种平行六面体素单位称为原胞，将对应的素向量称为原基矢量或初基矢量)。若 A、B、C 不是与 O 最相邻的三点，则平行六面体中摊到两个或两个以上的结点，此平行六面体称为复单位。与平面点阵的素向量类似，空间点阵的素向量的选取也不是唯一的。

能使空间点阵复原的平移群可以写为如下形式：

$$\boldsymbol{T}_{mnp} = m\boldsymbol{a} + n\boldsymbol{b} + p\boldsymbol{c}, \quad m, n, p = 0, \pm 1, \pm 2, \cdots \tag{2.1.3}$$

空间点阵按照确定的平行六面体划分后称为空间格子。

至此，可以给点阵下一个定义：一组按照连接其中任何两点的向量进行平移后能复原的点称为点阵。能使一个点阵复原的全部平移形成一个平移的群，即为该点对应的平移群。由定义可见，点阵必须是由无限多、不连续的点所组成的，而且这些点是按照一定的周期规则排列的，它可以用平移群来表示。

平移群有一个重要的性质：属于某平移群($\boldsymbol{T}_{mnp}$)的任何二向量($\boldsymbol{T}_1$ 和 $\boldsymbol{T}_2$)之和或差也属于该平移群。即

$$\boldsymbol{T}_{mnp} = m\boldsymbol{a} + n\boldsymbol{b} + p\boldsymbol{c} \tag{2.1.4}$$

$$\boldsymbol{T}_1 = m_1\boldsymbol{a} + n_1\boldsymbol{b} + p_1\boldsymbol{c} \tag{2.1.5}$$

$$\boldsymbol{T}_2 = m_2\boldsymbol{a} + n_2\boldsymbol{b} + p_2\boldsymbol{c} \tag{2.1.6}$$

$$\boldsymbol{T}_3 = (m_1 + m_2)\boldsymbol{a} + (n_1 + n_2)\boldsymbol{b} + (p_1 + p_2)\boldsymbol{c} = m_3\boldsymbol{a} + n_3\boldsymbol{b} + p_3\boldsymbol{c} \tag{2.1.7}$$

由于 m_3、n_3 和 p_3 也是整数，因此向量 $\boldsymbol{T}_3$ 也是属于平移群 $\boldsymbol{T}_{mnp}$ 中的一个向量。这一性质在后面的论述中将要用到。

2.2　14 种空间点阵形式

点阵是由无限多结点按一定规律、周期排列而构成的。为了方便比较和研究点阵形式，一般情况下只需要研究点阵的一个空间格子中结点的分布情况即可。对于同一空间点阵，划分空间格子(平行六面体)的方式是多种多样的。例如，仅以图 2.2.1 所示的平面点阵为例，可以看出划分平行四边形的方式是多种多样的。

因此，人们对如何选择单位平行六面体做了一些规定。

(1)首先，选取的平行六面体的外形对称性(宏观对称性)应能充分反映空间点阵的对称性(对称性问题在第 3 章中讨论)。

(2)在满足上述条件下，应该使所选的平行六面体中各棱间夹角尽可能等于直角。

(3)在满足以上两个条件下，应该选取体积最小的平行六面体。

有了上述规定，对于一种空间点阵，便只能选择一种与其对应的单位平行六面体。例如，对于图 2.2.1(a)所示的平面点阵 A，对应的单位平行四边形为 1，它是个正方形素单位，

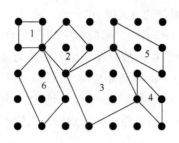
(a)平面点阵*A*中的素单位和复单位

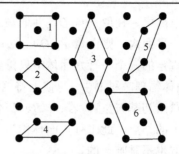
(b)平面点阵*B*中的素单位和复单位

图 2.2.1 平面点阵中的平行四边形

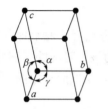

图 2.2.2 单位平行六面体

而对于图 2.2.1(b)所示的平面点阵，选择的单位平行四边形 1，却是个矩形复单位。因此，按上述规则确定的一种平行六面体也就代表了与其对应的一种点阵类型。1848 年，布拉维经过推导分析得出满足上述条件的单位平行六面体总共有 14 种类型，称为 14 种布拉维格子，它分别对应 14 种空间点阵的类型，故也称 14 种布拉维点阵形式。如图 2.2.2 所示，这些平行六面体的形状可以用 3 条棱边的长度 a、b、c 及棱间夹角 α、β、γ 来表示，它们可以表明点阵的形态特征，称为点阵常数或晶格常数。14 种布拉维格子的形状按点阵常数的不同可以分成 7 类，各与 7 种晶系相对应，见表 2.2.1(在第 3 章将会学习到：实际上划分晶系的主要依据是特征对称要素)。

表 2.2.1 空间点阵的 7 种晶系

晶系	点阵常数特征
立方(等轴)晶系	$a=b=c,\ \alpha=\beta=\gamma=90°$
四方(正方)晶系	$a=b\neq c,\ \alpha=\beta=\gamma=90°$
正交(斜面)晶系	$a\neq b\neq c,\ \alpha=\gamma=\beta=90°$
三方(菱面)晶系	$a=b=c,\ \alpha=\beta=\gamma\neq90°$
六方(六角)晶系	$a=b\neq c,\ \alpha=\beta=90°,\gamma=120°$
单斜晶系	$a\neq b\neq c,\ \alpha=\gamma=90°\neq\beta$
三斜晶系	$a\neq b\neq c,\ \alpha\neq\beta\neq\gamma\neq90°$

根据结点在单位平行六面体上的分布情况，14 种布拉维格子又可分为 4 种。

(1)简单格子：仅在单位平行六面体的 8 个顶点上有结点，以 P 标记。三方晶系习惯上用 R 标记。

(2)底心格子：除 8 个顶点外，在单位平行六面体的上、下平行的面的中心还有结点，以 C(或 A、B)标记，即在 a、b、c 方向的侧面上带心，则分别用 A、B、C 来标记。(六方晶系的简单格子，在习惯上有时也用 C 标记)。

(3)体心格子：除 8 个顶点外，在单位平行六面体的中心还有一个结点，以 I 标记。

(4)面心格子：除 8 个顶点外，在单位平行六面体的每个侧面的中心处有一结点，以 F 标记。

　　14 种布拉维格子如图 2.2.3 所示，图中各种格子名称下面的括弧内的大写字母是粉末衍射标准联合委员会（Joint Committee on Powder Diffraction Standards，JCPDS）在粉末衍射卡片中采用的一套表示各布拉维格子的符号。

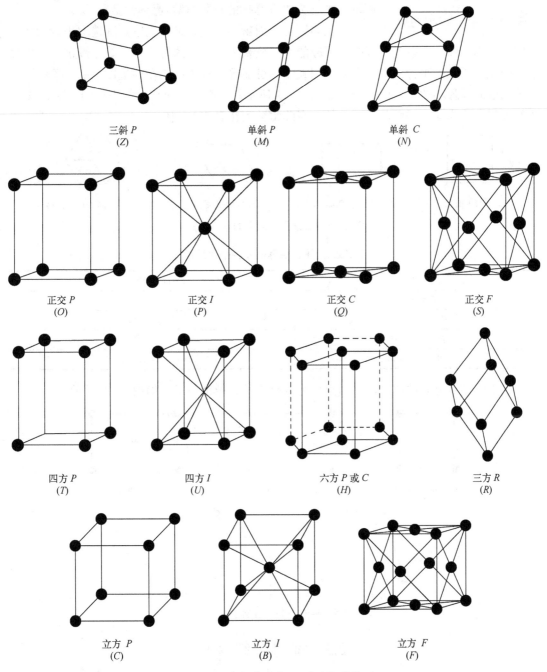

图 2.2.3　空间点阵的 14 种布拉维格子

　　近些年来，出现了许多以石墨烯为代表的二维材料，如黑磷、二硫化钼（MoS$_2$）、立方氮化硼（CBN）以及二维过渡金属碳/碳化物（MXene）等，二维结构的特殊性使它们在某些电

图 2.2.4　单位平行四边形

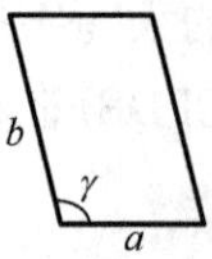

子器件上有重要应用。

下面介绍平面点阵的布拉维格子。

平面点阵中的单位平行四边形的参数 a、b、γ，如图 2.2.4 所示，被称为二维晶体的点阵常数（晶体常数）。

平面点阵由于对称性不同，采用三维点阵选取平行六面体相似的原则，即①选取的平行四边形应能充分反映平面点阵的对称性；②在满足上述条件下，应该使所选的平行四边形中各棱间夹角尽可能等于直角；③在满足以上两个条件下，应该选取面积最小的平行四边形。如图 2.2.5 所示，平面点阵所选择的平行四边形有 4 种几何外形，称为 4 种平面晶系，具体的点阵常数列在表 2.2.2 中。

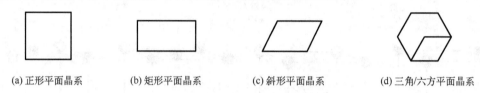

(a) 正形平面晶系　　　(b) 矩形平面晶系　　　(c) 斜形平面晶系　　　(d) 三角/六方平面晶系

图 2.2.5　二维晶系格子的基本形式

表 2.2.2　平面点阵的 4 种平面晶系

晶系	点阵常数特征
正形平面晶系	$a=b,\ \gamma=90°$
矩形平面晶系	$a\neq b,\ \gamma=90°$
斜形平面晶系	$a\neq b,\ \gamma$ 任意
三角/六方平面晶	$a=b,\ \gamma=60°/120°$

考虑到结点分布的位置，平面点阵可以有 5 种布拉维格子，如图 2.2.6 所示。

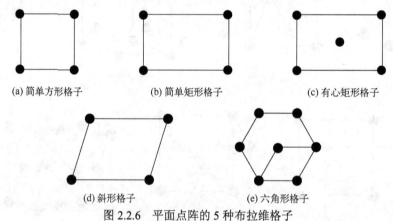

(a) 简单方形格子　　　　　(b) 简单矩形格子　　　　　(c) 有心矩形格子

(d) 斜形格子　　　　　　　(e) 六角形格子

图 2.2.6　平面点阵的 5 种布拉维格子

2.3　晶　体　结　构

2.3.1　晶体点阵结构

在空间点阵的每一个结点上安放一个原子，就构成了晶体结构，这种晶体结构是比较简单的。例如，Cu、Ag、Au、Pt、Pb、In、γ-Fe 等金属的晶体结构中，原子就安放在面心立方格子的结点位置，而 Na、V、Mo、W、α-Fe 等金属的晶体结构中，原子安放在体心立方格子的结点位置，但以这种简单的晶体结构存在的固体物质是为数有限的。绝大多数固体物质的晶体结构是在空间点阵的每一个结点上安放 1 个以上的质点(原子、离子等)，同时对应 1 个结点位置的这若干个质点又可以在空间以不同的相对位置排列。这种对应于一个结点的若干个质点的组合，称为结构基元，这些结构基元按空间点阵排列就构成了晶体结构。由于结构基元可以是千变万化的，于是相应每一种布拉维点阵就可以形成无限多种晶体结构。例如，在图 2.3.1 中，(a)、(b)、(c)、(d)都属于同样的点阵类型，但由于结构基元不同，属于不同的晶体结构。以图 2.3.1(b)为例，若把实心 "●" 代表的原子置于一套空间格子的结点上，把空心 "○" 代表的原子置于另一套空间格子的结点上，那么这两套空间格子的类型完全相同，只是在空间错开一定的距离。

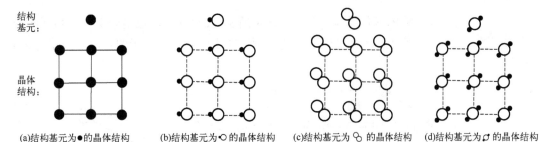

(a)结构基元为●的晶体结构　　(b)结构基元为○的晶体结构　　(c)结构元为 ○● 的晶体结构　　(d)结构基元为 ●○ 的晶体结构

图 2.3.1　属于同一点阵类型的不同晶体结构

在结晶学中，点阵和格子属于同义词(英文为 lattice)。一种点阵类型对应一种格子类型。为保持概念的准确，这里提到的与同一点阵类型(即格子类型)对应的若干套相互错开的全同格子，习惯上称为亚格子或子格子。因此，对于任何复杂的由多种原子构成的晶体结构(包括单一种类原子构成的较复杂的晶体结构，如金刚石、硅等)，为了分析方便，可以按照如上的方式将其理解为有多个全同的子格子平行交错安插而构成的结构。例如，CsCl 这种晶体的结构，如图 2.3.2 所示，它的阳离子 Cs^+ 和阴离子 Cl^- 分别位于两套简单立方格子的结点上，两者的相对位置是沿立方格子的体对角线错开 1/2。Cl^- 位于 Cs^+ 构成的立方子格子的体心位置，同样 Cs^+ 位于 Cl^- 构成的立方子格子的体心位置。

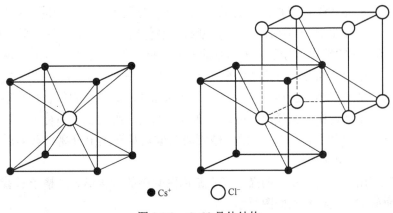

● Cs^+　　　○ Cl^-

图 2.3.2　CsCl 晶体结构

对于 NaCl 这种离子晶体的结构，Cl⁻和 Na⁺分别位于两套沿棱线相互错开 1/2 的面心立方格子的结点位置，如图 2.3.3 所示。

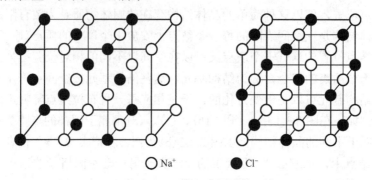

○ Na⁺　　● Cl⁻

图 2.3.3　NaCl 晶体结构

又如，闪锌矿(ZnS)的晶体结构，如图 2.3.4 所示，Zn^{2+}和 S^{2-}也是分别位于两套面心立方格子的结点位置，但与 NaCl 晶体结构的区别仅在于两者是沿格子的体对角线错开 1/4 安插的。

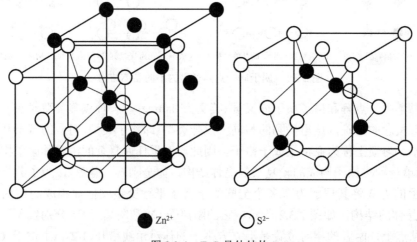

● Zn^{2+}　　○ S^{2-}

图 2.3.4　ZnS 晶体结构

氟石(CaF₂)的晶体结构则是由三套面心立方格子分别沿两个方向的体对角线错开 1/4 安插套构而成的，如图 2.3.5 所示。对于金刚石的晶体结构，它是由单一原子 C 构成的，如图 2.3.6 所示。它的碳原子分别位于两套面心立方格子的结点位置，与闪锌矿结构相似，金钢石晶体结构由两套面心立方格子沿格子的体对角线错开 1/4 安插套构而成。

以上介绍的都是三维的晶体结构，对于二维的晶体，最典型的代表是石墨烯，它是由碳原子构成的六角结构在平面延展而成的平面蜂窝结构。英国曼彻斯特大学物理学家安德烈·盖姆和康斯坦丁·诺沃肖洛夫，用微机械剥离法成功从石墨中分离出石墨烯，因此共同获得 2010 年诺贝尔物理学奖。

图 2.3.7 给出了石墨烯晶体的晶胞，它是由两套碳的六角形(心)格子沿着一对平行的棱交叉套构而成的，结构基元如图所示。

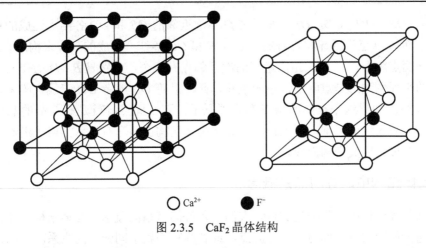

○ Ca^{2+} ● F^-

图 2.3.5 CaF_2 晶体结构

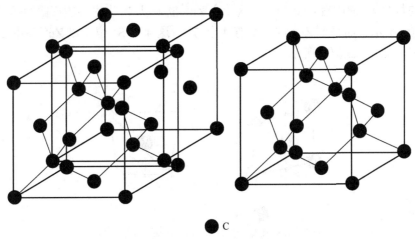

● C

图 2.3.6 金刚石晶体结构

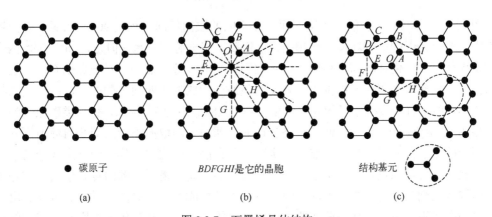

● 碳原子   *BDFGHI*是它的晶胞   结构基元

(a)   (b)   (c)

图 2.3.7 石墨烯晶体结构

图 2.3.7(a)是石墨烯的晶体结构,是由 6 个 C 原子构成的六角形蜂窝形状,是二维平面结构。下面分析石墨烯的结构基元和布拉维格子。在图 2.3.7(b)所示的石墨烯构成的平面点阵结构中,任选一结点 O,在 O 点所在的一个六方平面结构中分别向其余各结点连线,

分别是 *OA*、*OB*、*OC*、*OD*、*OE*，发现与 *O* 点次近邻的 *OB* 和 *OD* 各结点连成的点阵构成直线点阵，而与 *O* 点最近邻和相对的 *OA*、*OE* 和 *OC* 各结点连成的直线未构成直线点阵。因此，在平面点阵中，与 *O* 点距离最近的次近邻点有 6 个，分别是 *B*、*D*、*F*、*G*、*H* 和 *I*，它们构成的平面六边形是点阵中最小的重复单元，沿着 *OB* 或者 *OD* 直线点阵平移，能够在点阵中复原。如果这个点阵的结点换成碳原子，那么此点阵就是石墨烯的晶体结构，*BDFGHI* 即为石墨烯的晶胞。可以说，石墨烯晶体结构由两套有心六方格子沿着六角蜂窝的棱平移一个棱长交叉套构而成。

2.3.2　晶体结构中的等同点系概念

为区别晶体结构中不同类型的点，人们引入等同点系的概念。晶体结构中几何环境和物质环境完全相同的点，称为一类等同点，或者称它们属于同一等同点系。例如，在闪锌矿结构中的每个 S^{2-} 周围有 4 个 Zn^{2+}，这 4 个 Zn^{2+} 位于以 S^{2-} 为中心的正四面体的顶点上，如图 2.3.8(a) 所示。而每个 Zn^{2+} 的周围有 4 个 S^{2-}，这 4 个 S^{2-} 位于以 Zn^{2+} 为中心的正四面体的顶点上，如图 2.3.8(b) 所示。

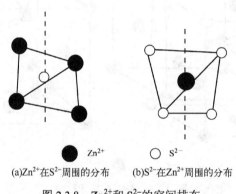

(a)Zn^{2+}在S^{2-}周围的分布　　　(b)S^{2-}在Zn^{2+}周围的分布

图 2.3.8　Zn^{2+} 和 S^{2-} 的空间排布

图 2.3.8(a) 和 (b) 所示的两个正四面体在空间的取向不同，相差 90°。可见，在闪锌矿结构中，每个 Zn^{2+} 的周围环境完全相同，它们属于同一等同点系。但是，Zn^{2+} 与 S^{2-} 两者之间的物质环境和几何环境均不相同，则它们不属于同一等同点系。对于金刚石，在它的晶体结构中，虽然每个碳原子都位于另外 4 个碳原子构成的正四面体的中心，即它们的物质环境相同，但是有一类碳原子的几何环境与图 2.3.8(a) 中的 S^{2-} 相似，另一类碳原子的几何环境与图 2.3.8(b) 中的 Zn^{2+} 相似，环绕它们的正四面体的取向不同，即几何环境不同，因此这两类碳原子分属于两类等同点系。实际上，在晶体结构中，位于同一空间子格子结点上的点属于一类等同点系，而位于另一与它错开的空间子格子上的结点属于另一类等同点系。结构基元则是由这种位于不同等同点系的原子构成的。由等同点系定义可以看出，在晶体结构中，不仅原子或离子所在的点可以构成等同点，而且晶体结构空间中任意的点也可找到与其环境完全相同的等同点。

2.3.3　晶胞的概念

如同在抽象的空间点阵中选取单位平行六面体一样，如果在具体的晶体结构中选取能够充分反映晶体对称性的平行六面体，且棱与棱间具有尽可能多的直角数，在满足这两个条件下具有最小的体积，这种在晶体结构中选取的最小结构单位称为晶胞。晶胞与抽象的空间格子中的单位平行六面体(有时称为基胞)是相当的，两者的选取原则也是一致的，但晶胞包含实在内容，而单位平行六面体只有纯粹的几何意义。

前面图 2.3.2～图 2.3.6 所示的就是 CsCl、NaCl、ZnS、CaF_2、金刚石等晶体结构中的晶胞。由于晶胞是具体晶体结构中的最小组成单位，每一种晶体结构就对应一种晶胞，晶体结构是多种多样的，因此晶胞种类也是多种多样的。

一个晶胞的形状可由一组晶胞常数(a、b、c；α、β、γ)来确定。晶胞常数的定义与点阵常数的定义相当，且两者之间的具体数值完全相等。对应于 7 种晶系，同样具有 7 组晶胞常数关系式。

2.3.4　理想晶体和实际晶体

如前所述，空间点阵或空间格子是从研究实际晶体结构中抽象出来的，而回过头用它来描写晶体中质点的排列规律性、晶体结构特点，则显得更为深刻和完美。有了点阵概念，可以说晶体的构造特点是具有空间点阵式的结构，或者说晶体具有格子式的结构。然而，这种具有点阵结构的晶体是理想化的晶体。在自然界中，无论是天然生长的还是人工培育的任何实际晶体都不具有理想的完整点阵结构。这是由于：第一，点阵结构应当是无限的，实际晶体总是有限的，处于晶体边缘上的质点就不能通过平移来和其他质点重合；第二，点阵结构中的点是不动的几何点，而晶体中的质点在平衡位置不停地做热振动，振动的结果是使得质点间的距离时大时小，不能保证是确定的常数；第三，即使在十分完整的晶体中，也存在各种类型的缺陷，如空格点、间隙原子、杂质原子以及位错、镶嵌块等，它们的存在显然破坏了点阵结构的周期性。尽管如此，实际晶体仍可以近似地看作具有点阵结构。大量实践证明用点阵结构来描述实际晶体是基本合适的，是有意义的。

2.4　晶体结构的描述方法

晶体结构可以用多种方式描述。晶胞是描述晶体结构的最主要、最常用的方式，它能给出有关晶体结构的全部必要的信息，即通过晶胞的形态、大小和晶胞中各种原子的位置来描述晶体的结构。但在大范围地描述晶体三维结构的场合以及在描述晶体中原子之间的排列方式、配位关系等方面，有时常采用另外两种描述方法：密堆积方法和空间填充多面体方法。这两种方法虽然不如晶胞方法可以应用于所有的结构类型，但在有些场合下具有一定的优越性，因而有时也被使用，本节将对这两种描述方法做以介绍。

2.4.1　球体密堆积原理

原子或离子都具有一定的有效半径，可以把它们看作具有一定大小的球体。另外，金属键和离子键都没有饱和性和方向性，因而从几何角度看，金属原子之间或者离子之间的相互结合，在形式上可视为球体间的相互堆积。晶体中的质点之间存在相互作用力，可尽可能使质点互相靠近而占有最小的空间，使晶体具有最小的内能，对应于球体的堆积模型中，则要求球体间相互作用形成最紧密的堆积，此即为描述晶体结构的球体最紧密堆积原理。

1. 等径球体的最紧密堆积

等径球在一个层内的最紧密堆积只有一种方式(图 2.4.1)，这时每个球(球心位置以 A 标记)周围有 6 个球围绕相切，并在球与球之间形成三角形的空隙，其中有半数的三角形空隙的尖角指向下方(图 2.4.1 中的 B)，另半数的三角形空隙的尖角指向上方(图 2.4.1 中的 C)。

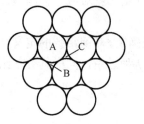

图 2.4.1　一层球的最紧密堆积

在此球体堆积层上再堆积第 2 层时，球只能置于第 1 层球的三角形空隙上才是最紧密的，即置于图 2.4.1 的 B 处(图 2.4.2(a))或 C 处(图 2.4.2(b))。但无论置于 B 处还是 C 处，其结果是一样的，因为将图 2.4.2(a)旋转 180° 与图 2.4.2(b)完全相同，所以说两层球做最紧密堆积的方式只有一种。

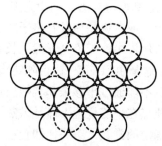 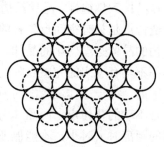

(a)第二层球的最紧密堆积方式1　　　　(b)第二层球的最紧密堆积方式2

图 2.4.2　两层球的最紧密堆积(虚线表示第二层球)

继续堆积第 3 层球时，则有两种不同的方式：第一种方式是第 3 层球的中心与第 1 层球的中心相对，即第 3 层球重复了第 1 层球的位置；另一种方式是第 3 层球置于第 1 层和第 2 层相重叠的三角形空隙的位置上，即第 3 层球不重复第 1 层球也不重复第 2 层球的位置。

如果在上述第一种方式的基础上使第 4 层球与第 2 层球重复、第 5 层球又与第 3 层球重复，按照此每两层重复一次的规律堆积下去，这种堆积方式可以用 ABABAB… 的顺序来表示。按这种方式堆积的球体在空间的分布与六方布拉维格子相对应(但不全同)，因此将这种最紧密堆积方式称为六方最紧密堆积(简称 h.c.p)，见图 2.4.3。

如果在上述第二种方式的基础上使第 4 层球的堆积位置与第 1 层重复、第 5 层与第 2 层重复、第 6 层与第 3 层重复，按照每 3 层重复一次的规律堆积下去，这种堆积方式可以用 ABCABCABC… 的顺序来表示。按这种方式堆积的球体在空间的分布与面心立方布拉维格子一致，称为立方最紧密堆积(简称 c.c.p)，见图 2.4.4。

以上两种方式是基本的和最常见的最紧密堆积方式。当然还可以有 4 层重复一次(如 ABCB　ABCB…)、5 层重复一次(如 ABABC　ABABC…)、6 层重复一次(如 ABCACB ABCACB…)等。

在等径球最紧密堆积中，球体之间仍存在空隙，可以计算出空隙占整体空间的 25.95%。

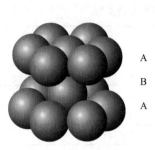

A
B
A

图 2.4.3 六方最紧密堆积

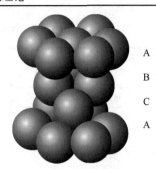

A
B
C
A

图 2.4.4 立方最紧密堆积

空隙有两种：一种空隙是由 4 个球围成的，将这 4 个球的中心连接起来可以构成一个四面体，所以这种空隙称为四面体空隙，见图 2.4.5；另一种空隙是由 6 个球围成的，其中 3 个球在下层，3 个球在上层，上下层球错开 60°，将这 6 个球的中心连接起来可以构成一个八面体，所以这种空隙称为八面体空隙，见图 2.4.6。在球体做最紧密堆积时，每一个球的周围有 12 个球与其接触，共形成 14 个空隙，其中有 6 个八面体空隙和 8 个四面体空隙。

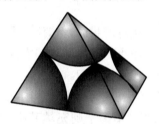

(a)四面体空隙的形成   (b)球心连接成的四面体空隙

图 2.4.5 四面体空隙

等径球的堆积方式有很多，上述的两种堆积方式具有最高的空间利用率，为 74.05%，故称为最紧密堆积。另外一种常见的密堆积方式是球体按体心立方布拉维格子方式堆积，见图 2.4.7，它的空间利用率为 68.02%，称为体心立方密堆积。

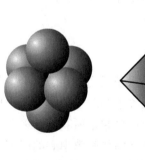

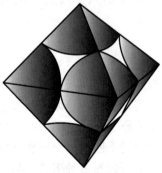

(a)八面体空隙的形成   (b)球心连接成的八面体空隙

图 2.4.6 八面体空隙

图 2.4.7 体心立方密堆积

绝大多数金属元素单质的结构属于上述 3 种最紧密堆积或密堆积结构。表 2.4.1 列出了若干常见金属的结构和晶胞参数。

表 2.4.1　若干常见金属的结构和晶胞参数　　　　　　（单位：nm）

立方密堆积		六方密堆积			体心立方密堆积	
金属	a	金属	a	c	金属	a
Cu	0.36150	Be	0.22859	0.35843	Fe	0.28661
Ag	0.40862	Mg	0.32095	0.52104	Cr	0.28839
Au	0.40786	Zn	0.2665	0.1947	Mo	0.31472
Al	0.40494	Cd	0.29793	0.56181	W	0.31648
Ni	0.35238	Ti	0.2950	0.4686	Ta	0.33058
Pd	0.39231	Zr	0.3232	0.5147	Ba	0.5025
Pb	0.49506	Ru	0.27058	0.42819	—	—
—	—	Os	0.27341	0.43197		
—	—	Re	0.2760	0.4453		

注：a 和 c 分别为两个晶轴方向上单位向量的长度。

2．不等径球体的紧密堆积

在不等径球体进行堆积时，球体有大有小，此时可以看作较大的一种球体呈等径球体式的最紧密堆积，较小的球体则视其本身的大小可充填其中的八面体空隙或四面体空隙，以形成不等径球体的紧密堆积。

上述这种情况，在实际晶体结构中相当于离子晶体晶格中的情况，即半径较大的阴离子做最紧密堆积，阳离子则充填其中的空隙。当然在实际晶体结构中，由于阴、阳离子半径的比值不可能恰好等于球体半径或空隙半径之比，这就意味着，不可能在阴离子保持相互直接接触的情况下，阳离子恰好无间隙地充填在空隙中。一般情况下，往往是阳离子稍大于空隙，而将阴离子略微"撑开"。所以，在离子晶格中，阴离子通常只是近似地做最紧密堆积，有的还可能有某种程度的变形，例如，NaCl 的晶体结构可看作阴离子 Cl^- 呈立方最紧密堆积，阳离子 Na^+ 充填于所有的八面体空隙中，见图 1.3.2；金红石（TiO_2）相当于 O^{2-} 呈畸变的六方最紧密堆积，Ti^{4+} 充填其中半数的八面体空隙。

2.4.2　配位多面体

在晶体结构中，原子或离子总是按照一定方式与周围的原子或离子相邻结合。每个原子或离子周围最邻近的原子或异号离子的数目称为该原子或离子的配位数。以一个原子或离子为中心，将其周围与之成配位关系的原子或离子的中心连接起来所获得的多面体称为配位多面体。例如，上述紧密堆积结构中居于四面体空隙和八面体空隙中心的阳离子的配位多面体分别为四面体和八面体。配位多面体有多种形式。晶体结构常可以看作由各种形式的配位多面体共用顶点、边或面相互连接而成的一种三维体系，或者说晶体结构可以用按一定规则充填的配位多面体来描述。

在等径球的最紧密堆积中，每个球周围有 12 个球与之邻接，配位数是 12；在体心立方密堆积中，每个球周围有 8 个球与之相邻，配位数则为 8。在离子晶体中，存在着半径不同的阴、阳离子，形成不等径球的堆积。此时，只有当异号离子相互接触时晶体结构才是稳定的，如图 2.4.8(a) 所示。如果阳离子 A 变小，直到阴离子相互接触，如图 2.4.8(b) 所示，阳离子 B 虽然变小，但结构仍是稳定的，但已达到稳定的极限。如果阳离子 C、D、E 进一步减小，则有可能在阴离子之间移动，这种结构将是不稳定的，会引起配位数的改变，如图 2.4.8(c)～(e) 所示。

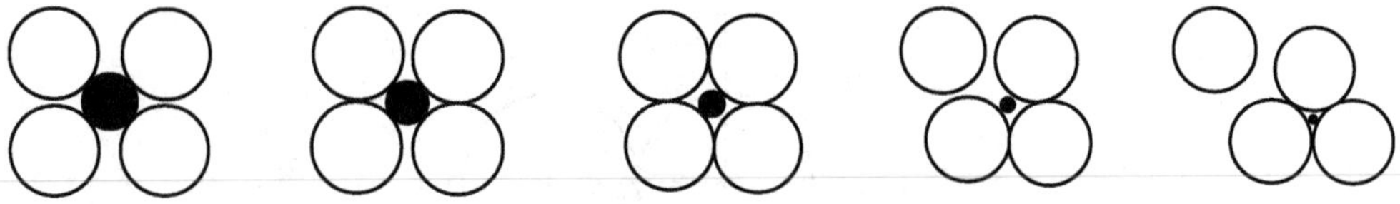

(a)阳离子A的阴离子配位　(b)阳离子B的阴离子配位　(c)阳离子C的阴离子配位　(d)阳离子D的阴离子配位　(e)阳离子E的阴离子配位

图 2.4.8　阳离子配位稳定性图解

黑球为阳离子；白球为阴离子

从几何的观点看，阳离子的配位数取决于阳、阴离子的相对大小。表 2.4.2 列出了阳离子半径 R^+ 与阴离子半径 R^- 的比值与相应的阳离子的配位数及配位多面体的形状。

表 2.4.2　阳、阴离子半径比与阳离子配位数的关系

离子半径比 R^+/R^-	配位数	配位多面体的形状	
0.000～0.155	2		哑铃状
0.155～0.225	3	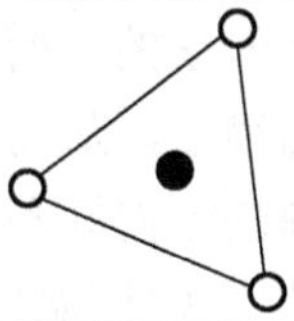	三角形
0.225～0.414	4	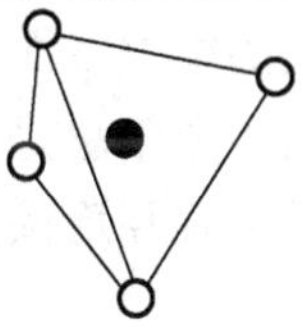	四面体
0.414～0.732	6	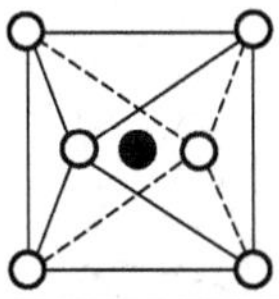	八面体
0.732～1.000	8	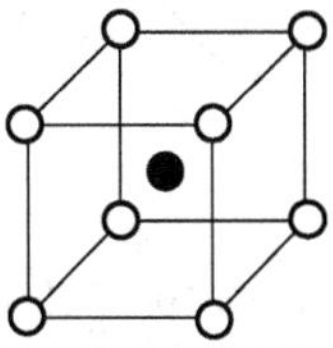	立方体
1.000	12	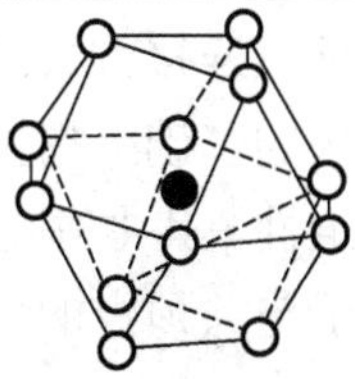	立方八面体

表 2.4.2 中配位数稳定的界限，可以用几何方法算出。如以配位数为 6 的情况为例，阳离子周围的阴离子分布于八面体的 6 个顶点，通过 4 个阴离子中心的切剖面，如图 2.4.9 所示，由图可以看出 $2(2R^-)^2 = (2R^+ + 2R^-)^2$，由此可得 $R^+ / R^- = \sqrt{2} - 1 = 0.414$。也就是说，当配位数为 6 时，$R^+ / R^- \geqslant 0.414$，若阳离子变小，则结构不稳定，例如，当 R^+ / R^- 接近此临界值 0.414 时，4、6 两种配位数都有可能；当 $R^+ / R^- < 0.414$ 时，4 配位变为稳定结构。

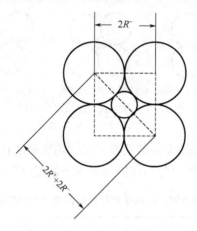

图 2.4.9　配位数为 6 时，计算 R^+ / R^- 的图解

上述配位数的计算是纯几何学的，而在实际晶体中，情况要复杂得多。离子的极化将导致离子的变形和离子间距的缩短，从而使配位数降低。对于具有共价键的晶体，其配位数和配位的形式取决于共价键的方向性和饱和性，配位数一般在 4 以下。对同一种元素的原子和离子来说，在不同的外界条件(温度、压力、介质条件等)下生成的晶体中，也可能具有不同的配位数和不同形式的配位多面体。

在晶体结构中，一个阴离子通常总是同时与若干个阳离子配位，因而各阳离子配位多面体必然会通过共有的阴离子而相互连接。连接方式可以分为共顶点、共棱和共面 3 种，如图 2.4.10 所示。

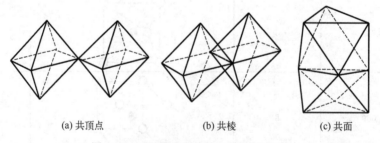

(a) 共顶点　　　　　　　(b) 共棱　　　　　　　(c) 共面

图 2.4.10　配位八面体的 3 种连接方式

在实际晶体结构中，共顶点连接方式最为常见，其次是共棱连接，共面连接则少见。鲍林在总结大量离子晶体结构的基础上指出"在一个配位结构中，共用棱，特别是共用面的存在会降低这个结构的稳定性。其中高电价、低配位的正离子的这种效应更为明显"，此即为鲍林第三规则。这是由于与共顶点的情况相比，共棱，特别是共面，将导致相邻配位

多面体中心阳离子间的距离显著缩短，使它们之间的斥力迅速增大，从而会降低晶体结构的稳定性。

2.4.3　三种描述方法举例

图 2.4.11 为闪锌矿晶体结构的球体堆积法表示、晶胞法表示和配位多面体法表示的图示。图 2.4.12 为金红石晶体结构的三种表示方法的图示。

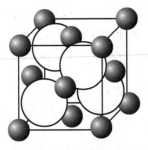 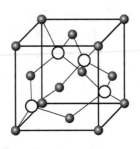 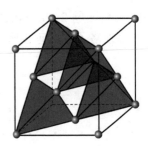

(a) 球体堆积法表示　　　　　　　(b) 晶胞法表示　　　　　　　(c) 配位多面体法表示

图 2.4.11　闪锌矿晶体结构

黑球-Zn^{2+}；白球-S^{2-}

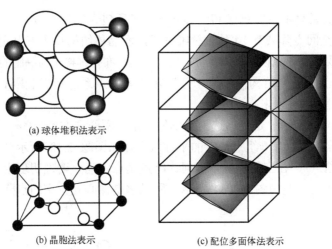

(a) 球体堆积法表示

(b) 晶胞法表示　　　　　　　　　(c) 配位多面体法表示

图 2.4.12　金红石晶体结构

黑球-Ti^{4+}；白球-O^{2-}

习题及思考题

2.1　请分别说明什么是点阵、结点、平移向量。在点阵中，怎样计算一个结点所占据的空间大小？

2.2　在图题 2.2 所示的平面点阵中，以素向量 a 和 b 写成平移群 $T_{mn} = ma + nb$ 对吗？为什么？

2.3　分析图题 2.3 所示的平面点阵，其中 $0° < \alpha < 180°$，计算每个结点所占据的空间大小，布拉维格子应如何选择？计算一个布拉维格子所占据的平面空间大小。

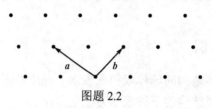

图题 2.2

2.4　分析图题 2.4 所示的平面点阵，其中 $0°< \gamma < 180°$，计算每个结点所占据的空间大小，布拉维格子应如何选择？计算一个布拉维格子所占据的平面空间大小。

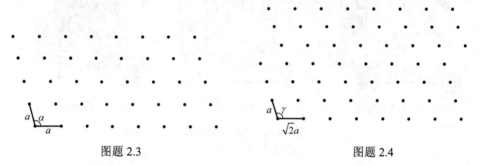

图题 2.3　　　　　　　　　　　　　　　　图题 2.4

2.5　请分别计算体心立方格子和面心立方格子所包含的结点数。

2.6　为什么空间点阵共有 14 种布拉维格子，而晶体结构却千差万别？

2.7　若给定某晶体，请说明其素单位与结构基元、布拉维格子与晶胞的区别和联系。

2.8　请指出金刚石型结构中碳原子分属几类等同点系，指出金刚石型结构的结构基元、素单位、晶胞和布拉维格子。

2.9　空间点阵中是否一定能够选出素单位？指出面心立方点阵的一个素单位。

2.10　在三维空间中有一组点，它的平行六面体如图题 2.10 所示(即去掉正交面心格子的上下底心的结点)，在空间重复，请问这组点是点阵吗？请说明理由。

2.11　"$CsCl$ 的晶胞如图题 2.11 所示，所以它是体心立方空间点阵。"这句话是否正确？请说明理由。

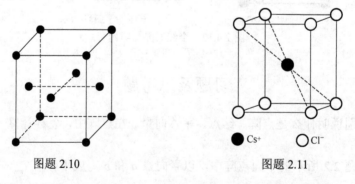

图题 2.10　　　　　　　　　　　　　　图题 2.11

2.12　请根据图题 2.12 所示的 Cu_2O 晶胞，判断它有几类等同点系，属于何种点阵，指出结构基元。

2.13　图题 2.13 是二维晶体 BN 的结构，判断它有几类等同点系，属于何种点阵，指出结构基元和原胞，并画出它的晶胞。

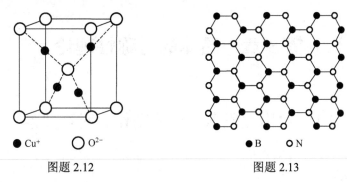

图题 2.12　　　　　　　　　　　图题 2.13

2.14　如果用等体积的硬球堆积成面心立方、体心立方和金刚石三种晶体结构，试证明可能占据的最大体积和总体积之比 η 分别是 $\dfrac{\sqrt{2}}{6}\pi$、$\dfrac{\sqrt{3}}{8}\pi$ 和 $\dfrac{\sqrt{3}}{16}\pi$。

2.15　证明在理想六角密堆积结构中 $\dfrac{c}{a}=\sqrt{\dfrac{8}{3}}\approx 1.633$，被球填充的体积与中体积之比是 $\dfrac{\sqrt{2}}{6}\pi\approx 0.74$。

实习 A　认识布拉菲格子

A.1　指出每种布拉菲格子的名称，将 14 种布拉菲格子按晶系排列，说明各个晶系点阵常数的特征。

A.2　用球棍模型组装一个格子，说明为什么不存在底心立方格子。所谓"底心立方"应划为什么格子？

A.3　用球棍模型分别组装一个"底心立方"和"面心四方"格子，说明它们为什么不存在这样的布拉菲格子。所谓"底心立方"和"面心四方"应划为什么格子？

A.4　找到并观察 $a=b=c$，$\alpha=\beta=\gamma=60°$ 模型，说明为什么它不是三方格子，应划为什么格子。

A.5　找到并观察 $a=b=c$，$\alpha=\beta=\gamma=109°28$ 模型，说明为什么它不是三方格子，应划为什么格子。

A.6　说明为什么 14 种布拉菲格子中，没有面心三方、体心三方和底心三方格子。

A.7　说明为什么没有二斜晶系。

A.8　说明为什么底心单斜格子的底心只能安放在一对矩形面上，而不能安放在平行四边形面上。

A.9　说明为什么 14 种布拉菲格子中，没有体心单斜格子和面心单斜格子。

A.10　说明为什么 14 种布拉菲格子中，没有面心六方和体心六方格子。

第 3 章　晶体的对称性理论

3.1　对称性概念、对称动作和对称要素

3.1.1　基本概念

在日常生活中经常遇到对称形象,如花瓣、雪花、蝴蝶、左右手、正多边形、房屋等。几何学把具有对称形象的物体的各部分称为等同图形,它包括完全重合的相等图形(或称全等图形,如花瓣、雪花)及互成镜像的等同而不相等图形(如蝴蝶、左右手),如图 3.1.1 所示。

图 3.1.1　自然界中的对称图形

对称图形是由两个或两个以上等同图形构成的,并且是很有规律地重复着。换句话说,对称图形中的等同部分通过一定的动作后与原图形重合,这样将对称图形某一部分中的任意点带到一个等同部分中的相应点上,使新图形与原图形重合的动作称为对称动作。沿一定的轴旋转某一角度或经过平面镜反映等动作就是对称动作。对称动作有旋转、反映、倒反、平移等。

进行对称动作时还必须依据一定的几何元素(点、线、面等),这些几何元素称为对称元素。

物体中各等同部分在空间排列的特殊规律性称为对称性。

对称图形中所包括的等同部分的数目称为对称性的阶次(或称序级)。阶次的大小就代表对称程度的高低。

3.1.2　对称要素和对称动作

对称要素和对称动作一般可以分为如下 7 类。

1. 旋转轴

与旋转轴相对应的对称动作是旋转,进行旋转动作时有一直线不动,将对称图形(或晶体)围绕这一直线旋转某些角度能使图形重合,这条直线称为旋转轴。设 n 为旋转轴的轴次,即旋转一周重复的次数,设 α 为基转角,即能使图形复原的最小旋转角度,则有

$$n = \frac{360^\circ}{\alpha}$$

这里的 n 实际上就是与该旋转轴相对应的对称性的阶次。

旋转轴的符号为 $\underline{n}$，旋转的符号为 $L(\alpha)$。

例如，八面体中具有 4 重旋转轴、3 重旋转轴、2 重旋转轴等，符号为 $\underline{4}$、$\underline{3}$、$\underline{2}$ 等，对应的对称动作为 $L(2\pi/4)$、$L(2\pi/3)$、$L(2\pi/2)$ 等。

旋转只能使完全相等的图形彼此重合，如都是左手，不可能使左右手重合。

2．反映面

与反映面相对应的对称动作是反映，进行反映动作时有一个面不动，这个面称为反映面。必须注意，进行反映动作正如照镜子时物与像的关系一样，两个等同图形中的相当点间的连线必须与反映面垂直，如图 3.1.2 所示。

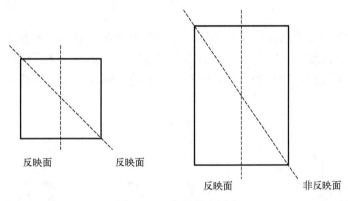

图 3.1.2　反映面示意图

例如，八面体中沿不同的方向上有 9 个反映面。

与反映面相对应的对称性的阶次为 2。反映面的符号为 m，反映的符号为 M。

反映能使等同而不相等的图形（如左右手）重合，一次反映不能使相等图形重合。

3．对称中心

与对称中心相对应的对称动作是倒反（反伸），进行倒反动作时有一个点不动。必须注意，进行倒反动作正如照相机照相时物与像的关系一样，两个等同部分的相当点间的连线必须通过对称中心，如图 3.1.3 所示。

例如，八面体中就有对称中心。

与对称中心相对应的对称性的阶次为 2。对称中心的符号为 i，倒反的符号为 I。

倒反能使等同而不相等的图形（如左右手）重合，一次倒反不能使相等图形重合。

4．点阵

与点阵相对应的对称动作是平移，进行平移动作时每一点都移动。

与点阵相对应的对称性的阶次为 ∞。点阵的符号为 T，平移的符号为 T。

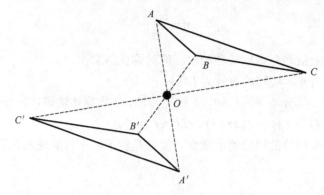

图 3.1.3　对称中心与倒反动作示意图

平移只能使相等图形重合，如都是左手，而不能使左右手重合。

5. 反轴

与反轴相对应的对称动作是旋转和倒反组成的复合对称动作，称为旋转倒反。动作进行时，先绕某一直线旋转一定角度，然后再通过该直线上某一点进行倒反；或先倒反再旋转，该直线就称为反轴，整个动作进行中有一点不动。例如，四面体就有 4 重反轴存在，见图 3.1.4。

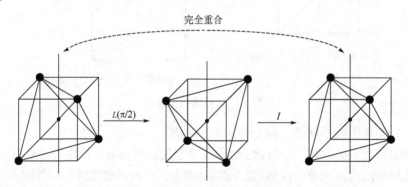

图 3.1.4　具有 4 重反轴的对称图形

与反轴相对应的对称性的阶次是这样决定的：当轴次为偶数时，阶次与轴次相同；当轴次为奇数时，阶次为轴次的 2 倍。例如，3 重反轴所对应的对称图形中，其等同部分有 6 个，它的阶次为 6。图 3.1.5 和图 3.1.6 分别给出了具有 4 重反轴和 6 重反轴的对称图形的一个重复单元的等同部分相对位置图。

反轴的符号为 $\bar{n}$，如 2 重反轴 $\bar{2}$、4 重反轴 $\bar{4}$、6 重反轴 $\bar{6}$ 等，旋转倒反的符号为 $L(\alpha)I$。一次旋转倒反动作只能使等同而不相等的图形(如左右手)重合。

6. 螺旋轴

与螺旋轴相对应的对称动作是旋转和平移组成的复合对称动作，称为螺旋旋转。动作进行时，先绕某一直线旋转一定角度，然后再沿与此直线平行的方向进行平移；或先平移再旋转，该直线就称为螺旋轴，整个动作进行中每一点都移动。例如，图 3.1.7 所示的 3_1、3_2

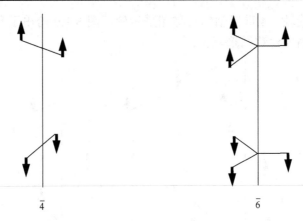

$\overline{4}$ 　　　　　　　　　　　　　　　　　$\overline{6}$

图 3.1.5　具有 $\overline{4}$ 的对称图形示例　　　　图 3.1.6　具有 $\overline{6}$ 的对称图形示例

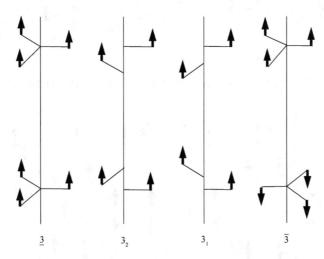

$\underline{3}$ 　　　　　　3_2 　　　　　　3_1 　　　　　　$\overline{3}$

图 3.1.7　具有 3 重旋转轴、3 重螺旋轴、3 重反轴的对称图形示例

图形中就有 3 重螺旋轴，图中的 3 重螺旋轴 3_1 表示先绕轴旋转 120º 再沿轴方向进行 $(1/3)\,\boldsymbol{a}$ 的平移（$\boldsymbol{a}$ 为沿轴方向的单位平移矢量）；图中的 3 重螺旋轴 3_2 表示先绕轴旋转 120º 再沿轴方向进行 $(2/3)\,\boldsymbol{a}$ 的平移。为便于比较，图 3.1.7 中还给出了 3 重旋转轴 $\underline{3}$ 和 3 重反轴 $\overline{3}$ 的示意图。

　　螺旋旋转的符号为 $L(\alpha)T$。与旋转轴一样，螺旋轴也都有一定的基转角 α 和轴次 n，且 n 只能等于 2、3、4 和 6。其平移距离则应等于沿螺旋轴方向行列结点间距 T 的 s/n。在此，n 为轴次，s 为小于 n 的正整数。螺旋轴国际符号的一般形式写成 n_s。于是，若图形围绕螺旋轴旋转基转角 α，并沿螺旋轴方向平移 $(s/n)T$，最后便可使整个图形复原。若先平移后旋转，其效果也完全相同。

　　在以上所述螺旋轴的对称变换中，其旋转基转角 α 和平移 $(s/n)T$ 时的方向都应以右旋方式为准。也就是说，把右手的大拇指伸直，其余四指并拢弯曲，那么，四指所指的方向应为旋转方向，大拇指所指的方向则为平移方向。反之，任一螺旋轴 n_s，若按左旋方式进行对称变换，则当它旋转基转角 α 时，其平移距离将成为 $[1-(s/n)]T$。图 3.1.7 给出了具有 3 重旋转轴、3 重螺旋轴、3 重反轴的对称图形示例；图 3.1.8 给出了具有 4

重旋转轴、4 重螺旋轴、4 重反轴的对称图形示例；图 3.1.9 给出了具有 6 重旋转轴、6 重螺旋轴、6 重反轴的对称图形示例。

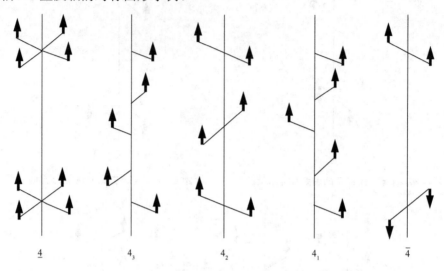

图 3.1.8　具有 4 重旋转轴、4 重螺旋轴、4 重反轴的对称图形示例

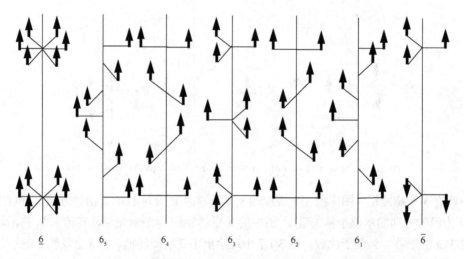

图 3.1.9　具有 6 重旋转轴、6 重螺旋轴、6 重反轴的对称图形示例

　　每一个图形示例代表的是对称图形的一个重复单元的等同部分相对位置图。与螺旋轴相对应的对称性的阶次为∞。螺旋旋转动作只能使相等图形重合，如都是左手，而不能使左右手重合。

　　螺旋轴根据其轴次和平移距离的不同，共分为 2_1、3_1、3_2、4_1、4_2、4_3、6_1、6_2、6_3、6_4、6_5 共 11 种螺旋轴。至于 1 次螺旋轴，由于不存在小于 n（对称轴的轴次）的 s（沿对称轴的平移长度）值，所以不能成立。以上 11 种螺旋轴 n_s 中，$s<n/2$ 者属于右旋螺旋轴，$s>n/2$ 者属左旋螺旋轴，$s=n/2$ 者则为中性螺旋轴。表 3.1.1 为各种旋转轴、螺旋轴和反轴的几何图形表示。

表 3.1.1 各种旋转轴、螺旋轴和反轴的几何图形表示

符号	对称轴	图示符号	沿轴向的右手螺旋平移特征
1	1 重旋转轴	无	无
2	2 重旋转轴	●	无
2_1	2 重螺旋轴	●	$c/2$
3	3 重旋转轴	▲	无
3_1	3 重螺旋轴	▲	$c/3$
3_2		▲	$2c/3$
$\bar{3}$	3 重反轴	▲	无
4	4 重旋转轴	◆	无
4_1	4 重螺旋轴	✦	$c/4$
4_2		✦	$2c/4$
4_3		✦	$3c/4$
$\bar{4}$	4 重反轴	◈	无
6	6 重旋转轴	⬡	无
6_1	6 重螺旋轴	✦	$c/6$
6_2		✦	$2c/6$
6_3		✦	$3c/6$
6_4		✦	$4c/6$
6_5		✦	$5c/6$
$\bar{6}$	6 重反轴	⬡	无

注：c 为对称轴的周期长度。

7. 滑移面

与滑移面相对应的对称动作是反映和平移组成的复合对称动作，称为滑移反映。动作进行时，先通过某一平面进行反映，然后再沿某一方向进行平移；或先平移再反映，整个动作进行中每一点都移动。根据平移的方向不同，滑移面可分为 3 类。令 a、b、c 为点阵结构中的 3 个方向上的平移单位矢量，若滑移反映动作是反映后，再向 a、b 或 c 中的一个方向平移 $(1/2)a$ 或 $(1/2)b$ 或 $(1/2)c$ 的距离，这类滑移面称为轴线滑移面，分别用符号 ma、mb 或 mc 表示。若反映后沿格子构造的面对角线方向平移 $1/2a+1/2b$ 或 $1/2b+1/2c$ 或 $1/2c+1/2a$ 的距离，则这类滑移面称为对角线滑移面，用符号 mn 表示。若反映后，再沿格子构造的面对角线方向平移 $1/4a+1/4b$ 或 $1/4b+1/4c$ 或 $1/4c+1/4a$ 的距离，这类滑移面称为菱形滑移面，用符号 md 表示。图 3.1.10 为轴线滑移面的示意图。滑移反映这一复合对称动作的符号为 MT。

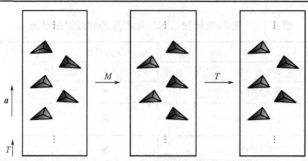

图 3.1.10　具有滑移面的对称图形

与滑移面相对应的对称性的阶次为∞，滑移反映能使等同而不相等的图形（如左右手）重合，而不能使相等图形重合，这是在平面图上区别二次螺旋与滑移面的关键。

根据上述的 7 类对称要素的特点，可以总结如表 3.1.2 所示。

表 3.1.2　对称要素、符号、对称动作和等同图形的汇总表

对称要素	符号	对称动作	符号	等同图形	阶次
旋转轴	$\underline{n}$	旋转	$L(\alpha)$	相等图形	n
反映面	m	反映	M	等同而不相等的图形	2
对称中心	i	倒反	I	等同而不相等的图形	2
点阵	T	平移	T	相等图形	∞
反轴	$\overline{n}$	旋转倒反	$L(\alpha)I$	等同而不相等的图形	n 或 $2n$
螺旋轴	n_s	螺旋旋转	$L(\alpha)T$	相等图形	∞
滑移面	mp	滑移反映	MT	等同而不相等的图形	∞

注：$p=a$ 或 b 或 c 或 d 或 n。

第一，前 4 种是简单对称要素，只与一种对称动作相对应。后 3 种是复合对称要素，与复合对称动作相对应。

第二，凡是包含反映或倒反的对称动作，都能使等同而不相等的图形（如左右手）重合，而不能使相等图形重合。不包含倒反和反映的对称动作只能使相等图形重合，而不能使等同而不相等的图形重合。

第三，与旋转轴、反映面、对称中心、反轴等相对应的对称动作中至少有一个点不动，称为点动作。与点动作相对应的对称要素能存在于无限结构中，也能存在于有限的晶体宏观外形中。与点阵、螺旋轴、滑移面等相对应的对称动作，每一点都移动，称为空间动作，阶次为∞，它们只能存在于无限的结构中，而不能存在于晶体的宏观外形中。

第四，旋转轴、螺旋轴和反轴总称为对称轴，反映面和滑移面总称为对称面，但有时也把旋转轴称为对称轴，把反映面称为对称面。

3.1.3　对称要素在点阵中的取向

对称要素在晶体的点阵中的取向一定要受点阵的限制。在空间点阵结构中，任何旋转轴、螺旋轴和反轴必定与点阵中的一组直线点阵平行，而与一组平面点阵垂直。同理，任何反映面和滑移面必定与点阵中的一组平面点阵平行，而与一组直线点阵垂直。

现在就来证明 3 重旋转轴与点阵的这种关系，如图 3.1.11 所示。

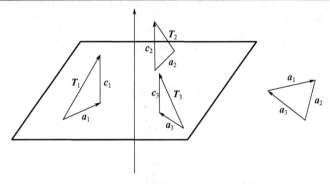

图 3.1.11　3 重旋转轴在晶体点阵中的取向

设在晶体结构中有一个 3 重旋转轴和一个属于平移群的向量 T_1，次向量与 3 重旋转轴既不平行也不垂直。这样，晶体结构的平移群中还应该包括向量 T_2 和 T_3，它们和 T_1 可以通过 3 重旋转轴的对称动作彼此重合。现在将向量 T_1、T_2 和 T_3 各分解为与 3 重轴对称的部分 a_1、a_2、a_3 和平行的部分 c_1、c_2、c_3，则

$$c_1 + c_2 + c_3 = 3c_1 \tag{3.1.1}$$

于是可知：

$$T_1 + T_2 + T_3 = 3c_1 \tag{3.1.2}$$

根据平移群的性质，T_1、T_2、T_3 是平移群中的向量，则它们的和 $3c_1$ 也应该是平移群中的向量；也就是说，在 c_1 的方向上，每隔 $3c$ 就有一个结点，即有一组直线点阵与 3 重旋转轴平行，同时有

$$T_1 - T_2 = a_1 - a_2 \tag{3.1.3}$$

$$T_2 - T_3 = a_2 - a_3 \tag{3.1.4}$$

这两个向量也应该属于平移群，但彼此不平行，而又都在与 3 重旋转轴垂直的平面上，两者就决定了有一组平面点阵与 3 重旋转轴垂直。

3.1.4　晶体中对称轴的轴次

由于晶体内部结构是以点阵结构为基础的，受到点阵结构的限制，晶体中对称轴和反轴的轴次不能是任意的，下面将证明它只有 1、2、3、4 和 6 这 5 种轴次。

假定在一空间点阵结构中，有一个轴次为 n 的旋转轴 L，则在与其相对应的平移群中，一定可以找到一个与 L 垂直的向量，设它的素向量为 a。如图 3.1.12 所示，旋转轴 L 与纸面垂直，与 L 垂直的素向量 a 和 $-a$ 则在纸面上。通过对称动作旋转 α 角（显然 $\alpha = 2\pi / n$），可以从 a 和 $-a$ 得到 b 和 b'（旋转方向可以任意）。b 和 b' 属于平移群，则向量 $B = b - b'$ 也属于平移群。但因 B 与 a 平行，则有

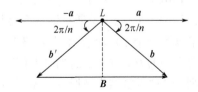

图 3.1.12　晶体中对称轴和反轴的轴次证明

$$B = ma, \quad m \text{ 为整数} \tag{3.1.5}$$

又由图 3.1.12 可知：

$$B = 2a\cos\alpha \tag{3.1.6}$$

即

$$ma = 2a\cos\alpha \tag{3.1.7}$$

$$\cos\alpha = \frac{m}{2} \tag{3.1.8}$$

$$\left|\cos\alpha\right| = \left|\frac{m}{2}\right| \leqslant 1 \tag{3.1.9}$$

解式(3.1.8)和式(3.1.9)，得到各参数的取值，如表 3.1.3 所示。

表 3.1.3　各参数的取值

m	$\cos\alpha$	α	n
−2	−1	180°	2
−1	$-\dfrac{1}{2}$	120°	3
0	0	90°	4
1	$\dfrac{1}{2}$	60°	6
2	1	360°	1

可见对称动作的旋转角 α 仅限于表 3.1.3 中所列的 5 个角度，旋转轴的轴次只限于 1、2、3、4、6 次。同样也可以证明反轴和螺旋轴的轴次也只有这 5 种，所以在晶体对称性的讨论中没有 5 次和 7 次及以上的轴次。然而，在近年来的对准晶体的观测和研究中却发现有 5 次轴的对称图像。

3.1.5　5 重旋转轴与准晶体

原子呈周期性排列的固体物质称为晶体，原子呈无序排列的固体物质称为非晶体。无论是 14 种布拉维点阵，还是 32 种点群、230 种空间群，均不允许有 5 次、7 次及以上的对称，因为 5 次对称会破坏空间点阵的平移对称性，即不可能用正五边形布满二维平面，也不可能用二十面体填满三维空间，如图 3.1.13 所示。而准晶体的发现颠覆了这种观念，准晶体的特点之一就是 5 次对称性。

1982 年 4 月 8 日，以色列科学家丹尼尔·谢赫特曼(Daniel Shechtman)在进行"衍射光栅"实验时，让电子通过铝锰合金进行衍射，结果发现无数个同心圆各被 10 个光点包围，恰恰就是一个 10 次对称，如图 3.1.14 所示。铝锰合金的原子采用一种不重复、非周期性但对称有序的方式排列。而当时人们普遍认为，晶体内的原子都以周期性不断重复的对称模式排列，这种重复结构是形成晶体所必需的，自然界中不可能存在具有谢赫特曼发现的那种原子排列方式的晶体。谢赫特曼发现的这种新结构因为缺少空间周期性而不属于晶体，但又不像非晶体，准晶体展现了完美的远程有序，这个事实给晶体学界带来了巨大的冲击，它对远程有序与周期性等价的基本概念提出了挑战，在晶体学及相关的学术界引起了很大的震动。

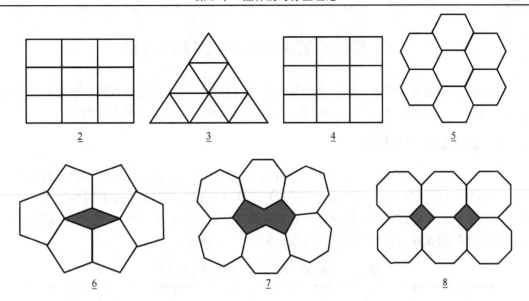

图 3.1.13　垂直对称轴所形成的多边形网孔

已知的准晶体都是金属化合物。在 2000 年以前发现的所有几百种准晶体中至少含有 3 种金属元素，如 $Al_{65}Cu_{23}Fe_{12}$、$Al_{70}Pd_{21}Mn_9$ 等。但近年来发现仅有 2 种金属也可形成准晶体，如 $Cd_{57}Yb_{10}$。

2009 年，矿物学上的一个发现为准晶体是否能在自然条件下形成提供了证据：人们在俄罗斯的一块铝锌铜矿上发现了 $Al_{63}Cu_{24}Fe_{13}$ 组成的准晶体颗粒。与实验室中合成的一样，这些颗粒的结晶程度都非常高。

图 3.1.14　丹尼尔·谢赫特曼的准晶体衍射图片

有关准晶体的组成与结构的规律仍在研究之中。组成为 $Al_{70}Pd_{21}Mn_9$ 的固体物质是准晶体而组成为 $Al_{60}Pd_{25}Mn_{15}$ 的却是晶体。有关结构问题，人们普遍认为，准晶体的存在偏离了晶体的三维周期性结构，因为单调的周期性结构不可能出现 5 次轴，但准晶体的结构仍有规律，不像非晶态物质那样的近程无序，仍是某种近程有序结构。尽管有关准晶体的组成与结构规律尚未完全阐明，但不可否认它的发现在理论上已对经典晶体学产生很大冲击。

实际上，准晶体已被开发为有用的材料。例如，人们发现组成为铝-铜-铁-铬的准晶体具有低摩擦系数、高硬度、低表面能以及低传热性的特点，正被开发为炒菜锅的镀层；$Al_{65}Cu_{23}Fe_{12}$ 十分耐磨，被开发为高温电弧喷嘴的镀层。准晶体由于具有独特的性质，如坚硬又有弹性、非常平滑、导电、导热性差，因此在日常生活中大有用武之地。

谢赫特曼因发现准晶体而一人独享了 2011 年诺贝尔化学奖。这种材料具有的奇特结构，推翻了晶体学已建立的概念。

3.2 晶体的宏观对称性及 32 种点群

晶体在宏观观察中所表现的对称性称为宏观对称性。晶体的宏观对称性就是指晶体外形的对称性，一般是指晶体的界限要素，即晶面、晶棱、晶顶之间的对称关系。

3.2.1 晶体宏观对称要素

由于晶体外形上的规则多面体是一种有限的对称图形，因此不能有与平移相对应的对称要素存在。只有那些与点动作相对应的对称要素才能存在于晶体的宏观对称性中。与点动作相对应的对称要素称为宏观对称要素，包括旋转轴、反映面、对称中心和反轴等 4 类。现把独立存在的 8 种宏观对称要素列成表，如表 3.2.1 所示。

表 3.2.1　8 种独立宏观对称要素的各种符号

对称要素	国际符号	图示符号	对称动作及符号
对称中心	i	○	倒反，I
反映面	m	—	反映，M
1 重旋转轴	$\underline{1}$	无	旋转($0°$)，$L(0)$
2 重旋转轴	$\underline{2}$	●	旋转($180°$)，$L(2\pi/2)$
3 重旋转轴	$\underline{3}$	▲	旋转($120°$)，$L(2\pi/3)$
4 重旋转轴	$\underline{4}$	◆	旋转($90°$)，$L(2\pi/4)$
6 重旋转轴	$\underline{6}$	⬡	旋转($60°$)，$L(2\pi/6)$
4 重反轴	$\overline{4}$	◇	旋转($90°$)倒反，$L(2\pi/4)I$

由于 $\overline{1}$ 为对称中心，$\overline{2}$ 为反映面，$\overline{3}$ 为 $\underline{3}+i$，$\overline{6}$ 为 $\underline{3}+m$，都不是独立的对称要素，所以都没有列入表 3.2.1，这种关系可以通过图 3.2.1 更好地理解。

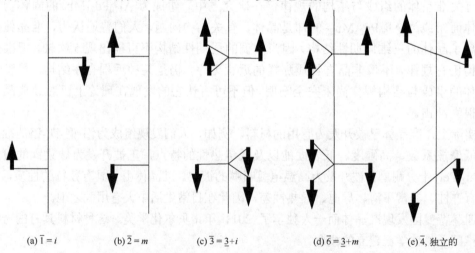

(a) $\overline{1}=i$ 　　(b) $\overline{2}=m$ 　　(c) $\overline{3}=\underline{3}+i$ 　　(d) $\overline{6}=\underline{3}+m$ 　　(e) $\overline{4}$，独立的

图 3.2.1　反轴中只有 4 重反轴是独立的示例

4 重反轴 $\overline{4}$ 只有在没有 $\overline{4}$ 和 i 的晶体中，才可能在 $\underline{2}$ 的方向上存在(不一定存在)。

6 重反轴 $\overline{6}$ 虽然不算独立的对称要素，但用它在反映六方晶系的某些晶体的宏观对称性时比较方便，因此经常被采用。

3.2.2 宏观对称要素的组合及 32 种对称类型

如前所述，描述晶体宏观对称性的宏观对称要素主要有 8 种。一个具体的晶体外形所具有的宏观对称要素不外乎是这 8 种对称要素中的一种或几种的组合。对于图 3.2.2 中的几种晶体外形，它们所具有的对称要素为：(a)1 个 3 次轴和 3 个对称面，简写为 1 $\underline{3}$, 3 m；(b) 3 $\underline{2}$, 3 m, i；(c) 1 $\underline{4}$, 4 $\underline{2}$；(d) 3 $\underline{2}$, 3 m, i。其中(b)和(d)虽然外形不同，但它们所具有的对称要素的种类、数目和组合的方式，都是完全一样的，也就是说，它们虽然外形不同，但具有相同的对称性。

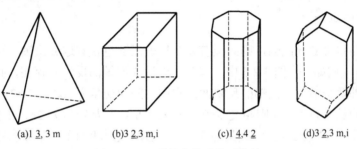

(a)1 $\underline{3}$, 3 m   (b)3 $\underline{2}$,3 m,i   (c)1 $\underline{4}$,4 $\underline{2}$ (d)3 $\underline{2}$,3 m,i

图 3.2.2   几种晶体外形的对称性

上面的 4 种晶体外形从对称性来看被分为 3 种类型。对称要素的一种组合，就对应着一种对称类型。那么宏观对称要素之间究竟能有多少种组合方式？即晶体外形的对称类型有多少种呢?这个问题不能用数学上简单的组合运算解决。这是由于：第一，对称要素之间是有相互作用的，两个对称要素相结合，必须要产出新的对称要素；第二，对称要素之间的组合不是任意的，它要遵循两条原则，即①参与组合的对称要素必须至少相交于一点，这是因为晶体外形是有限、封闭的多面体，如果对称要素不相交于一点，就得不到封闭、有限的图形，这种组合便从根本上违背了描述晶体宏观对称性的要求；②晶体是一种点阵结构、对称要素的组合结果，不容许产生与点阵结构不相容的对称要素，例如，产生 5 次或 7 次及以上旋转轴的组合是不允许的。

人们在研究对称要素的组合规律时曾建立起一系列的公理和定理，这里不能一一论述，只介绍比较重要的几条。

1. 轴与轴的组合

一个 n 次轴及与之垂直的一个 2 次轴存在时，必须有 n 个 2 次轴存在，且都与此 n 次轴垂直。例如，在图 3.2.3 中，有一个与 3 次轴垂直的 2 次轴存在，则必然可由它们的作用复制出另外两个 2 次轴来。

2 次轴与 2 次轴相交，夹角为 α，则必产生一个 n 次轴，其基转角为 2α，并与这个 2 次轴垂直。如图 3.2.4 所示，通过 2 次轴的作用，1 与 2 重合，2 又与 3 重合，总的效果相

当于一个 n 次轴（与纸面垂直）的作用，使 1 与 3 重合。由图 3.2.4 很容易证明 $\underline{n}$ 的基转角为 2α。

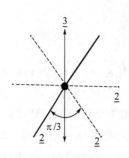

图 3.2.3 3 次轴与 2 次轴的组合

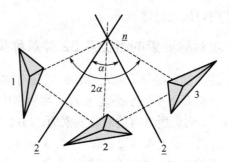

图 3.2.4 2 次轴与 2 次轴的组合

2. 面与轴的组合

一个反映面包含着 n 次轴，则必须有 n 个反映面都包含着这 n 次轴，这些反映面的交角为 $360° / (2n)$。例如，在图 3.2.5 中，有一个通过 3 次轴的反映面存在，必然可由它们的作用复制出另外两个通过 3 次轴的反映面，它们之间的交角为 $360° / (2 \times 3) = 60°$。

两个反映面的交角为 α，则相交线为一个 n 次轴，其基转角为 2α，由图 3.2.6 可见，通过反映面的作用，1 与 2 重合，2 又与 3 重合，总的效果相当于一个 n 次轴（与纸面垂直）的作用，使 1 与 3 重合。由图 3.2.6 很容易证明 $\underline{n}$ 的基转角为 2α。

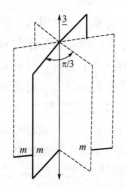

图 3.2.5 包含 3 次轴的反映面

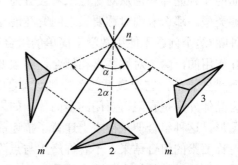

图 3.2.6 两个反映面的组合

3. 轴、面、心的组合

由图 3.2.7 很容易看出偶次轴、与偶次轴相垂直的反映面、对称中心三者之中任何两者组合都可产生第三者。

按照前述的对称要素组合的两条原则并利用上述的对称要素的组合原理，就可以将 $\underline{1}$、$\underline{2}$、$\underline{3}$、$\underline{4}$、$\underline{6}$、m、i、$\overline{4}$ 进行组合。为了使组合有次序地进行，避免出现混乱和遗漏，一般先进行轴与轴的组合，因为轴与轴的组合得到的对称类型不会产生对称面、对称中心和 $\overline{4}$ 重反轴，它们仍然是对称轴的组合，在对称类型中只有对称轴一类对称要素，这样就首先将轴与轴组合的各种可能的对称类型全部得到。在此基础上，再将对称面、对称中心和 $\overline{4}$

重反轴进行组合,按照这样的次序进行对称要素的组合就可以比较顺利地得到总共 32 种组合情况,称为 32 种对称类型,也称 32 种点群。具体的组合步骤描绘起来比较冗长,在此不再赘述。

32 种对称类型的符号表示及每一种对称类型中所包含的全部对称要素等均列入表 3.2.2 中。

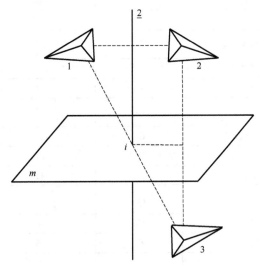

图 3.2.7　轴、面、心的组合

32 种点群的意义在于,不管晶体形状的多样性如何复杂,在分析其对称性时,它必定属于这 32 种点群中的某一种,绝不会找不到它所属的对称类型。32 种点群是研究晶体宏观对称性的依据,也是晶体宏观对称性可靠正确的系统总结。这是由于在宏观对称要素之间进行组合时,已经充分地考虑了晶体内部结构具有点阵结构这一基本特征,所以这 32 种点群是符合晶体内部结构本质要求的、反映宏观上的对称规律的总结。将对称类型称为点阵,这是因为对称类型中对称要素的集合符合数学上群的定义,即对称要素所规定的动作是构成群的元素,又因为在组合中要求对称要素必须至少相交于一点,所以称宏观对称要素的集合为点群。

表 3.2.2　32 种点群

晶系	全部对称要素	对称类型符号		
		熊夫利记号	国际符号(全写)	国际符号(简写)
三斜	$\underline{1}$	C_1	1	1
	i	C_i	$\bar{1}$	$\bar{1}$
单斜	m	C_s	m	m
	$\underline{2}$	C_2	2	2
	$\underline{2}$、m、i	C_{2h}	$\dfrac{2}{m}$	$\dfrac{2}{m}$
正交	$\underline{2}$、$2m$	C_{2v}	$2mm$	mm
	$3\underline{2}$	D_2	222	222
	$3\underline{2}$、$3m$、i	D_{2h}	$\dfrac{2}{m}\dfrac{2}{m}\dfrac{2}{m}$	mmm

续表

晶系	全部对称要素	对称类型符号		
		熊夫利记号	国际符号(全写)	国际符号(简写)
三方 (三角)	3	C_3	3	3
	$\bar{3}$ (3+i)	C_{3i}	$\bar{3}$	$\bar{3}$
	3、3m	C_{3v}	3m	3m
	3、32	D_3	32	32
	3、32、3m、i	D_{3d}	$\bar{3}\dfrac{2}{m}$	$\bar{3}\,m$
四方	$\bar{4}$	S_4	$\bar{4}$	$\bar{4}$
	4	C_4	4	4
	4、m、i	C_{4h}	$\dfrac{4}{m}$	$\dfrac{4}{m}$
	4、4m	C_{4v}	4mm	4mm
	$\bar{4}$、22、2m	D_{2h}	$\bar{4}\,2m$	$\bar{4}\,2m$
	4、42	D_4	422	42
	4、42、5m、i	D_{4h}	$\dfrac{4}{m}\dfrac{2}{m}\dfrac{2}{m}$	$\dfrac{4}{m}mm$
六方 (六角)	$\bar{6}$ (3+m)	C_{3h}	$\bar{6}$	$\bar{6}$
	6	C_6	6	6
	6、m、i	C_{6h}	$\dfrac{6}{m}$	$\dfrac{6}{m}$
	6、6m	C_{6v}	6mm	6mm
	$\bar{6}$ (3+m)、32、4m	D_{3h}	$\bar{6}\,2m$	$\bar{6}\,2m$
	6、62	D_6	622	62
	6、62、7m、i	D_{6h}	$\dfrac{6}{m}\dfrac{2}{m}\dfrac{2}{m}$	$\dfrac{2}{m}mm$
立方	43、32	T	23	23
	43、32、6m、i	T_h	$\dfrac{2}{m}\bar{3}$	m3
	43、3$\bar{4}$、6m	T_d	$\bar{4}\,3m$	$\bar{4}\,3m$
	43、34、62	O	432	43
	43、34、62、9m、i	O_h	$\dfrac{4}{m}\bar{3}\dfrac{2}{m}$	m3m

3.2.3　点群按特征对称要素分类及点群的表示符号

在第 2 章中曾讨论过空间点阵中的 14 种布拉维格子及晶体结构中的各种晶胞按照形状的不同可以划分为 7 个晶系。现在学过对称性概念以后就会明白，格子或晶胞的形状不同，实质上就反映出它们具有的宏观对称要素在种类和数目上有所差别，7 个晶系的差别就在于它们分别具有自己的特征对称要素。例如，凡是含有 4 个 3 重旋转轴的就属于立方晶系；含有 6 重旋转轴或 6 重反轴者就属于六方晶系，等等。同样可以把描述晶体宏观对称性的 32 种点群按其中包含的特征对称要素划分为 7 个晶系。现将划分 7 个晶系的特征对称要素列于表 3.2.3 中。每种点群所属的晶系已列入表 3.2.2 中。另外，根据对称性高低又把 7 个晶系分为高级、中级和低级 3 个晶族。

对于一个实际晶体，当需要确定它所属的晶系和点群时，一般的步骤是：首先查看它的外形特征(运用肉眼、立体显微镜或 X 射线衍射等手段)，运用表 3.2.3，按从上到下的顺序寻找它所具有的特征对称要素，确定晶系；然后找出它的全部对称要素，利用表 3.2.2，在它所属的晶系内的各点群中加以比较确定这个晶体的点群。

表 3.2.3　各晶系的特征对称要素

晶族	晶系	特征对称要素
高级	立方	4 $\underline{3}$
中级	六方	$\underline{6}$ 或 $\overline{6}$
	四方	$\underline{4}$ 或 $\overline{4}$
	三方	$\underline{3}$ 或 $\overline{3}$
低级	正交	3 $\underline{2}$ 或 2 m(都互相垂直)
	单斜	$\underline{2}$ 或 m
	三斜	无

点群的符号有两种：一种是熊夫利记号，它是由德国晶体学家 Schonflies 所规定的，这种符号提出较早，至今仍被许多晶体学家沿用；另一种是国际符号或称为赫曼-摩干(Hermann-Mauguin)记号。

熊夫利记号是群论符号，它的意思分别解释如下。

(1)若只有一个 n 次轴而没有对称中心和对称面，则用 C_n 表示。例如，C_6 表示这个点群只存在一个 6 次轴。

(2)若除了有一个 n 次轴外，还有 2 与这个 n 次轴垂直结合，但没有对称面，则用 D_n 表示。例如，D_3 表示这个点群中有一个 $\underline{3}$ 和垂直于这个 $\underline{3}$ 的一个 2 次轴。

(3)在上述两种情况下，若还有对称面，则按对称面的位置在 C_n 或 D_n 的下标后面写上 h、v 和 d。h 表示这个对称面是垂直于主轴的，v 表示包含主轴和副轴的对称面，d 表示包含主轴且平分两副轴夹角的对称面。例如，C_{4h} 表示主轴为 $\underline{4}$，并有一个垂直于 $\underline{4}$ 的对称面；D_{2d} 表示在有两个 $\underline{2}$ 相互结合的同时，有一对称面包含主轴 $\underline{2}$，并且平分两个 $\underline{2}$ 副轴；C_{3v} 表示有一个 $\underline{3}$，同时有一个包含这个 $\underline{3}$ 的对称面。

(4)若有 4 个 $\underline{3}$ 和 3 个 $\underline{2}$ 而没有对称面，用 T 表示。若有对称面，当该对称面垂直于 $\underline{2}$ 时，用 T_h 表示。平分夹角者用 T_d 表示。

(5)若有 4 个 $\underline{3}$、3 个 $\underline{4}$ 和 6 个 $\underline{2}$ 而没有对称面时，用 O 表示。若有对称面，则用 O_h 表示。

(6)只有一个对称中心时，用 C_i 表示；只有一个对称面时，用 O_s 表示。例如，只有一个 $\underline{3}$ 和一个对称中心 i 时，用 C_{3i} 表示；只有一个 $\overline{4}$ 时，用 S_4 表示。

国际符号则是按照一定的次序表示出不同方位上的对称要素的一种 3 位(有时为 2 位或 1 位)符号。符号中的每一位代表确定的方向，这个方向与各晶系的点阵常数 a、b、c 有关。各晶系中有 3 个位的方向列于表 3.2.4 中。每个位上所表示出的对称要素就是在此位相应的方向上出现的对称要素，在某一方向上出现的旋转轴和反轴是指与这一方向平行的旋转轴和反轴。在某一方向上出现的反映面是指与这一方向垂直的反映面。如果在某一方向同时出现旋转轴和反映面，可将旋转轴 n 作为分子，反映面 m 作为分母，例如，$\dfrac{2}{m}$ 即指在该方向上有一个 2 次旋转轴和一个与此方向垂直的反映面。

国际符号有全写及简写两种，一般是采用简写，例如，立方晶系的 432 简写成 43；正交晶系的 $\dfrac{2}{m}\dfrac{2}{m}\dfrac{2}{m}$ 写成 mmm；四方晶系的 422 写成 42；六方晶系的 $\dfrac{6}{m}\dfrac{2}{m}\dfrac{2}{m}$ 写成 $\dfrac{6}{m}mm$，等等。

表 3.2.4　国际符号中的规定

晶系	国际符号中与 3 个位相应的方向		
立方	a	$a+b+c$	$a+b$
六方	c	a	$2a+b$
四方	c	a	$a+b$
三方*	c	a	
正交	c	a	b
单斜	b		
三斜	a		

*三方晶系中是以六方点阵的 a、b、c 来确定的。

国际符号的优点是可以一目了然地看出其中的对称情况。在许多资料中，常把熊夫利记号和国际符号连用，如 $D_4 - 422$、$O_{\mathrm{h}} - m3m$ 等。

3.3　晶体的微观对称性及 230 种空间群

晶体的微观对称性就是晶体结构中的对称性。

除前述的旋转轴（1、2、3、4、6）、反映面 m、对称中心 i、反轴（$\bar{4}$、$\bar{6}$）等宏观对称要素在晶体结构中能够出现外，那些与空间动作相应的对称要素，如滑移面 mp、螺旋轴 n_s 等在晶体结构中也能够出现，它们统称为晶体的微观对称要素。类似于宏观对称要素组合成 32 种点群情况，所有微观对称要素在符合点阵结构（用 14 种布拉维格子表示）基本特征原则下合理地组合起来，总共得到 230 种组合方式，它反映了晶体结构的微观对称性，称为 230 种晶体微观对称类型，或称为 230 种空间群。之所以称为空间群，是因为每种微观对称类型中必然含有使结点发生空间平移的对称要素，且每一微观对称类型中全部对称要素之间的关系满足数学上群的定义。

230 种空间群总结了晶体内部结构所有可能的类型，任何一个晶体就其结构而言，必定属于这 230 种空间群中的某一种，绝不会找不到它相应的空间群，这是由晶体均为点阵结构所导致的结果。实际上，到现在为止，已知晶体的结构大都属于 230 种空间群中的 100 种左右。从统计的结果看，重要的空间群只有 30 种左右，它们是结构分析工作者经常碰到的晶体的结构类型。

晶体结构的对称性不能超出 230 种空间群的范围，而由晶体结构微观对称性决定的晶体的外形对称性和各种宏观性质的对称性则不能超出 32 种点群的范围。例如，点群为

$$C_{2h} - \frac{2}{m}$$

的各种晶体可以属于下列 6 种空间群。

$$C_{2h}^1 - P\frac{2}{m}$$

$$C_{2h}^2 - P\frac{2_1}{m}$$

$$C_{2h}^3 - C\frac{2}{m}$$

$$C_{2h}^4 - P\frac{2}{c}$$

$$C_{2h}^5 - P\frac{2_1}{c}$$

$$C_{2h}^6 - C\frac{2}{c}$$

左边的符号是空间群的熊夫利记号，它是在点群的熊夫利记号的右上角标以 1，2，…，n，表示属于该点群的第 n 个空间群，例如，C_{2h}^4 表示属于 C_{2h} 点群的第 4 个空间群。右边的符号是空间群的国际符号，其中第一个大写字母 P(简单)、C(或 A)(底心)、F(面心)、I(体心)表示点阵的形式，其余符号的意义与点群的国际符号相同，只是把 3 个方位中的对称要素换为相应的微观对称要素。例如，空间群 $P\frac{2}{m}$ 表示点阵是简单素单位，宏观上的 2 重旋转轴在微观上是 2_1 螺旋轴，m 是垂直于 2_1 的反映面。又如，空间群 $C\frac{2}{c}$ 表示点阵是底心的复单位，与 2 重旋转轴垂直的是沿 c 方向平移 $\frac{1}{2}c$ 距离的轴线滑移面。

230 种空间群的符号列于表 3.3.1 中，表中符号第一列为空间群的熊夫利记号，第二列为国际符号(全写)，第三列为国际符号(简写)。

表 3.3.1　230种空间群符号

序号	熊夫利记号	国际符号(全写)	国际符号(简写)	序号	熊夫利记号	国际符号(全写)	国际符号(简写)
1	C_1^1	P_1	P_1	8	C_2^2	$P2_1$	$P2_1$
2	C_i^1	$P\bar{1}$	$P\bar{1}$	9	C_2^3	C_2	C_2
3	C_s^1	Pm	Pm	10	C_{2h}^1	$P\frac{2}{m}$	$P\frac{2}{m}$
4	C_s^2	Pc	Pc	11	C_{2h}^2	$P\frac{2_1}{m}$	$P\frac{2_1}{m}$
5	C_s^3	Cm	Cm	12	C_{2h}^3	$C\frac{2}{m}$	$C\frac{2}{m}$
6	C_s^4	Cc	Cc	13	C_{2h}^4	$P\frac{2}{c}$	$P\frac{2}{c}$
7	C_2^1	P_2	P_2	14	C_{2h}^5	$P\frac{2_1}{c}$	$P\frac{2_1}{c}$

续表

序号	熊夫利记号	国际符号(全写)	国际符号(简写)	序号	熊夫利记号	国际符号(全写)	国际符号(简写)
15	C_{2h}^6	$C\frac{2}{c}$	$C\frac{2}{c}$	42	D_2^5	$C222_1$	$C222_1$
16	C_{2v}^1	$Pmm2$	Pmm	43	D_2^6	$C222$	$C222$
17	C_{2v}^2	$Pmc2_1$	Pmc	44	D_2^7	$F222$	$F222$
18	C_{2v}^3	$Pcc2$	Pcc	45	D_2^8	$I222$	$I222$
19	C_{2v}^4	$Pma2$	Pma	46	D_2^9	$I2_12_12_1$	$I2_12_12_1$
20	C_{2v}^5	$Pca2_1$	Pca	47	D_{2h}^1	$P\frac{2}{m}\frac{2}{m}\frac{2}{m}$	$Pmmm$
21	C_{2v}^6	$Pnc2$	Pnc	48	D_{2h}^2	$P\frac{2}{n}\frac{2}{n}\frac{2}{n}$	$Pnnn$
22	C_{2v}^7	$Pmm2_1$	Pmm	49	D_{2h}^3	$P\frac{2}{c}\frac{2}{c}\frac{2}{m}$	$Pccm$
23	C_{2v}^8	$Pba2$	Pba	50	D_{2h}^4	$P\frac{2}{b}\frac{2}{a}\frac{2}{n}$	$Pbam$
24	C_{2v}^9	$Pna2_1$	Pna	51	D_{2h}^5	$P\frac{2_1}{m}\frac{2}{m}\frac{2}{a}$	$Pmma$
25	C_{2v}^{10}	$Pnn2$	Pnn	52	D_{2h}^6	$P\frac{2}{n}\frac{2_1}{n}\frac{2}{n}$	$Pnna$
26	C_{2v}^{11}	$Cmm2$	Cmm	53	D_{2h}^7	$P\frac{2}{n}\frac{2}{n}\frac{2_1}{n}$	$Pmna$
27	C_{2v}^{12}	$Cmc2_1$	Cmc	54	D_{2h}^8	$P\frac{2_1}{c}\frac{2}{c}\frac{2}{a}$	$Pcca$
28	C_{2v}^{13}	$Ccc2$	Ccc	55	D_{2h}^9	$P\frac{2_1}{b}\frac{2_1}{a}\frac{2}{m}$	$Pbam$
29	C_{2v}^{14}	$Amm2$	Amm	56	D_{2h}^{10}	$P\frac{2_1}{c}\frac{2_1}{c}\frac{2}{n}$	$Pccn$
30	C_{2v}^{15}	$Abm2$	Abm	57	D_{2h}^{11}	$P\frac{2}{b}\frac{2_1}{c}\frac{2_1}{m}$	$Pbcm$
31	C_{2v}^{16}	$Ama2$	Ama	58	D_{2h}^{12}	$P\frac{2_1}{n}\frac{2_1}{n}\frac{2}{m}$	$Pnnm$
32	C_{2v}^{17}	$Aba2$	Aba	59	D_{2h}^{13}	$P\frac{2_1}{m}\frac{2_1}{m}\frac{2}{n}$	$Pmmn$
33	C_{2v}^{18}	$Fmm2$	Fmm	60	D_{2h}^{14}	$P\frac{2}{b}\frac{2_1}{c}\frac{2_1}{n}$	$Pbcn$
34	C_{2v}^{19}	$Fdd2$	Fdd	61	D_{2h}^{15}	$P\frac{2_1}{b}\frac{2_1}{c}\frac{2_1}{a}$	$Pbca$
35	C_{2v}^{20}	$Imm2$	Imm	62	D_{2h}^{16}	$P\frac{2_1}{n}\frac{2_1}{m}\frac{2_1}{a}$	$Pnma$
36	C_{2v}^{21}	$Iba2$	Iba	63	D_{2h}^{17}	$C\frac{2}{m}\frac{2}{c}\frac{2_1}{m}$	$Cmcm$
37	C_{2v}^{22}	$Ima2$	Ima	64	D_{2h}^{18}	$C\frac{2}{m}\frac{2}{c}\frac{2_1}{a}$	$Cmca$
38	D_2^1	$P222$	$P222$	65	D_{2h}^{19}	$C\frac{2}{m}\frac{2}{m}\frac{2}{m}$	$Cmmm$
39	D_2^2	$P222_1$	$P222_1$	66	D_{2h}^{20}	$C\frac{2}{c}\frac{2}{c}\frac{2}{m}$	$Cccm$
40	D_2^3	$P2_12_12$	$P2_12_12$	67	D_{2h}^{21}	$C\frac{2}{m}\frac{2}{m}\frac{2}{a}$	$Cmma$
41	D_2^4	$P2_12_12_1$	$P2_12_12_1$	68	D_{2h}^{22}	$C\frac{2}{c}\frac{2}{c}\frac{2}{a}$	$Ccca$

续表

序号	熊夫利记号	国际符号(全写)	国际符号(简写)	序号	熊夫利记号	国际符号(全写)	国际符号(简写)
69	D_{2h}^{23}	$F\frac{2}{m}\frac{2}{m}\frac{2}{m}$	Fmmm	99	D_{2d}^{11}	$I\bar{4}2m$	$I\bar{4}2m$
70	D_{2h}^{24}	$F\frac{2}{d}\frac{2}{d}\frac{2}{d}$	Fddd	100	D_{2d}^{12}	$I\bar{4}2d$	$I\bar{4}2d$
71	D_{2h}^{25}	$I\frac{2}{m}\frac{2}{m}\frac{2}{m}$	Immm	101	C_{4v}^{1}	P4mm	P4mm
72	D_{2h}^{26}	$I\frac{2}{b}\frac{2}{a}\frac{2}{m}$	Ibam	102	C_{4v}^{2}	P4bm	P4bm
73	D_{2h}^{27}	$I\frac{2_1}{b}\frac{2_1}{c}\frac{2_1}{a}$	Ibca	103	C_{4v}^{3}	$P4_2cm$	P4cm
74	D_{2h}^{28}	$I\frac{2_1}{m}\frac{2_1}{m}\frac{2_1}{a}$	Imma	104	C_{4v}^{4}	$P4_2nm$	P4nm
75	S_4^1	$P\bar{4}$	$P\bar{4}$	105	C_{4v}^5	P4cc	P4cc
76	S_4^2	$I\bar{4}$	$I\bar{4}$	106	C_{4v}^6	P4nc	P4nc
77	C_4^1	P4	P4	107	C_{4v}^7	$P4_2mc$	P4mc
78	C_4^2	$P4_1$	$P4_1$	108	C_{4v}^8	$P4_2bc$	P4bc
79	C_4^3	$P4_2$	$P4_2$	109	C_{4v}^9	I4mm	I4mm
80	C_4^4	$P4_3$	$P4_3$	110	C_{4v}^{10}	I4cm	I4cm
81	C_4^5	I4	I4	111	C_{4v}^{11}	$I4_1md$	I4md
82	C_4^6	$I4_1$	$I4_1$	112	C_{4v}^{12}	$I4_1cd$	I4cd
83	C_{4h}^1	$P\frac{4}{m}$	$P\frac{4}{m}$	113	D_4^1	P422	P42
84	C_{4h}^2	$P\frac{4_2}{m}$	$P\frac{4_2}{m}$	114	D_4^2	$P42_12$	$P42_1$
85	C_{4h}^3	$P\frac{4}{n}$	$P\frac{4}{n}$	115	D_4^3	$P4_122$	$P4_12$
86	C_{4h}^4	$P\frac{4_2}{n}$	$P\frac{4_2}{n}$	116	D_4^4	$P4_12_12$	$P4_12_1$
87	C_{4h}^5	$I\frac{4}{m}$	$I\frac{4}{m}$	117	D_4^5	$P4_222$	$P4_22$
88	C_{4h}^6	$I\frac{4_1}{a}$	$I\frac{4_1}{a}$	118	D_4^6	$P4_22_12$	$P4_22_1$
89	D_{2d}^1	$P\bar{4}2m$	$P\bar{4}2m$	119	D_4^7	$P4_322$	$P4_32$
90	D_{2d}^2	$P\bar{4}2c$	$P\bar{4}2c$	120	D_4^8	$P4_32_12$	$P4_32_1$
91	D_{2d}^3	$P\bar{4}2_1m$	$P\bar{4}2_1m$	121	D_4^9	I422	I42
92	D_{2d}^4	$P\bar{4}2_1c$	$P\bar{4}2_1c$	122	D_4^{10}	$I4_122$	$I4_12$
93	D_{2d}^5	$P\bar{4}m2$	$P\bar{4}m2$	123	D_{4h}^1	$P\frac{4}{m}\frac{2}{m}\frac{2}{m}$	$P\frac{4}{m}mm$
94	D_{2d}^6	$P\bar{4}c2$	$P\bar{4}c2$	124	D_{4h}^2	$P\frac{4}{m}\frac{2}{c}\frac{2}{c}$	$P\frac{4}{m}cc$
95	D_{2d}^7	$P\bar{4}b2$	$P\bar{4}b2$	125	D_{4h}^3	$P\frac{4}{n}\frac{2}{b}\frac{2}{m}$	$P\frac{4}{n}bm$
96	D_{2d}^8	$P\bar{4}n2$	$P\bar{4}n2$	126	D_{4h}^4	$P\frac{4}{n}\frac{2}{n}\frac{2}{c}$	$P\frac{4}{n}nc$
97	D_{2d}^9	$I\bar{4}m2$	$I\bar{4}m2$	127	D_{4h}^5	$P\frac{4}{m}\frac{2_1}{b}\frac{2}{m}$	$P\frac{4}{m}bm$
98	D_{2d}^{10}	$I\bar{4}c2$	$I\bar{4}c2$	128	D_{4h}^6	$P\frac{4}{m}\frac{2_1}{n}\frac{2}{c}$	$P\frac{4}{m}nc$

序号	熊夫利记号	国际符号(全写)	国际符号(简写)	序号	熊夫利记号	国际符号(全写)	国际符号(简写)
129	D_{4h}^7	$P\frac{4}{n}\frac{2_1}{m}\frac{2}{m}$	$P\frac{4}{n}mm$	159	D_3^5	$P3_212$	$P3_212$
130	D_{4h}^8	$P\frac{4}{n}\frac{2}{c}\frac{2}{c}$	$P\frac{4}{n}cc$	160	D_3^6	$P3_221$	$P3_22$
131	D_{4h}^9	$P\frac{4_2}{m}\frac{2}{m}\frac{2}{c}$	$P\frac{4}{m}mc$	161	D_3^7	$R32$	$R32$
132	D_{4h}^{10}	$P\frac{4_2}{m}\frac{2}{c}\frac{2}{m}$	$P\frac{4}{m}cm$	162	D_{3d}^1	$P\bar31\frac{2}{m}$	$P\bar31m$
133	D_{4h}^{11}	$P\frac{4_2}{n}\frac{2}{b}\frac{2}{c}$	$P\frac{4}{n}bc$	163	D_{3d}^2	$P\bar31\frac{2}{c}$	$P\bar31c$
134	D_{4h}^{12}	$P\frac{4_2}{n}\frac{2}{n}\frac{2}{m}$	$P\frac{4}{n}nm$	164	D_{3d}^3	$P\bar3\frac{2}{m}1$	$P\bar3m$
135	D_{4h}^{13}	$P\frac{4_2}{m}\frac{2_1}{b}\frac{2}{c}$	$P\frac{4}{m}bc$	165	D_{3d}^4	$P\bar3\frac{2}{c}1$	$P\bar3c$
136	D_{4h}^{14}	$P\frac{4_2}{m}\frac{2_1}{n}\frac{2}{m}$	$P\frac{4}{m}nm$	166	D_{3d}^5	$R\bar3\frac{2}{m}$	$R\bar3m$
137	D_{4h}^{15}	$P\frac{4_2}{n}\frac{2_1}{m}\frac{2}{c}$	$P\frac{4}{m}mc$	167	D_{3d}^6	$R\bar3\frac{2}{c}$	$R\bar3c$
138	D_{4h}^{16}	$P\frac{4_2}{n}\frac{2_1}{c}\frac{2}{m}$	$P\frac{4}{n}cm$	168	C_{3h}^1	$P\bar6$	$P\bar6$
139	D_{4h}^{17}	$I\frac{4}{m}\frac{2}{m}\frac{2}{m}$	$I\frac{4}{m}mm$	169	C_6^1	$P6$	$P6$
140	D_{4h}^{18}	$I\frac{4}{m}\frac{2}{c}\frac{2}{m}$	$I\frac{4}{m}cm$	170	C_6^2	$P6_1$	$P6_1$
141	D_{4h}^{19}	$I\frac{4_1}{a}\frac{2}{m}\frac{2}{d}$	$I\frac{4}{a}md$	171	C_6^3	$P6_5$	$P6_5$
142	D_{4h}^{20}	$I\frac{4_1}{a}\frac{2}{c}\frac{2}{d}$	$I\frac{4}{a}cd$	172	C_6^4	$P6_2$	$P6_2$
143	C_3^1	$P3$	$P3$	173	C_6^5	$P6_4$	$P6_4$
144	C_3^2	$P3_1$	$P3_1$	174	C_6^6	$P6_3$	$P6_3$
145	C_3^3	$P3_2$	$P3_2$	175	C_{6h}^1	$P\frac{6}{m}$	$P\frac{6}{m}$
146	C_3^4	$R3$	$R3$	176	C_{6h}^2	$P\frac{6_3}{m}$	$P\frac{6_3}{m}$
147	C_{3i}^1	$P\bar3$	$P\bar3$	177	D_{3h}^1	$P\bar6m2$	$P\bar6m2$
148	C_{3i}^2	$R\bar3$	$R\bar3$	178	D_{3h}^2	$P\bar6c2$	$P\bar6c2$
149	C_{3v}^1	$P3m_1$	$P3m$	179	D_{3h}^3	$P\bar62m$	$P\bar62m$
150	C_{3v}^2	$P31m$	$P31m$	180	D_{3h}^4	$P\bar62c$	$P\bar62c$
151	C_{3v}^3	$P3c1$	$P3c$	181	C_{6v}^1	$P6mm$	$P6mm$
152	C_{3v}^4	$P31c$	$P31c$	182	C_{6v}^2	$P6cc$	$P6cc$
153	C_{3v}^5	$R3m$	$R3m$	183	C_{6v}^3	$P6_3cm$	$P6cm$
154	C_{3v}^6	$R3c$	$R3c$	184	C_{6v}^4	$P6_3mc$	$P6mc$
155	D_3^1	$P312$	$P312$	185	D_6^1	$P622$	$P62$
156	D_3^2	$P321$	$P32$	186	D_6^2	$P6_122$	$P6_12$
157	D_3^3	$P3_112$	$P3_12$	187	D_6^3	$P6_522$	$P6_52$
158	D_3^4	$P3_121$	$P3_12$	188	D_6^4	$P6_222$	$P6_22$

续表

序号	熊夫利记号	国际符号(全写)	国际符号(简写)	序号	熊夫利记号	国际符号(全写)	国际符号(简写)
189	D_6^5	$P6_422$	$P6_42$	210	T_d^4	$P\bar{4}3n$	$P\bar{4}3n$
190	D_6^6	$P6_322$	$P6_32$	211	T_d^5	$F\bar{4}3c$	$F\bar{4}3c$
191	D_{6h}^1	$p\dfrac{6}{m}\dfrac{2}{m}\dfrac{2}{m}$	$p\dfrac{6}{m}mm$	212	T_d^6	$I\bar{4}3d$	$I43d$
192	D_{6h}^2	$p\dfrac{6}{m}\dfrac{2}{c}\dfrac{2}{c}$	$p\dfrac{6}{m}cc$	213	O^1	$P432$	$P43$
193	D_{6h}^3	$p\dfrac{6_3}{m}\dfrac{2}{c}\dfrac{2}{m}$	$p\dfrac{6}{m}cm$	214	O^2	$P4_232$	$P4_23$
194	D_{6h}^4	$p\dfrac{6_3}{m}\dfrac{2}{m}\dfrac{2}{c}$	$p\dfrac{6}{m}mc$	215	O^3	$F432$	$F43$
195	T^1	$P23$	$P23$	216	O^4	$F4_132$	$F4_13$
196	T^2	$F23$	$F23$	217	O^5	$I432$	$I43$
197	T^3	$I23$	$I23$	218	O^6	$P4_332$	$P4_33$
198	T^4	$P2_13$	$P2_13$	219	O^7	$P4_132$	$P4_13$
199	T^5	$I2_13$	$I2_13$	220	O^8	$I4_132$	$I4_13$
200	T_h^1	$P\dfrac{2}{m}\bar{3}$	$Pm3$	221	O_h^1	$P\dfrac{4}{m}\bar{3}\dfrac{2}{m}$	$Pm3m$
201	T_h^2	$P\dfrac{2}{n}\bar{3}$	$Pn3$	222	O_h^2	$P\dfrac{4}{n}\bar{3}\dfrac{2}{n}$	$Pn3n$
202	T_h^3	$F\dfrac{2}{m}\bar{3}$	$Fm3$	223	O_h^3	$P\dfrac{4_2}{m}\bar{3}\dfrac{2}{n}$	$Pm3n$
203	T_h^4	$F\dfrac{2}{d}\bar{3}$	$Fd3$	224	O_h^4	$P\dfrac{4_2}{n}\bar{3}\dfrac{2}{m}$	$Pn3m$
204	T_h^5	$I\dfrac{2}{m}\bar{3}$	$Im3$	225	O_h^5	$F\dfrac{4}{m}\bar{3}\dfrac{2}{m}$	$Fm3m$
205	T_h^6	$P\dfrac{2_1}{a}\bar{3}$	$Pa3$	226	O_h^6	$F\dfrac{4}{m}\bar{3}\dfrac{2}{c}$	$Fm3c$
206	T_h^7	$I\dfrac{2_1}{a}\bar{3}$	$Ia3$	227	O_h^7	$F\dfrac{4_1}{d}\bar{3}\dfrac{2}{m}$	$Fm3m$
207	T_d^1	$P\bar{4}3m$	$P\bar{4}3m$	228	O_h^8	$F\dfrac{4_1}{d}\bar{3}\dfrac{2}{c}$	$Fd3c$
208	T_d^2	$F\bar{4}3m$	$F\bar{4}3m$	229	O_h^9	$I\dfrac{4}{m}\bar{3}\dfrac{2}{m}$	$Im3m$
209	T_d^3	$I\bar{4}3m$	$I\bar{4}3m$	230	O_h^{10}	$I\dfrac{4_1}{a}\bar{3}\dfrac{2}{d}$	$Ia3d$

　　本章最后给出几种常见晶体结构类型材料所属的空间群、点群和晶系，见表 3.3.2。各种已知的晶体材料所属空间群数据可从粉末衍射卡查到，如从美国材料试验协会收集的 ASTM 卡查到。

表 3.3.2　几种常见晶体结构类型材料所属的空间群、点群和晶系

晶体结构类型及材料	空间群	点群	晶系
金刚石型 Ge、Si	$O_h^7 - Fd3m$	$O_h - m3m$	立方
闪锌矿型 GaAs、InSb、ZnS(立方)	$T_d^2 - F\bar{4}3m$	$T_d - \bar{4}3m$	立方
纤锌矿型 CdS、ZnO、ZnS(六方)	$C_{6v}^4 - P6mc$	$C_{6v} - 6mm$	六方

续表

晶体结构类型及材料	空间群	点群	晶系
氯化钠型 PbS、NaCl	$O_h^5 - Fm3m$	O_h-$m3m$	立方
金红石型 TiO$_2$、SnO$_2$	$D_{4h}^{14} - P\frac{4_2}{m}nm$	$D_{4h} - \frac{4}{m}mm$	四方
钙钛矿型 CaTiO$_3$、LaAlO$_3$	$D_2^2 - P222$	$D_2 - 222$	正交
尖晶石型 MgAl$_2$O$_4$	$O_h^7 - Fd3m$	$O_h - m3m$	立方
刚玉型 α-Al$_2$O$_3$	$D_{3d}^6 - R\bar{3}c$	$D_{3d} - \bar{3}m$	三方

习题及思考题

3.1　什么是对称图形、对称动作和对称要素？

3.2　对比说出三棱柱与三棱锥的全部对称要素。

3.3　对比说出正四面体与正六面体的全部对称要素。

3.4　请说明宏观对称动作和微观对称动作有什么区别。

3.5　证明在晶体中不可能存在 5 次和 7 次及以上轴的对称轴。

3.6　试证明 6 重反轴等同于一个 3 次轴加上一个与之垂直的反映面，即 $\bar{6} = \underline{3} + m$。

3.7　试证明 3 重反轴等同于一个 3 次轴加上轴上一个对称中心，即 $\bar{3} = \underline{3} + i$。

3.8　在 32 种宏观对称类型中，哪些类型有很多旋转轴而没有反映面？为什么找不到只有很多反映面而没有旋转轴的对称类型？

实验 B　认识典型的晶胞

B.1　利用球棍模型，组装 α-Cu、CsCl、NaCl、金刚石、石墨等晶胞，分别指出每种晶体所属布拉菲格子和结构基元。

B.2　对照模型，画出闪锌矿、金红石、CaF$_2$、Cu$_2$O、CaTiO$_3$ 等晶胞，分别指出其布拉菲格子和结构基元。

B.3　利用球棍模型，组装石墨烯晶体结构，指出其晶胞、布拉菲格子和结构基元。

B.4　分析纤锌矿的晶体结构，指出它的等同点系。比较纤锌矿与闪锌矿结构的异同。分析二元化合物形成这两种不同晶体结构的内在原因。

第4章　晶体的晶向和晶面

4.1　原　子　坐　标

原子在晶胞中所处的位置可以用原子坐标来描述。原子坐标是以晶轴为坐标轴，以数字表示某一原子中心处在坐标系上的位置的一种表示法。例如，在体心立方晶胞中，处于任意顶点位置的原子的坐标为 $(0，0，0)$；处于体心位置的原子坐标为 $\left(\dfrac{1}{2}，\dfrac{1}{2}，\dfrac{1}{2}\right)$，因为该原子处在以 x、y、z 晶轴为坐标轴的各一半的单位长度位置上，如图 4.1.1 所示。同样，在面心立方晶胞中，各原子的坐标可以用 $(0，0，0)$，$\left(\dfrac{1}{2}，\dfrac{1}{2}，0\right)$，$\left(\dfrac{1}{2}，0，\dfrac{1}{2}\right)$，$\left(0，\dfrac{1}{2}，\dfrac{1}{2}\right)$ 表示，如图 4.1.2 所示。又如，在金刚石型晶胞中，各原子的坐标可用 $(0,0,0)$，$\left(\dfrac{1}{2}，\dfrac{1}{4}，\dfrac{1}{4}\right)$，$\left(\dfrac{1}{2}，\dfrac{1}{2}，0\right)$，$\left(\dfrac{1}{2}，0，\dfrac{1}{2}\right)$，$\left(0，\dfrac{1}{2}，\dfrac{1}{2}\right)$，$\left(\dfrac{1}{4}，\dfrac{3}{4}，\dfrac{3}{4}\right)$，$\left(\dfrac{3}{4}，\dfrac{3}{4}，\dfrac{1}{4}\right)$，$\left(\dfrac{3}{4}，\dfrac{1}{4}，\dfrac{3}{4}\right)$ 表示，如图 4.1.3(a) 所示。

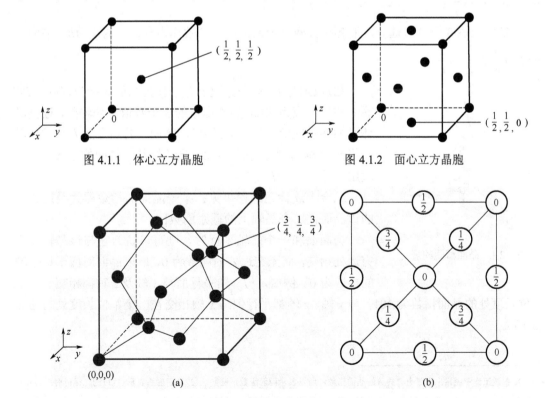

图 4.1.1　体心立方晶胞　　　　　　图 4.1.2　面心立方晶胞

图 4.1.3　金刚石型晶胞

也可以将原子的位置投影到结构晶胞的底面上，以数字标明它在高度上的位置，如图 4.1.3(b)所示为金刚石型结构中各原子的位置。

值得注意的是，晶胞中的某一原子坐标表示的是一类等同的原子。原子坐标常在立方晶系的晶胞中使用。

4.2　晶面及晶面指数

晶体中的质点在空间是呈规则周期排列的，即沿着某一方向看，质点总是一层层地平行排列着。将连接同一层质点的平面称为晶面。如果晶面中每个质点都是原子，则常称其为原子平面，相邻两层平行晶面之间的距离称为晶面间距。在晶面上，质点的密度称为面密度。显然在同一晶体的格子构造中，沿不同方向可以构成许多组这样互相平行的晶面。不同组晶面之间彼此相差一定角度，且它们的晶面间距、面密度及质点种类、价键密度等也往往不同，导致这些晶面在一些物理和化学的性质方面也不相同。为了比较和区别这些彼此不平行的晶面，在结晶学上，人们用晶面指数(又称米勒指数)来标记这些晶面，其标记方法如下。

(1)写出该晶面与 x、y、z 晶轴相交的长度即截距(用 a、b、c 的倍数 r、s、t 表示，其中 a、b、c 分别为 x、y、z 晶轴上的单位长度)，然后取其倒数 $\frac{1}{r}$、$\frac{1}{s}$、$\frac{1}{t}$。如图 4.2.1 中的 ABC 晶面，其 $\frac{1}{r}$、$\frac{1}{s}$、$\frac{1}{t}$ 分别为 $\frac{1}{2}$、$\frac{1}{2}$、$\frac{1}{3}$。

(2)将上述 3 个分数通分，取各个分数分母的最小公倍数作为分母。对于 ABC 晶面，则化为 $\frac{3}{6}$、$\frac{3}{6}$、$\frac{2}{6}$。

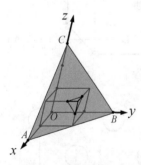

图 4.2.1　晶面截距的规定

(3)取通分后 3 个分数的分子作为晶面的指数，则 ABC 晶面的指数应为 332。如果指数的 3 个数值有公约数，根据晶体学的要求应除以最大公约数[*]，例如，若用上述方法求出晶面指数为 644，则应化为 322。当泛指某一晶面的指数时，一般用字母 h、k、l 代表。

综合上述标记过程可见：某一晶面的指数即为经过约简的该晶面在 3 个晶轴上的截距倒数比。

当晶面和一个晶轴平行时，则可以认为它与该晶轴在无穷远处相交，而无穷远处的倒数为 0，所以晶面对应于这个轴的指数为 0。例如，与 y 轴平行而与 x 轴及 z 轴都相交于一个单位长度处的晶面指数为 101，与 y 轴、z 轴都平行但与 x 轴相交在一个单位长度处的晶面为 100。

---

[*] 在 X 射线工作中经常出现带有公约数的晶面指数，用以表示衍射级数，例如，(222)衍射系表示(111)的二级衍射；另外也表示晶面间距的不同，例如，(222)的晶面间距是(111)晶面间距的 $\frac{1}{2}$，这里指数则不应约简。

如果晶面与某一个轴的负方向处相交，则在相应的指数上加一负号，如 $22\overline{3}$ 等。

从上述表示法中可以看出，彼此相平行的一组等同晶面的指数相同。因此在晶体学上把 hkl 晶面的一组平行等同晶面用 (hkl) 表示。

在同一晶体中，由于结构上对称性的关系，有若干个上述晶面之间彼此是等同的，它们构成一个晶面族，这些等同的晶面统用 $\{hkl\}$ 表示。例如，在立方晶系中，(100)、(010)、(001)、$(\overline{1}00)$、$(0\overline{1}0)$ 及 $(00\overline{1})$ 等 6 个晶面是等同的，则可统用 $\{100\}$ 表示。

常用半导体材料(Ge、Si、GaAs 等)晶体皆属于立方晶系，在立方晶系中常见的主要晶面为(100)、(110)、(111)、(210)等，它们在晶体格子中的位置如图 4.2.2 所示。

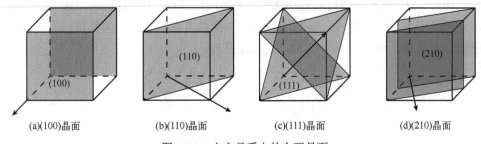

(a)(100)晶面　　　(b)(110)晶面　　　(c)(111)晶面　　　(d)(210)晶面

图 4.2.2　立方晶系中的主要晶面

在图 4.2.2 中，为了观看清楚起见，每种主要晶面只给出一个。如果把每种主要晶面的等同晶面都给出来，会发现立方晶系的晶格构造中有 6 个等同的(100)晶面，对应于立方体晶胞的 6 个侧面。同样有 12 个等同的(110)晶面和 8 个(111)晶面等，它们在空间的位置如图 4.2.3 所示(图中只画出其中一半数目的晶面，后面尚有另外一半数目的晶面)。

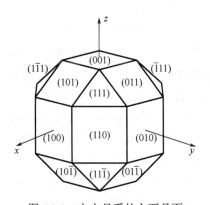

图 4.2.3　立方晶系的主要晶面

4.3　晶向及晶向指数

在晶体中任何一条穿过许多质点的直线方向称为晶向。晶向指数可用下面的方法给出。

(1)先作一条平行于该晶向的直线，并使其通过晶轴的原点。

(2)在该直线上任取一点(一般选取一个结点)，求其在 x、y、z 轴上的 3 个坐标。

(3)将这 3 个坐标数目使用同一数目相乘或相除，以化为最小的整数比 u、v、w，则$[uvw]$

即为该晶向的指数。例如，坐标为 $\frac{1}{3}$、$\frac{1}{2}$、$\frac{1}{4}$，则晶向指数为[463]。

如果坐标为负数，则在相应的指数上加一负号，如[$\bar{4}$63]。

现将晶向指数进一步用图 4.3.1 中的图解加以说明。由图 4.3.1 中可见，由于点阵结构是无穷的，因此在实际应用中可以方便地选取点阵结构中任意一个质点中心位置作为坐标原点。

由于晶轴参数(a、b、c、α、β、γ)的关系，在立方晶系的晶体中，某一晶面(hkl)与指数相同的晶向[hkl]恰好相互垂直。例如，图 4.2.2 中已表示出[100]方向垂直于(100)面，[110]垂直于(110)，[111]垂直于(111)，[210]垂直于(210)。但在其他晶系中，这一关系不一定存在。由于常用半导体材料(锗、硅、砷化镓等)都属于立方晶系，因此可以方便地判别晶向和晶面，即垂直于(hkl)晶面的方向就是[hkl]晶向。

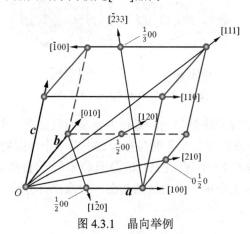

图 4.3.1　晶向举例

由于对称性的关系，有若干个晶向常常是等同的，它们构成一个晶向族，这时采用 <uvw> 来表示这一系列等同的晶向。例如，在立方晶系中，[100]、[010]、[001]、[$\bar{1}$00]、[0$\bar{1}$0]及[00$\bar{1}$]这 6 个晶向是等同的，就可以用<100>加以表示。

在六方晶系的晶体中，如果取菱形底面的直立柱体作为晶胞，其具有 3 个晶轴(x_1、x_2、x_3)，晶面及晶向指数的求法和其他晶系相同。但由图 4.3.2 可见，对于应当属于同一晶面族的若干等同晶面，从它们的晶面指数将无法看出其对称关系。例如，图 4.3.2 所示的六方晶胞的各个侧面的指数分别为(100)、(010)、($\bar{1}$10)、($\bar{1}$00)、(0$\bar{1}$0)及(1$\bar{1}$0)，并不显示其 6 次对称关系，对于晶向指数也存在同样的问题。因此，在晶体学上往往采取专为六方晶体而设立的另一种系统，这种新系统选取如图 4.3.2 所示的 4 个晶轴：a_1、a_2、a_3、c，3 个 a 轴在同一个水平面上，其夹角各为 120°，c 轴与这个水平面垂直，然后再依照上述同样方法求出各个晶面及晶向的指数，这样得出具有对称关系的晶面族或晶向族指数都可以依排列组合方法互换。例如，用这种 4 个晶轴系统的方法求得的 6 个侧面的指数分别为(10$\bar{1}$0)、(01$\bar{1}$0)、($\bar{1}$100)、($\bar{1}$010)、(0$\bar{1}$10)及(1$\bar{1}$00)，都是由 1、$\bar{1}$、0、0 四个数字依不同排列次序组成的，也可以用 {1$\bar{1}$00} 来代表由对称关系联系起来的这一族晶面。用这种新的系统求出的指数又称米勒-布拉维指数，一般用 h、k、i、l 四个字母表示。如果仔细分析米勒-布拉维指数，可发现它们有这样一个规律，即

$$h+k=-i$$

因此,在写米勒-布拉维指数时,往往可以将其第 3 个符号 i 省去而代之以一点: $(hk.l)$。

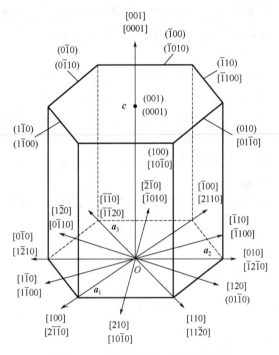

图 4.3.2　六方晶系的晶向与晶面

六方晶系中的晶向最好用 3 个晶轴矢量 a_1、a_2、c 表示。至于用 4 个指数来表示晶向的系统,有时也被应用。某一晶向在四轴坐标中,指数以 $[uvtw]$ 表示,它应满足 $u+v+t+w=0$ 的关系。这是由于位于六方晶胞底面上的 3 个晶轴仅有两个是独立的,它们满足 $a_1+a_2+a_3=\boldsymbol{0}$ 的关系。在具体确定晶向指数时,为使其与晶面指数有相同的对应关系,则应选取与待定晶向相邻的 3 个 a 轴为独立晶轴,而与另一个 a 轴相对应的晶向指数应由 $u+v+t+w=0$ 来确定。例如,在图 4.3.2 中,对于 $[110]$ 晶向,它本身落在 a_3 轴上,则应选择 a_1、a_2 轴为独立晶轴,在 $[110]$ 晶向上的一结点在 a_1 轴和 a_2 轴上的坐标均为 1,在 c 轴的坐标为 0,即 $u=1$,$v=1$,$w=0$,则 $t=-u-v=-2$,所以 $[110]$ 晶向表示为 $[11\bar{2}0]$。又如,对于 $[210]$ 晶向,与它最邻近的为 a_1 轴和 a_3 轴(负方向),即选 a_1 和 a_3 为独立晶轴,在 $[210]$ 晶向上选一结点,它在 a_1 轴和 a_3 轴上的坐标为 1 和 –1,在 c 轴上的坐标为 0,即 $u=1$,$t=-1$,$w=0$,则 $v=-u-t=0$,所以 $[210]$ 晶向表示为 $[10\bar{1}0]$,于是对应六方晶胞的 6 个侧面的法线方向分别可用 $[10\bar{1}0]$、$[01\bar{1}0]$、$[\bar{1}100]$、$[\bar{1}010]$、$[0\bar{1}10]$、$[1\bar{1}00]$ 表示,与各侧面的晶面指数一致。

4.4　倒易点阵

4.4.1　倒易点阵几何

倒易点阵本身是一种几何结构图,倒易点阵方法是一种数学方法,即一种几何学的变换方法。利用倒易点阵可以更清楚地理解 X 射线在晶体中衍射的几何概念，还可更容易理解晶面的存在及其坡度、晶面间距等问题。因此，自从埃瓦尔德(P. P. Ewald)在 1921 年发表了此方法，后来经过伯纳耳(J. D. Bernal)用来解释周转晶体法的 X 射线图像后，倒易点阵方法逐渐发展成为解释各种 X 射线衍射问题非常有力的工具。倒易点阵方法也是固体物理学中讨论能带理论的重要方法。

倒易点阵(或称为倒格子)是由许多点所构成的虚点阵，是根据具有点阵常数为 a、b、c 的晶体点阵(正点阵、真点阵)经过一定的转化而成的。倒易点阵的空间称为倒易空间，其中每一个结点和原来晶体点阵中各个相应的晶面有倒易关系，如果这两个点阵具有一个共同的原点(图 4.4.1(a))，则其关系如下。

(1)晶体点阵中的 (hkl) 晶面在倒易点阵中用一点 P_{hkl} 来表示。P_{hkl} 点和原点 O 间的连线垂直于晶体点阵中的 (hkl) 晶面。

(2)如果倒易点阵中的 P_{hkl} 点和原点间的距离 $OP_{hkl} = H_{hkl}$，则有

$$H_{hkl} = \frac{1}{d_{hkl}} \tag{4.4.1}$$

有时为了将比例放大 K 倍也可以取：

$$H_{hkl} = \frac{K}{d_{hkl}} \tag{4.4.2}$$

式中，d_{hkl} 为 (hkl) 晶面的晶面距离。

利用上述的转化原则可以由任何一个晶体点阵得出一个相应的倒易点阵，反过来由一个已知的倒易点阵，运用同样的转化原则又可以重新得到原来的晶体点阵。图 4.4.1(b) 表示了晶体点阵中的 (100) 及 (200) 晶面，图 4.4.1(c) 给出了其相应的倒易点阵结构，因为 (200) 的晶面间距 d_{200} 是 d_{100} 的一半，所以在倒易点阵中有

$$H_{200} = \frac{1}{d_{200}} = 2H_{100} = \frac{2}{d_{100}} \tag{4.4.3}$$

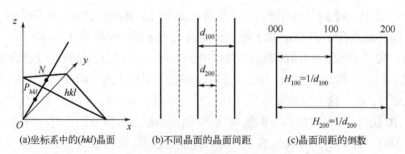

(a)坐标系中的(hkl)晶面　　(b)不同晶面的晶面间距　　(c)晶面间距的倒数

图 4.4.1　正点阵与倒易点阵的转化

用上述方法得到的倒易点阵结点集合起来具有点阵的性质，可以利用图 4.4.2 来说明。为了简单起见，这里考虑了一个较普通的单斜晶体点阵中的 ac 平面，其中 b 轴与图面垂直，指向图面内部。图 4.4.2 中画出了这个点阵的 4 个单位平行六面体，用实线表示，其结点用空心圆圈代表。由这个点阵转化而得出的一部分倒易点阵用虚线表示，其结点用黑圆点

代表，两个点阵具有共同的原点。为了使 H_{hkl} 在图 4.4.2 中有较方便的长度，将倒易点阵放大 K 倍。由图 4.4.2 可以看出倒易点阵结点 P_{001}、P_{100} 分别在晶体点阵(001)、(100)面的法线上，其与原点间距离的长度为

$$H_{100} = a* = \frac{K}{d_{100}} \tag{4.4.4}$$

$$H_{001} = c* = \frac{K}{d_{001}} \tag{4.4.5}$$

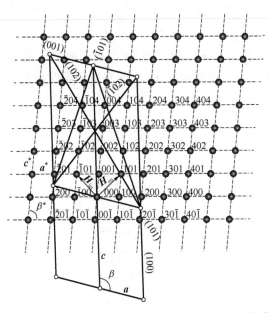

图 4.4.2　简单单斜点阵在(010)面上的投影及其倒易点阵的一部分

由图 4.4.2 还可以看出倒易点阵具有特定的点阵参数 $a*$、$c*$ 及其夹角 $\beta*$，正如晶体点阵中有 a、c 及 β 一样。此外，根据图 4.4.2 中的几何关系还可以证明 $\beta*$ 是 β 的补角，轴比 $c*/a*$ 和原晶体点阵轴比的关系为

$$\frac{c*}{a*} = \frac{\dfrac{K}{d_{001}}}{\dfrac{K}{d_{100}}} = \frac{\dfrac{K}{c\sin(180° - \beta)}}{\dfrac{K}{a\sin(180° - \beta)}} = \frac{a}{c} \tag{4.4.6}$$

倒易点阵的单位平行六面体和原来晶体点阵的单位平行六面体具有相似的形状，但是由于原点阵绕原点旋转了 90°，如图 4.4.2 中的 $a*$ 轴垂直于 c 轴，而 $c*$ 轴垂直于 a 轴，因此可以推知，四方点阵的倒易点阵的单位平行六面体也是正方形、长方形或平行四边形，但是转动了 90°。由上述平面点阵情况推引到三维点阵的倒易点阵，原理也是一样的，其中 $b* = \dfrac{K}{d_{010}}$ 倒易点阵中的晶轴夹角 $\alpha*$、$\beta*$、$\gamma*$ 分别为原来晶体点阵中相应夹角 α、β、γ 的补角。

上述倒易点阵的几何定义具有形象直观的特点。

4.4.2 倒易点阵的矢量分析

如前所述，点阵可以用平移矢量来描述。因此，倒易点阵的概念与正点阵间的倒易关系，可以方便地借助矢量分析的手段建立。

如果晶体点阵用 3 个晶轴矢量 a、b、c 表示，则其相应的倒易点阵可以用 a^*、b^*、c^* 3 个矢量来表示，a^*、b^*、c^* 的长度 a^*、b^*、c^* 为倒易点阵单位平行六面体 3 个棱的长度，这样倒易点阵与其相应晶体点阵间的基本关系为

$$a^* \cdot b = a^* \cdot c = b^* \cdot a = b^* \cdot c = c^* \cdot a = c^* \cdot b = 0 \tag{4.4.7}$$

$$a^* \cdot a = b^* \cdot b = c^* \cdot c = 1 \tag{4.4.8}$$

式(4.4.7)和式(4.4.8)决定了 a^*、b^*、c^* 这 3 个矢量的方向及其长度，由式(4.4.7)得知，a^* 和晶体点阵中 bc 平面垂直，也就是 a^* 和 b、c 垂直，同样 b^* 和 ac 平面垂直，c^* 和 ab 平面垂直，由式(4.4.8)得出：

$$a^* = \frac{1}{a\cos \hat{a}a^*} \tag{4.4.9}$$

$$b^* = \frac{1}{b\cos \hat{b}b^*} \tag{4.4.10}$$

$$c^* = \frac{1}{c\cos \hat{c}c^*} \tag{4.4.11}$$

式(4.4.7)及式(4.4.8)的关系也可以用如下公式表示：

$$a^* = \frac{b \times c}{a \cdot b \times c} \tag{4.4.12}$$

$$b^* = \frac{c \times a}{a \cdot b \times c} \tag{4.4.13}$$

$$c^* = \frac{a \times b}{a \cdot b \times c} \tag{4.4.14}$$

由图 4.4.3 可以看出：

$$a \cdot b \times c = a \cdot \varepsilon [bc\sin\alpha_1] = a\cos\alpha_2 [bc\sin\alpha_1]$$
$$= OP[\text{平行四边形（} OBDC \text{）的面积} A]$$
$$= \text{单位平行六面体的体积} = V$$

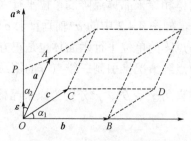

图 4.4.3 证明 $a \cdot b \times c$ 等于单位平行六面体的体积

根据式(4.4.12)，得

$$a^* = \frac{|\boldsymbol{b} \times \boldsymbol{c}|}{V} = \frac{A}{A \cdot |\boldsymbol{OP}|} = \frac{1}{|\boldsymbol{OP}|} = \frac{1}{d_{100}} \qquad (4.4.15)$$

依同理，有

$$b^* = \frac{1}{d_{010}} \qquad (4.4.16)$$

$$c^* = \frac{1}{d_{001}} \qquad (4.4.17)$$

在任何晶轴正交的晶体点阵(正交、四方、立方点阵)中，有

$$\boldsymbol{a}^* // \boldsymbol{a}, \quad a^* = \frac{1}{a} \qquad (4.4.18)$$

$$\boldsymbol{b}^* // \boldsymbol{b}, \quad b^* = \frac{1}{b} \qquad (4.4.19)$$

$$\boldsymbol{c}^* // \boldsymbol{c}, \quad c^* = \frac{1}{c} \qquad (4.4.20)$$

由倒易点阵原点至其中任何一个结点 P_{hkl} 的矢量称为倒易矢量(或称为倒格矢)，用 $\boldsymbol{H}_{hkl}$ 代表，通常简写为 $\boldsymbol{H}$：

$$\boldsymbol{H} = h\boldsymbol{a}^* + k\boldsymbol{b}^* + l\boldsymbol{c}^* \qquad (4.4.21)$$

式中，h、k、l 均为整数。

$\boldsymbol{H}$ 垂直于晶体点阵中的 (hkl)，同时 $\boldsymbol{H}$ 和 d_{hkl} 的倒易关系可以借助于图 4.4.4 来证明。

(1)若 ABC 平面为 (hkl) 晶面中的一个平面，则可得出：

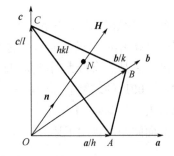

图 4.4.4　$\boldsymbol{H}$ 和晶体点阵中 (hkl) 晶面的关系

$$\overrightarrow{OA} = \frac{\boldsymbol{a}}{h}, \quad \overrightarrow{OB} = \frac{\boldsymbol{b}}{k}, \quad \overrightarrow{OC} = \frac{\boldsymbol{c}}{l} \qquad (4.4.22)$$

因此，有

$$\overrightarrow{AB} = \overrightarrow{OB} - \overrightarrow{OA} \qquad (4.4.23)$$

$$\overrightarrow{AB} = \frac{\boldsymbol{b}}{k} - \frac{\boldsymbol{a}}{h} \qquad (4.4.24)$$

$$\boldsymbol{H} \cdot \overrightarrow{AB} = (h\boldsymbol{a}^* + k\boldsymbol{b}^* + l\boldsymbol{c}^*) \cdot \left(\frac{\boldsymbol{b}}{k} - \frac{\boldsymbol{a}}{h} \right) = 1 - 1 = 0 \qquad (4.4.25)$$

所以 $\boldsymbol{H}$ 和 $\overrightarrow{AB}$ 相互垂直。

用同样的方法可以证明 $\boldsymbol{H} \perp \overrightarrow{AC}$，$\boldsymbol{H}$ 既然垂直于 ABC 面的两个边，则 $\boldsymbol{H} \perp ABC$ 面，或表示为 $\boldsymbol{H} \perp (hkl)$。

(2) 设 $\boldsymbol{n}$ 为沿 $\boldsymbol{H}$ 方向的单位矢量，有

$$ON = d_{hkl} = \frac{\boldsymbol{a}}{h} \cdot \boldsymbol{n} \tag{4.4.26}$$

由于

$$\boldsymbol{n} = \frac{\boldsymbol{H}}{H} \tag{4.4.27}$$

所以

$$d_{hkl} = \frac{\boldsymbol{a}}{h} \cdot \frac{\boldsymbol{H}}{H} = \frac{\boldsymbol{a}}{h} \frac{(h\boldsymbol{a}^* + k\boldsymbol{b}^* + l\boldsymbol{c}^*)}{H} = \frac{1}{H} \tag{4.4.28}$$

或

$$H = \frac{1}{d_{hkl}} \tag{4.4.29}$$

因此证明了式(4.4.7)及式(4.4.8)和原来对于倒易点阵几何关系的规定是一致的。

4.5 晶面间距及夹角、晶向夹角及晶带

4.5.1 晶面间距

前面已经提到过，凡是一组平行晶面中最邻近两个晶面间的距离均称为晶面间距，通常属于 (hkl) 中两个最邻近晶面的间距用 d_{hkl} 表示，有时简写为 d。在晶体中，晶面指数最低的晶面总是具有最大的晶面间距，所以在点阵常数 a、b、c 相近的某一晶体中属于 (100)、(010)、(001) 的这类晶面的晶面间距最大，其值分别等于 a、b、c，这些晶面上的质点密度也最大，如图 4.5.1 所示。

晶面间距可以用下述方法算出。

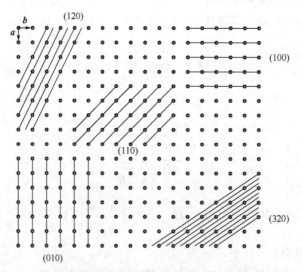

图 4.5.1 简单正交晶体点阵晶体中平行于 a-b 面的一个晶面
注：各组直线表示各种晶面的晶面间距及质点密度

根据式（4.4.1）：$H_{hkl}=\dfrac{1}{d_{hkl}}$，因此有

$$H_{hkl}^2=\frac{1}{(d_{hkl})^2} \tag{4.5.1}$$

而 H_{hkl}^2 可以用如下方法算出：

$$\boldsymbol{H}\cdot\boldsymbol{H}=H^2\cos 0°=H^2 \tag{4.5.2}$$

$$\begin{aligned}
\frac{1}{(d_{hkl})^2}&=H^2=\boldsymbol{H}\cdot\boldsymbol{H}\\
&=(h\boldsymbol{a}*+k\boldsymbol{b}*+l\boldsymbol{c}*)\cdot(h\boldsymbol{a}*+k\boldsymbol{b}*+l\boldsymbol{c}*)\\
&=h^2a*^2+k^2b*^2+l^2c*^2+2hk(\boldsymbol{a}*\cdot\boldsymbol{b}*)+2hl(\boldsymbol{a}*\cdot\boldsymbol{c}*)+2kl(\boldsymbol{b}*\cdot\boldsymbol{c}*)
\end{aligned} \tag{4.5.3}$$

将各个晶系的参数关系代入式（4.4.12）～式（4.4.14），求出 $\boldsymbol{a}*$、$\boldsymbol{b}*$、$\boldsymbol{c}*$ 及其平方值，以及 $\boldsymbol{a}*\cdot\boldsymbol{b}*$、$\boldsymbol{b}*\cdot\boldsymbol{c}*$、$\boldsymbol{a}*\cdot\boldsymbol{c}*$ 等值，再代入式（4.5.1）则可以求得 $\dfrac{1}{(d_{hkl})^2}$ 及 $\dfrac{1}{d_{hkl}}$ 的值。举例如下：

①在立方晶系中，有

$$a=b=c,\quad \alpha=\beta=\gamma=90° \tag{4.5.4}$$

$$\boldsymbol{a}*/\!/\boldsymbol{a},\quad \boldsymbol{b}*/\!/\boldsymbol{b},\quad \boldsymbol{c}*/\!/\boldsymbol{c} \tag{4.5.5}$$

$$\alpha*=\beta*=\gamma*=90° \tag{4.5.6}$$

$$a*=b*=c*=\frac{1}{a} \tag{4.5.7}$$

$$V=a^3 \tag{4.5.8}$$

$$(\boldsymbol{a}*\cdot\boldsymbol{b}*)=(\boldsymbol{b}*\cdot\boldsymbol{c}*)=(\boldsymbol{a}*\cdot\boldsymbol{c}*)=0 \tag{4.5.9}$$

所以

$$\frac{1}{(d_{hkl})^2}=\frac{h^2+k^2+l^2}{a^2} \tag{4.5.10}$$

$$d_{hkl}=\frac{a}{\sqrt{h^2+k^2+l^2}} \tag{4.5.11}$$

②在六方晶系中（图 4.5.2），有

$$a=b\neq c \tag{4.5.12}$$

$$\alpha=\beta=90° \tag{4.5.13}$$

$$\gamma=120° \tag{4.5.14}$$

$$\gamma*=60° \tag{4.5.15}$$

$$V=a^2c\sin 60°=a^2c\left(\frac{\sqrt{3}}{2}\right) \tag{4.5.16}$$

$$a*^2 = \frac{a^2c^2\sin^2 90°}{a^4c^2\left(\dfrac{3}{4}\right)} = \frac{4}{3}\left(\frac{1}{a^2}\right) \tag{4.5.17}$$

$$b*^2 = \frac{a^2c^2\sin^2 90°}{a^4c^2\left(\dfrac{3}{4}\right)} = \frac{4}{3}\left(\frac{1}{a^2}\right) \tag{4.5.18}$$

$$c*^2 = \frac{a^2a^2\sin^2 120°}{a^4c^2\left(\dfrac{3}{4}\right)} = \frac{1}{c^2} \tag{4.5.19}$$

$$\boldsymbol{a}*\cdot\boldsymbol{b}* = a*b*\cos\hat{\boldsymbol{a}}*\hat{\boldsymbol{b}}* = \frac{4}{3}\left(\frac{1}{a^2}\right)\cos 60° = \frac{4}{3}\left(\frac{1}{a^2}\right)\left(\frac{1}{2}\right) = \frac{2}{3}\left(\frac{1}{a^2}\right) \tag{4.5.20}$$

$$\boldsymbol{a}*\cdot\boldsymbol{c}* = \boldsymbol{b}*\cdot\boldsymbol{c}* = 0 \tag{4.5.21}$$

将以上结果代入式(4.5.1)，得出：

$$\begin{aligned}\frac{1}{(d_{hkl})^2} &= \frac{4}{3}\left(\frac{h^2}{a^2}\right) + \frac{4}{3}\left(\frac{k^2}{a^2}\right) + \frac{l^2}{c^2} + (2hk)\left(\frac{2}{3}\right)\left(\frac{1}{a^2}\right) \\ &= \frac{4}{3}\left(\frac{h^2 + hk + k^2}{a^2}\right) + \frac{l^2}{c^2}\end{aligned} \tag{4.5.22}$$

$$d_{hkl} = \frac{1}{\sqrt{\dfrac{4}{3}\left(\dfrac{h^2 + hk + k^2}{a^2}\right) + \dfrac{l^2}{c^2}}} \tag{4.5.23}$$

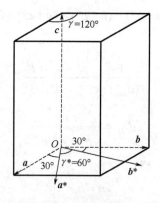

图 4.5.2　六方晶体点阵与其倒易点阵晶轴间的关系

依同样的方法可以得出其他晶系的 d_{hkl} 值。

③四方晶系：

$$d_{hkl} = \frac{1}{\sqrt{\dfrac{h^2 + k^2}{a^2} + \dfrac{l^2}{c^2}}} \tag{4.5.24}$$

④正交晶系:

$$d_{hkl} = \frac{1}{\sqrt{\dfrac{h^2}{a^2} + \dfrac{k^2}{b^2} + \dfrac{l^2}{c^2}}} \qquad (4.5.25)$$

⑤三方晶系:

$$d_{hkl} = \frac{a\sqrt{1 - 3\cos^2 a + 2\cos^3 a}}{\sqrt{(h^2 + k^2 + l^2)\sin^2 a + 2(hk + kl + hl)(\cos^2 a - \cos a)}} \qquad (4.5.26)$$

⑥单斜晶系:

$$d_{hkl} = \frac{1}{\sqrt{\dfrac{\left(\dfrac{h}{a}\right)^2 + \left(\dfrac{l}{c}\right)^2 + \dfrac{2hk\cos\beta}{ac}}{\sin^2\beta} + \left(\dfrac{k}{b}\right)^2}} \qquad (4.5.27)$$

⑦三斜晶系:

极少应用,从略。

4.5.2 晶面及晶向夹角

两个指数不同的晶面间的夹角是多少?两个指数不同的晶向间的夹角是多少?这类问题在研究晶体取向及与晶体取向有关的性质时经常遇到。这里仍以立方晶系为例,设有指数为$[h_1k_1l_1]$和$[h_2k_2l_2]$的两个晶向,试确定两者之间的夹角φ。

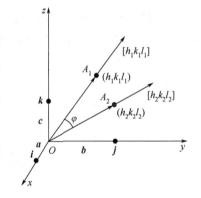

图 4.5.3 两晶向间的夹角

由晶向指数定义可知,h_1、k_1、l_1 即是在$[h_1k_1l_1]$晶向上某一点 A_1 在 3 个晶轴上的坐标,同样 h_2、k_2、l_2 即是在$[h_2k_2l_2]$晶向上某一点 A_2 的坐标,因此$[h_1k_1l_1]$和$[h_2k_2l_2]$的夹角也就是向量$\overrightarrow{OA_1}$ 和$\overrightarrow{OA_2}$ 间的夹角,见图 4.5.3。

由于在立方晶系中 3 个晶轴组成的坐标系就是通常的直角坐标系,因此有

$$\overrightarrow{OA_1} = h_1\boldsymbol{i} + k_1\boldsymbol{j} + l_1\boldsymbol{k} \qquad (4.5.28)$$

$$\overrightarrow{OA_2} = h_2\boldsymbol{i} + k_2\boldsymbol{j} + l_2\boldsymbol{k} \qquad (4.5.29)$$

由矢量的点乘可知:

$$\overrightarrow{OA_1} \cdot \overrightarrow{OA_2} = \left|\overrightarrow{OA_1}\right|\left|\overrightarrow{OA_2}\right|\cos\varphi \qquad (4.5.30)$$

于是有

$$\cos\varphi = \frac{\overrightarrow{OA_1} \cdot \overrightarrow{OA_2}}{\left|\overrightarrow{OA_1}\right|\left|\overrightarrow{OA_2}\right|} = \frac{h_1h_2 + k_1k_2 + l_1l_2}{\sqrt{h_1^2 + k_1^2 + l_1^2} \times \sqrt{h_2^2 + k_2^2 + l_2^2}} \qquad (4.5.31)$$

式(4.5.31)即为立方晶系求晶向夹角的关系式。由于立方晶系中指数为$[h_1k_1l_1]$的晶向刚好垂直于指数为$(h_1k_1l_1)$的晶面，$[h_2k_2l_2]$垂直于$(h_2k_2l_2)$，因此式(4.5.31)同样也适用于求$(h_1k_1l_1)$与$(h_2k_2l_2)$间的夹角。

例如，求(111)与(110)间的夹角：

$$\cos\varphi = \frac{1+1+0}{\sqrt{1+1+1}\times\sqrt{1+1}} = \frac{2}{\sqrt{3}\times\sqrt{2}} = \sqrt{\frac{2}{3}} \tag{4.5.32}$$

得

$$\varphi = 35.26° \tag{4.5.33}$$

由以上关系式可见，若$h_1h_2 + k_1k_2 + l_1l_2 = 0$，则$\cos\varphi = 0$，$\varphi = 90°$，这是两个晶向或晶面相互垂直的条件。例如，$\left[1\bar{1}0\right]$与$[112]$之间的关系：

$$1\times1 + (-1)\times1 + 0\times2 = 0 \tag{4.5.34}$$

表明$[1\bar{1}0]$与$[112]$相互垂直。

对于其他晶系，晶面间夹角关系式和晶向间夹角关系式较为复杂，在此不再列出。

4.5.3　晶带

在晶体中，如果许多晶面同时平行于一个轴向，则前者总称为一个晶带，后者称为晶带轴。例如，在图4.5.4中所示正交晶体的(100)、(010)、(110)、$(1\bar{1}0)$、(120)、$(1\bar{2}0)$等晶面同时和$[001]$晶向平行，因此上方所列的这些晶面构成了一个以$[001]$晶向为晶带轴的晶带。晶带中的每一个晶面称为晶带面。

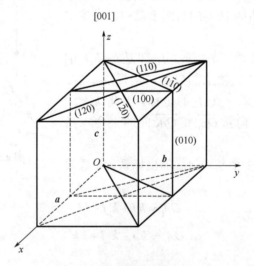

图4.5.4　晶带面和晶带轴

如果晶带面的方向指数为$[uvw]$，任何晶面具有(hkl)的指数，而且符合条件：

$$hu + kv + lw = 0 \tag{4.5.35}$$

则这个(hkl)晶面属于以$[uvw]$为晶带轴的一个晶带。

式(4.5.35)中的关系可以证明如下。

因为同一晶带的各个晶面和其晶带轴都是相互平行的, 故各晶带面的法线必定在垂直于晶带的同一平面上, 任何 (hkl) 晶带面的倒易矢量 $\boldsymbol{H}$ 必与 $[uvw]$ 晶带轴相垂直, 如果用矢量关系表示, 则有

$$晶带轴的矢量 = u\boldsymbol{a} + v\boldsymbol{b} + w\boldsymbol{c}$$

$$\boldsymbol{H} = h\boldsymbol{a}^* + k\boldsymbol{b}^* + l\boldsymbol{c}^* \tag{4.5.36}$$

因为 $\boldsymbol{H}$ 与晶带轴垂直, 所以有

$$(u\boldsymbol{a} + v\boldsymbol{b} + w\boldsymbol{c}) \cdot (h\boldsymbol{a}^* + k\boldsymbol{b}^* + l\boldsymbol{c}^*) = 0 \tag{4.5.37}$$

因此得出:

$$hu + kv + lw = 0 \tag{4.5.38}$$

如果 $(h_1k_1l_1)$ 和 $(h_2k_2l_2)$ 是以 $[uvw]$ 为晶带轴的晶带中的两个晶面, 则用解析几何方法可以求出晶带轴的指数:

$$u = k_1l_2 - k_2l_1 \tag{4.5.39}$$

$$v = l_1h_2 - l_2h_1 \tag{4.5.40}$$

$$w = l_1h_2 - h_2k_1 \tag{4.5.41}$$

例如, 图 4.5.4 中的 (100) 和 (110) 属于同一晶带, 因此晶带轴指数为

$$u = 0 - 0 = 0 \tag{4.5.42}$$

$$v = 0 - 0 = 0 \tag{4.5.43}$$

$$w = 1 - 0 = 1 \tag{4.5.44}$$

在其他晶体学问题中, 也可以用上述方法求出任何两个相交面(其指数已知)的交线的方向指数。

同样, 如果一个 (hkl) 晶面同时属于两个晶带, 其晶轴分别为 $[u_1v_1w_1]$ 和 $[u_2v_2w_2]$ 时, 则此晶面的指数为

$$h = v_1w_2 - v_2w_1 \tag{4.5.45}$$

$$k = w_1u_2 - w_2u_1 \tag{4.5.46}$$

$$l = u_1v_2 - u_2v_1 \tag{4.5.47}$$

例如, 在图 4.5.5 中, (100) 晶面同时属于以 $[001]$ 和 $[010]$ 为晶带轴的两个晶带, 因此晶面的指数为

$$h = 1 - 0 = 1 \tag{4.5.48}$$

$$k = 0 - 0 = 0 \tag{4.5.49}$$

$$l = 0 - 0 = 0 \tag{4.5.50}$$

在其他问题中, 若已知任何两个晶向处在同一个晶面上, 则利用上述方法也同样可以求出此晶面的指数。

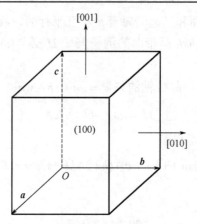

图 4.5.5　表示属于两个晶带的晶带面

习题及思考题

4.1　在某一立方晶胞中,原子 A 的坐标为 $(0, 0, 0)$,$\left(\frac{1}{2},\frac{1}{2},0\right)$,$\left(\frac{1}{2},0,\frac{1}{2}\right)$,$\left(0,\frac{1}{2},\frac{1}{2}\right)$,原子 B 的坐标为 $\left(\frac{1}{2},\frac{1}{2},\frac{1}{2}\right)$,$\left(\frac{1}{2},0,0\right)$,$\left(0,\frac{1}{2},0\right)$,$\left(0,0,\frac{1}{2}\right)$,试画出该晶胞。

4.2　下面所给的是几个正交晶系晶体的晶胞情况,请画出每种晶体的晶胞及其布拉维格子,并说明原因。

(1) 每个晶胞中有两个同种原子,其位置为 $\left(0,\frac{1}{2},0\right)$,$\left(\frac{1}{2},0,\frac{1}{2}\right)$。

(2) 每个晶胞中有两个 A 原子和两个 B 原子,A 原子位置为 $\left(\frac{1}{2},0,0\right)$,$\left(0,\frac{1}{2},\frac{1}{2}\right)$,B 原子位置为 $\left(0,0,\frac{1}{2}\right)$,$\left(\frac{1}{2},\frac{1}{2},0\right)$。

4.3　设有一 AB_4 型晶体,属于立方晶系,每个晶胞中有一个 A 原子和四个 B 原子:A 原子的坐标为 $\left(\frac{1}{2},\frac{1}{2},\frac{1}{2}\right)$,B 原子的坐标分别为 $(0, 0, 0)$,$\left(\frac{1}{2},\frac{1}{2},0\right)$,$\left(\frac{1}{2},0,\frac{1}{2}\right)$,$\left(0,\frac{1}{2},\frac{1}{2}\right)$。试画出该晶体的晶胞及其布拉维格子。

4.4　在四方晶胞中画出如下的晶面和晶向:(001),(011),(113),$[110]$,$[201]$,$[\bar{1}01]$。

4.5　试利用一张 $(1\bar{1}0)$ 的剖面图,证明立方晶系中的 $[111]$ 方向与 (111) 面垂直,而在四方晶系中并不尽然。

4.6　在立方晶系中,比较晶面符号为 (100) 与 (200)、(400) 及 (110) 与 (220)、(440) 的各晶面间的面间距。

4.7　试证明点阵面 $(1\bar{1}0)$、$(1\bar{2}1)$、$(\bar{3}12)$ 均属于 $[111]$ 晶带。

4.8　求立方晶系 (111) 与 (110) 间的夹角。

4.9　求立方晶系 $\{111\}$ 与 $\{111\}$ 间的夹角,$\{111\}$ 与 $\{110\}$ 间的夹角。

4.10　试在一张六方柱体图中,指出下列晶面和晶向: $(1\bar{2}10)$、$(10\bar{1}2)$、$(\bar{1}011)$ 和[110]、[111]、[021]。

实习 C　　认识晶体的宏观对称性

C.1　观察晶体模型的外观,找出每个模型的全部宏观对称要素。指出其属于何种点群;分析其特征对称要素,指出其属于何种晶系。

C.2　说明在晶体结构中,有哪几种反轴,为什么只有$\bar{4}$是独立的。

C.3　说明为什么$\bar{4}$只有在无 $\underline{4}$ 和 i 的晶体中,才有可能在 $\underline{2}$ 的方向上存在(但不一定存在)。

C.4　观察金刚石晶体模型,找到其对称中心。观察闪锌矿结构晶体是否存在对称中心。

第 5 章 半导体材料及电子材料晶体结构的特点及性质

5.1 典型半导体材料晶体结构类型

目前使用和研制的晶态半导体材料主要是元素锗和硅，以及Ⅲ-Ⅴ族和Ⅱ-Ⅳ族化合物。如表 5.1.1 所示，典型半导体材料晶体结构类型主要是金刚石型及闪锌矿型，个别的属于纤锌矿型及氯化钠型。这几种结构类型在第 1 章和第 2 章中已有所讨论，这里再结合半导体材料的特点进行介绍。

表 5.1.1 典型半导体材料晶体结构类型

晶体结构	晶系	点群	主要半导体材料
金刚石型	立方	$O_h - m3m$	C、Si、Ge、灰 Sn
闪锌矿型 (立方 ZnS 型)	立方	$T_d - \bar{4}3m$	BP、AlP、GaP、InP、BAs、AlAs、GaAs、InAs、AlSb、 GaSb、InSb、BN*、ZnS*、ZnSe、ZnTe、CdTe、HgSe、 HgTe、SiC
纤锌矿型 (六方 ZnS 型)	六方	$C_{6v} - 6mm$	BN*、ZnS*、CdS、CdSe、ZnO、AlN、GaN、InN
氯化钠型	立方	$O_h - m3m$	PbS、PbSe、PbTe、CdO

*具有两种结构类型。

5.1.1 金刚石型结构

Si、Ge 的原子序数分别为 14 和 32，它们的原子核周围分别具有 14 和 32 个电子，这些电子在核外各轨道的分布情况如下：

$$\text{Si} \quad 1s^2 2s^2 2p^6 \ 3s^2 3p^2$$

$$\text{Ge} \quad 1s^2 \ 2s^2 2p^6 \ 3s^2 3p^6 3d^{10} \ 4s^2 4p^2$$

它们外层都有 4 个价电子(s 轨道 2 个，p 轨道 2 个)。在 Si 与 Si 或 Ge 与 Ge 原子之间相互作用构成晶体时，由于每个原子核对其外层电子都有较强的吸引能力，又是同一种原子相互作用，因此它们不能形成金属键或离子键。每个原子为了形成具有 8 个外层电子的类似惰性气体的稳定结构，必然趋向于与邻近的 4 个原子形成 4 个共价键。由价键理论可知，形成共价键时，为使彼此间电子云能实现尽可能大的重叠，原来形状不同的 1 个 s 轨道和 3 个 p 轨道将产生 sp^3 杂化作用，结果产生 4 个等同的 sp^3 杂化轨道，它们的电子云最大方向刚好指向以原子核为中心的正四面体的 4 个顶角。电子云密度最大的方向也就是彼此形成共价键的方向。这样分布的结果，使 4 个键在空间位置上处于均衡，每两个键间的夹角都是 $109°28'$，如图 5.1.1 所示。每个原子都按照这一键合方向彼此结合起来，最后形成一种在三维空间规则排列的一种结构型式，如图 5.1.2 所示。这就是 Si、Ge 等元素半导体材料的晶体结构型式，称为金刚石型结构。在这一结构中选取的单位晶胞如图 5.1.3 所示。金刚石型晶体具有 $O_h - m3m$ 点群的高度宏观对称性，属于立方晶系。Si、Ge 的许多性质与这一结构有密切关系，本书在 5.2 节将加以说明。

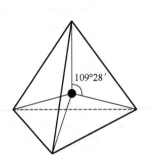

图 5.1.1　sp^3 杂化轨道方向

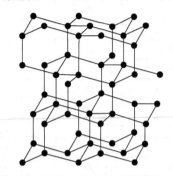

图 5.1.2　金刚石型结构原子连接方式

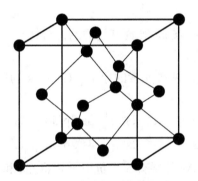

图 5.1.3　金刚石型结构晶胞

表 5.1.2 给出了 Si、Ge 的主要性质参数。

表 5.1.2　硅、锗的主要性质

性质	符号	硅	锗	单位
原子序数	Z	14	32	—
原子量	W	28.08	72.60	—
原子密度	—	5.22×10^{22}	4.42×10^{22}	个/cm^3
晶体结构	—	金刚石型	金刚石型	
晶格常数	a	0.5431	0.5657	nm
密度	d	2.329	5.323	g/cm^3
熔点	T_m	1417	937	℃
沸点	T_b	2600	2700	℃
热导率	χ	1.57	0.60	W/(cm·℃)
定压比热容	c_p	0.6950	0.3140	J/(g·℃)
线热胀系数	α	2.33×10^{-6}	5.75×10^{-6}	℃$^{-1}$
熔化潜热	Q_f	39565	34750	J/mol
冷凝膨胀系数	d_v	+9.0	—	%

续表

性质	符号	硅	锗	单位
介电常数	ε	11.7	16.3	—
禁带宽度(0K)	E_g	1.153	0.75	eV
禁带宽度(300K)	E_g	1.106	0.67	eV
电子迁移率	μ_n	1350	3900	$cm^2/(V \cdot s)$
空穴迁移率	μ_p	480	1900	$cm^2/(V \cdot s)$
电子扩散系数	D_n	34.6	100.0	cm^2/s
空穴扩散系数	D_p	12.3	48.7	cm^2/s
本征电阻率	ρ_i	2.3×10^5	46.0	$\Omega \cdot cm$
本征载流子密度	n_i	1.5×10^{10}	2.4×10^{13}	cm^3
杨氏模量	E	1.9×10^7	—	N/cm^2

5.1.2　闪锌矿型结构

化合物半导体 GaAs、InSb、GaP 等具有相同的键合特点，其晶体都属于闪锌矿型结构，这里仅以 GaAs 为例进行讨论。

GaAs 晶体中包含 Ga、As 两种元素的原子，Ga、As 的原子序数分别为 31 和 33，其电子在核外各轨道分布情况如下：

$$Ga \quad 1s^2 \quad 2s^2 2p^6 \quad 3s^2 3p^6 3d^{10} \quad 4s^2 4p^1$$
$$As \quad 1s^2 \quad 2s^2 2p^6 \quad 3s^2 3p^6 3d^{10} \quad 4s^2 4p^3$$

Ga 外层有 3 个价电子，As 外层有 5 个价电子。将 Ga 和 As 原子与 Ge 原子结构进行比较发现：三者的内层电子结构完全一样，只是对于外层价电子数，Ga 比 Ge 少一个，As 比 Ge 多一个，而 Ga 和 As 的外层价电子数平均起来与 Ge 是相等的。当 Ga 与 As 原子相互作用时，电子趋向于如何分配呢？已知 Ga 有一定的金属性，As 有一定的非金属性，如第 1 章所述，As 的电负性比 Ga 大，As 夺取电子能力比 Ga 较强。As 原子有夺取 Ga 的 3 个价电子的趋势，使 Ga 带正电荷，As 带负电荷，彼此以离子键形式结合构成离子晶体。但实际上，As 与 Ga 两者的电负性并非悬殊，而且 As 夺取电子能力与 Ga 吸引自己外层电子的能力比较起来并不足够大，也就是说不足以构成离子晶体，因此最终两者倾向于形成共价晶体。这时 Ga 提供 3 个价电子，As 提供 5 个价电子，共为 8 个价电子，平均起来每个原子各提供 4 个价电子，彼此以共价键结合起来。和 Ge 的情况相似，Ga 和 As 在相互作用形成共价键时轨道也是产生 sp^3 杂化作用，构成四面体形的键，只是在 Ge 晶体中每个 Ge 原子周围与 4 个相同的 Ge 原子结合，而这里是每个 As 原子周围有 4 个 Ga 原子，每个 Ga 原子周围有 4 个 As 原子，如图 5.1.4 所示。Ga 和 As 彼此结合起来的结构如图 5.1.5 所示，如果不看原子的种类，只是从骨架形式上看，其与金刚石型结构十分相似。但不同点在于，这里有两种元素的原子在空间交替连接，Ga 和 As 原子各处于一套面心立方子格子的结点位置，彼此沿体对角线错开 1/4。此种结构型式称为闪锌矿型结构，它的单位晶胞如图 5.1.6 所示。

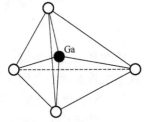

(a)Ga原子周围As原子的排布

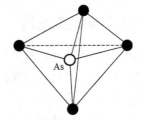

(b)As原子周围Ga原子的排布

图 5.1.4　Ga 和 As 原子的近邻原子排布情况

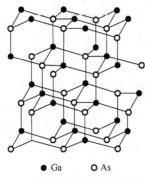

● Ga　○ As

图 5.1.5　闪锌矿型结构原子连接方式

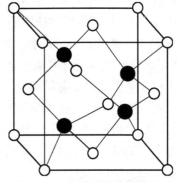

图 5.1.6　闪锌矿型结构晶胞

前面以形成共价键的形式讨论了 Ga 和 As 构成闪锌矿型结构。然而，Ga 和 As 两者的电负性毕竟有一定的差别，因此形成的共价键中还将具有一定离子键成分。即它们所共有的电子对不是位于 Ga、As 两原子的中间，而是偏向于 As 原子。这种处于共价键和离子键之间的键型称为极性键。

闪锌矿型晶体除具有极性键外，与金刚石型晶体的另一明显差别在于它比后者的对称性低，这主要是由于它缺少一个对称中心。闪锌矿型晶体的宏观对称性属于 $T_d - \overline{4}3m$ 点群，也属于立方晶系。由于闪锌矿型结构与金刚石型结构有上述的一些差异，因此具有这一结构的化合物半导体在一些性质上与元素半导体 Ge、Si 晶体将有所不同，本书将在 5.2 节中介绍。

表 5.1.3 给出了若干具有闪锌矿型结构的化合物及晶格常数，其中 a 为晶格常数。

表 5.1.3　若干具有闪锌矿型结构的化合物及晶格常数

化合物	a/nm	化合物	a/nm	化合物	a/nm
CuF	0.4255	ZnSe	0.5667	BAs	0.4777
CuCl	0.5416	ZnTe	0.61026	AlP	0.5451
γ*-CuBr	0.56905	β-SiC	0.4358	AlAs	0.5662
γ-CuI	0.6051	β-CdS	0.5818	AlSb	0.61347
γ-AgI	0.6495	CdSe	0.6077	GaP	0.5448
β-MnS	0.5600	CdTe	0.6481	GaAs	0.56534
β-MnSe	0.588	HgS	0.58517	GaSb	0.6095
BeS	0.48624	HgSe	0.6085	InP	0.5869
BeSe	0.507	HgTe	0.6453	InAs	0.6058
BeTe	0.554	BN	0.3616	InSb	0.64782
β-ZnS	0.54060	BP	0.4538	—	—

*同种化学成分的物质在不同条件下会形成不同结构的变体，常根据它们的形成温度从低到高的次序，在其名称或化学式前冠以α-、 β-、 γ-等希腊字母加以区别。

5.1.3　纤锌矿型和氯化钠型结构

第 1 章中曾指出，离子键没有饱和性和方向性，因此在极性共价键中存在的离子键成分不仅在直接成键的原子之间产生相互作用，而且在次邻近的原子之间也将产生一定的相互作用，使正负电荷不同的原子倾向于靠近，并导致晶型的变化。例如，某些 Ⅲ - Ⅴ 族化合物，如 GaN、AlN 等和一些 Ⅱ - Ⅵ 族化合物，如 CdS、CdSe 等常形成纤锌矿型结构。图 5.1.7 表示出纤锌矿型结构的晶胞，将它与闪锌矿型结构比较可见，两者相同点是：它们每个原子均处于异种原子构成的正四面体的中心，配位数为 4，如图 5.1.8(a)、(b) 所示。这反映出两者都保持 sp^3 杂化轨道形成共价键的方向性。不同的是，闪锌矿型结构中的次邻近的 A 层和 B 层原子是上下彼此错开 60° 的，如图 5.1.8(b) 所示，而纤锌矿则是上下相对的，如图 5.1.8(a) 所示。显然次邻近异号原子之间采用上下对齐的配置方式，彼此的距离更小，正负离子间的相互吸引作用将有所增强。因此，与闪锌矿相比，纤锌矿型是更加适应离子键成分高的二元 AB 型化合物构成晶体时所采用的结构型式，它属于六方晶系，具有点群 $C_{6v}-6mm$ 的宏观对称性。有的化合物，如 ZnS 由于生成条件不同，有时得到的是闪锌矿型结构，称为立方 ZnS；有时得到的是纤锌矿型结构，称为六方 ZnS。

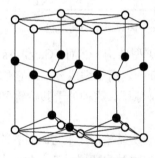

图 5.1.7　纤锌矿型结构

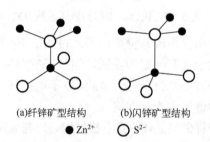

(a)纤锌矿型结构　　　(b)闪锌矿型结构

● Zn^{2+}　　○ S^{2-}

图 5.1.8　纤锌矿型与闪锌矿型结构

表 5.1.4 给出了若干具有纤锌矿型结构的化合物及晶格常数，其中 a 和 c 为晶格常数。

表 5.1.4　若干具有纤锌矿型结构的化合物及晶格常数

化合物	a/nm	c/nm	化合物	a/nm	c/nm
ZnO	0.32495	0.52069	MnSe	0.412	0.672
ZnS	0.3811	0.6234	AgI	0.4580	0.7494
ZnSe	0.398	0.653	AlN	0.3111	0.4978
ZnTe	0.427	0.699	CaN	0.3180	0.5166
BeO	0.2698	0.4380	InN	0.3533	0.5693
CdO	0.4134	0.67490	TaN	0.305	0.494
CdSe	0.430	0.7.02	NH_4F	0.439	0.702
MnS	0.3976	0.6432	SiC	0.3076	0.5048

由于离子键没有饱和性和方向性的限制，正负离子在相对半径允许的条件下趋向于以尽可能多的配位数相互结合。对于离子键成分更高的 Ⅱ - Ⅵ 族化合物，如 PbS、PbSe 等就以氯化钠型结构存在。如图 5.1.9 所示，在氯化钠型结构中每个离子周围将有 6 个异号离

子相邻,配位数为 6,它是离子型晶体常采用的晶型之一,属于立方晶系,具有点群 $O_h - m3m$ 的宏观对称性。

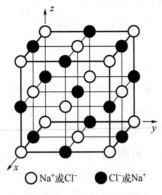

图 5.1.9　氯化钠型结构

表 5.1.5 给出了若干具有氯化钠型结构的化合物及晶格常数,其中 a 为晶格常数。

表 5.1.5　若干具有氯化钠型结构的化合物及晶格常数

化合物	a/nm	化合物	a/nm	化合物	a/nm
MgO	0.4213	MnS	0.5224	NaI	0.6473
GaO	0.48105	MgSe	0.5462	NaH	0.4890
SrO	0.5160	CaSe	0.5924	ScN	0.444
BaO	0.5539	SrSe	0.6246	TiN	0.424
TiO	0.4177	BeSe	0.6600	UN	0.4890
MnO	0.4445	CaTe	0.6356	KF	0.5347
FeO	0.4307	SrTe	0.6660	KCl	0.62931
CoO	0.4260	BaTe	0.700	KBr	0.65966
NiO	0.41769	LaN	0.530	KI	0.70655
CdO	0.46953	LiF	0.40270	RbF	0.56516
SnAs	0.57248	LiCl	0.51396	RbCl	0.65810
TiC	0.43285	LiBr	0.55013	RbBr	0.6889
UC	0.4955	LiI	0.600	RbI	0.7342
MgS	0.5200	LiH	0.4083	AgF	0.492
CaS	0.56948	NaF	0.464	AgCl	0.5549
SrS	0.6020	NaCl	0.56402	AgBr	0.57745
BaS	0.6386	NaBr	0.59772	—	—

5.2　半导体材料晶体结构与性能的关系

本节重点介绍具有金刚石型和闪锌矿型结构的半导体材料的解理特性、腐蚀特性及生长特性。为了对金刚石型和闪锌矿型晶体结构特点有比较透彻的了解,首先需要对这两种结构的某些重要参数进行介绍。

5.2.1　金刚石型和闪锌矿型结构的一些重要参数

在讨论金刚石型和闪锌矿型半导体材料的某些性能时，经常要涉及原子面密度、晶面间价键密度及晶面间距等参数，这里分别做以介绍。

1．原子面密度

任何一个晶体的结构可以看成是由一层层的原子平面平行排列所构成的。然而位于不同方向上的原子平面，其原子的分布方式不同，密度也不同。图 5.2.1 和图 5.2.2 分别表示出金刚石型结构和闪锌矿型结构的各主要晶面上原子分布情况。

参照金刚石型和闪锌矿型的晶胞图(图 5.1.3 和图 5.1.6)可见，两者的原子分布方式完全相同，只是金刚石型结构中仅包含一种原子，因此各原子平面都由同一种类型原子构成；闪锌矿型结构中包含两种原子，因此在(110)面上同时具有两种原子，在(111)面和(100)面上虽然由同一种原子构成，但不同类原子构成的各(111)面或(100)面在空间是交替安插的。利用图 5.2.1 和图 5.2.2 可以算出各晶面的原子密度：

$$N_{(100)} = \left(1 + \frac{1}{4} \times 4\right) \bigg/ a^2 - 2/a^2 \tag{5.2.1}$$

$$N_{(110)} = \left(2 + 2 \times \frac{1}{2} + 4 \times \frac{1}{4}\right) \bigg/ \left(\sqrt{2}a^2\right) \approx 2.8/a^2 \tag{5.2.2}$$

$$N_{(111)} = \left(3 \times \frac{1}{2} + 3 \times \frac{1}{6}\right) \bigg/ \left(\frac{\sqrt{3}}{2}a^2\right) \approx 2.3/a^2 \tag{5.2.3}$$

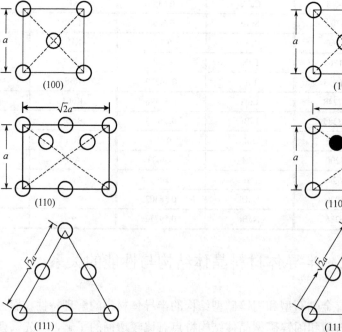

图 5.2.1　金刚石型结构主要晶面上原子分布情况　　图 5.2.2　闪锌矿型结构主要晶面上原子分布情况

在后面的晶面间距和键密度的分析中将会看到,相互靠近的两层(111)原子平面由于内部键的密度比较大,原子间结合得十分牢固,因此在分析许多性质时把它们当作一个原子面考虑是十分方便的,这种两层靠得很近、结合得很牢的原子平面构成的晶面称为复合原子面或复合晶面。在一般书刊及以后的专业课中所指的(111)晶面通常是指这种复合晶面。显然复合(111)晶面原子密度是简单(111)晶面原子密度的 2 倍,即

$$N_{(111)复合} = 2 \times 2.3 / a^2 = 4.6 / a^2 \tag{5.2.4}$$

可见(111)复合晶面的原子密度最大,其次为(110)。

2. 晶面间价键密度

在讨论以共价键为主的晶体时,晶面间的共价键密度是一个很重要的参数,它的大小直接反映了晶面间结合力的强弱,也反映了晶面的表面能及稳定性。

从金刚石型结构的晶胞图(图 5.1.3)中可以看出,位于(100)面上的每个原子,它的 4 个键有 2 个指向与其相邻的一个(100)面,其余两个指向另一侧相邻的(100)面。因此(100)面的价键密度将是其原子密度的 2 倍:

$$P_{(100)} = 2N_{(100)} = 2 \times 2 / a^2 = 4 / a^2 \tag{5.2.5}$$

位于(110)面上的每个原子,它的 4 个价键有两个与(110)面内部的原子结合,其余两个分别与两侧的相邻(110)面结合,因此(110)面的价键密度将等于其原子密度,即

$$P_{(110)} = N_{(110)} = 2.8 / a^2 \tag{5.2.6}$$

位于(111)面上的每个原子,它的 4 个价键有 3 个与邻近的(111)面结合,另一个与另一侧距离较远的(111)面结合,因此(111)面的价键密度分别为

$$P_{(111)} = \begin{cases} 3 \times N_{(111)} = 6.9 / a^2 \\ 1 \times N_{(111)} = 2.3 / a^2 \end{cases} \tag{5.2.7}$$

可见相互靠近的两个(111)面之间的价键密度相当大,相互结合得十分牢固,把它们看作一个复合晶面考虑是有道理的。这些复合的(111)晶面间的价键密度将为

$$P_{(111)复合} = 1 \times N_{(111)} = 2.3 / a^2 \tag{5.2.8}$$

显然它的价键密度最低,其次为(110)。

对于闪锌矿型结构,其价键密度与上述金刚石型结构是一样的,只是每一价键两侧连接的原子不同,因此在性质上将会具有一些特殊性。

3. 晶面间距

由于金刚石型结构是由两套面心立方子格子相互平移 1/4 体对角线套构而成的比较复杂的结构,因此其原子平面的层次相较于面心立方结构有所增加,比简单立方格子增加更多。原子平面的层次增多表明晶面间距将缩小。例如,由图 5.2.3 可见,简单立方的(100)

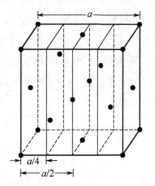

图 5.2.3 金刚石型晶体的(100)面间距

面间距将为 a，面心立方格子(100)面的面间距将为 $\frac{1}{2}a$，金刚石型结构的相邻(100)面的面间距则将为 $\frac{1}{4}a$。

同样，如图 5.2.4 所示，金刚石型结构的相邻(110)面间的距离等于晶胞面对角线长度的 $\frac{1}{4}$，即

$$d_{(110)} = \frac{1}{4}\sqrt{2}a = \frac{\sqrt{2}}{4}a \tag{5.2.9}$$

如图 5.2.5 所示，金刚石型结构的相邻(111)面间的距离更复杂一些，它不是等距离分布的。距离比较远的相邻(111)面的面间距等于晶胞体对角线的 $\frac{1}{4}$，即

$$d'_{(111)} = \frac{1}{4} \times \sqrt{3}a = \frac{\sqrt{3}}{4}a \tag{5.2.10}$$

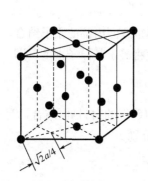

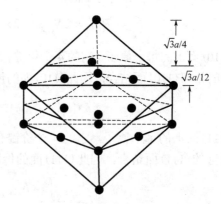

图 5.2.4 金刚石型晶体的(110)面间距　　图 5.2.5 金刚石型晶体的(111)面间距

另外，通过晶胞面心及 3 个顶点的(111)面与通过原点的(111)面的面间距为 $\frac{1}{3} \times \sqrt{3}a$，因而相距比较近的相邻(111)面的面间距为

$$d^2_{(111)} = \frac{\sqrt{3}}{3}a - \frac{\sqrt{3}}{4}a = \frac{\sqrt{3}}{12}a \tag{5.2.11}$$

金刚石型结构各晶面间的距离可以用图 5.2.6 表示。闪锌矿型结构的晶面间距情况与金刚石型结构相同。

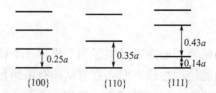

图 5.2.6 金刚石型结构各晶面间距离的示意图

现在可以把上述对金刚石型及闪锌矿型结构分析得到的原子面密度、晶面间价键密度及晶面间距等参数列入表 5.2.1。

表 5.2.1　金刚石型和闪锌矿型结构的一些重要参数

晶面	原子面密度	晶面间价键密度	晶面间距
{100}	$2/a^2$	$4/a^2$	$\frac{1}{4}a = 0.25a$
{110}	$2.8/a^2$	$2.8/a^2$	$\frac{\sqrt{2}}{4}a \approx 0.35a$
{111}	$2.3/a^2$	$6.9/a^2$	$\frac{\sqrt{3}}{12}a \approx 0.14a$
		$2.3/a^2$	$\frac{\sqrt{3}}{4}a \approx 0.43a$
{111}复合面	$4.6/a^2$	$2.3/a^2$	$\frac{\sqrt{3}}{4}a \approx 0.43a$

注：a 为晶胞常数。

5.2.2　解理面

晶体在受到机械力作用时，会沿着某些特定的晶面发生破裂的性质，称为解理。发生解理破裂的那些晶面称为解理面。

解理是半导体材料的一个重要性质，在材料加工和使用过程，如切割、划片、磨抛等过程及超声清洗中比较常见。材料的破裂是有一定规则的，因此有时利用它的解理面判断晶体的取向，有时还利用平整光滑清洁的解理面制作某些器件。

在研究大量晶体物质的解理性质以后发现，解理面总是沿着晶体中具有低指数的晶面产生。例如，具有金刚石型结构的锗、硅晶体受力后最容易产生破裂的晶面是{111}面，具有闪锌矿型结构的Ⅲ-Ⅴ族化合物，如 GaAs、InSb 等晶体受力后最易产生破裂的晶面是{110}面。为什么解理总是最容易发生于这些低指数的晶面呢？道理很简单，晶体发生破裂必然要拉断价键，因此键合最薄弱的晶面之间最易发生解理。具有较低面指数的晶面，原子面密度较大，面与面之间的距离也较大（图 4.5.1），这样的晶面本身的内聚力较大，而面间的结合力较小，因此最容易发生解理。

对于金刚石型结构的晶体，其面密度最大的晶面是{100}、{110}和{111}，它们之间的面间距如图 5.2.6 所示。可见其中{111}面的面间距最大，且通过前面的讨论可知复合的{111}晶面间的共价键密度又是最低的，表明它们相互之间的结合力是最弱的，所以金刚石型晶体的解理最容易发生在{111}晶面。Si、Ge 晶体的解理正是发生在{111}晶面上。

对于闪锌矿型结构的晶体，由于其键合中有离子键成分存在，因此发生解理不能只从面间距和晶面间共价键的密度来考虑，还要注意到有静电作用力的存在。例如，具有闪锌矿型结构的Ⅲ-Ⅴ族化合物半导体晶体中，由于形成{111}面的原子层全都是Ⅲ族或Ⅴ族原子，因此它们是交替安插的。离子键成分的存在使Ⅴ族原子层带负电荷，Ⅲ族原子层带正电荷，因此任何两个相邻的{111}面间都能产生静电吸引作用，使{111}面间的结合力有所加强，所以不易断开。由前面的分析可知，除{111}面外，共价键密度最低、面间距最远的将是{110}晶面，而且{110}面都是由等同数目的Ⅲ族或Ⅴ族原子所组成的，所以面与面之间没有静电吸引力。不仅如此，当相邻两层{110}面内<112>方向移动一定距离后，刚好会使两层之间的Ⅲ族原子和Ⅳ族原子上下对齐，这样便产生了静电斥力，使晶体极易沿此面断开，因此闪锌矿型晶体的解理主要沿{110}面发生。

表 5.2.2 给出了几种结构类型晶体的解理面。

表 5.2.2　几种结构类型晶体的解理面

结构类型	物质	解理面
金刚石型	Ge、Si、C	{111}
闪锌矿型	GaAs、InSb、ZnS	{110}
氯化钠型	NaCl、KCl、LiF、MgO	{100}
萤石型	GaF$_2$	{111}
石墨	C	{0001}
体心立方	Fe、W	{001}
六方密堆积	Cd、Zn、Be	{0001}
六方	Te、Se	{1$\bar{1}$00}
纤锌矿型	ZnS、ZnO	{11$\bar{2}$0}

5.2.3　腐蚀特性

晶体在遭受化学腐蚀剂腐蚀时通常会显现出明显的各向异性，最突出的特点是那些低面指数的晶面腐蚀的速度较慢。

例如，硅晶体腐蚀最慢的晶面是{111}。这一规律性的内在原因被认为是那些低晶面指数的晶面具有较大的原子密度，晶面内部原子间的相互结合力较强，而暴露在晶面外部的不饱和键数目较少或较弱，因此这种晶面表现出较好的化学稳定性，即承受腐蚀的能力较强。如前所述，硅的{111}复合面内部的原子密度很大，相互间结合的价键密度也比较大，所以晶面内的原子相互结合得比较牢，于是这种晶面是不易被破坏的。另外，在{111}复合面上暴露的价键密度相对较小，所以从化学活性上看，{111}晶面也是比较稳定的。因此，硅晶体的{111}晶面通常表现出具有较慢的腐蚀速度。

晶体的这种各向腐蚀异性在用化学腐蚀法显示晶体中的缺陷时常常被观察到。在晶体的表面有缺陷的地方，如位错的露头处，由于原子的规则排列被扰乱，产生晶格畸变甚至产生大量的不饱和键，所以晶体在位错部位体系能量较高而不稳定，易受腐蚀剂的侵蚀。因此，当晶体遭受腐蚀时，其位错部位腐蚀得较快，会呈现出蚀坑。然而这些蚀坑却经常表现出具有一定的规则形状，例如，硅的<111>晶向的样品常得到三角形锥蚀坑，<100>晶向的样品常得到方形锥蚀坑，<110>晶向的样品常得到长方形或菱形的蚀坑。这些蚀坑的侧沿经常由腐蚀过程中暴露出来的{111}晶面所围成。产生这些规则形状是由不同晶面的腐蚀速度不同所造成的。由于位错处腐蚀速度比完整晶体表面的腐蚀速度快，因而在位错处首先形成一较小的蚀坑，此后腐蚀将同时向坑的深处和四周继续进行，使蚀坑由小变大。这时在蚀坑的侧沿处，将会有许多不同的晶面暴露出来，然而这些不同的晶面腐蚀速度又有所差异，差异就是矛盾，矛盾斗争的结果是那些腐蚀速度较慢的晶面逐渐"吃掉"那些腐蚀速度较快的晶面而最终暴露于蚀坑的侧表面，即最终蚀坑的侧表面将由那些腐蚀速度较慢的晶面所组成。这一过程可由图 5.2.7 所示的简单化的示意图说明。

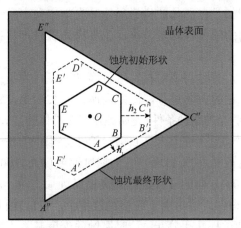

图 5.2.7　位错蚀坑的形成过程

在图 5.2.7 中，O 点表示原位错线的露头处，$ABCDEF$ 表示蚀坑的初始形状，它有 AB、BC、CD、…等六个晶面暴露于蚀坑侧沿表面。假定 AB、CD、EF 三个晶面腐蚀速度较慢而 BC、DE、FA 三个晶面腐蚀速度较快，则经过一段时间 t 后，AB 等面推进 h_1 达 $A'B'$ 等位置，而 BC 等面推进 h_2 达到 $B'C'$ 等位置，由于 $h_2 > h_1$，因此各面推进的结果即蚀坑形状变为图中 $A'B'C'D'E'F'$ 所示，可见此时腐蚀速度较快的三个面已被"吃掉"许多。如此继续下去，再经过一段时间后，$A'B'$ 推进到 $A''C''$ 位置，$C'D'$ 推进到 $C''E''$ 位置，$F'E'$ 推进到 $E''A''$ 位置，其他三个晶面全部被"吃掉"，这时蚀坑的形状成为由 $A''C''$、$C''E''$、$E''A''$ 围成的三角形。

半导体材料的各向蚀异性常被用于晶体的光学定向及材料的定向腐蚀加工。

如上所述，位错或其他缺陷的蚀坑的侧沿是由{111}晶面或其他低指数晶面所围成的。晶体的对称性决定这些{111}面将以一定的对称配置出现在晶体表面。当以细小的光束（目前多使用激光光束）照在晶体的表面时，由这些暴露的平整的{111}面反射的光束必然也是对称配置的。如图 5.2.8 所示，当用屏来接收这些反射光束时会发现，<111>取向的硅晶体可以得到有 3 次对称性的反射斑点，<100>取向得到 4 次对称性的斑点，<110>取向则得到 2 次对称性的斑点。当晶体的取向偏离<111>、<100>及<110>时，斑点花样也相应产生偏离，由此就可以测定晶体的实际取向。另外，也可以用机械方法获得晶体的解理面，将解理面作为反射小平面用于光学定向。

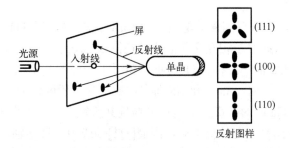

图 5.2.8　晶体的光学定向

　　晶体的各向腐蚀异性是晶体内在属性在腐蚀过程中的反映。但外部因素，如腐蚀剂的种类、配比、腐蚀温度等对晶体的腐蚀情况有强烈的影响，因此通常把腐蚀剂分为择优腐蚀剂和非择优腐蚀剂。例如，在晶体的位错显示和光学定向中所选用的都是择优腐蚀剂，非择优腐蚀剂对晶体取向的依赖性相对较小，也称抛光腐蚀剂，在晶体的化学抛光中使用的腐蚀剂是非择优的。

　　在半导体器件工艺中，有时需要对材料进行腐蚀加工，为了提高腐蚀加工的精度，希望控制腐蚀尽可能地向一定的方向进行，即定向腐蚀。实际上，定向腐蚀就是寻找一种择优性极强的腐蚀剂和选择适当的腐蚀条件，使腐蚀作用在晶体的某一晶面上比其他晶面显著地快或慢，达到腐蚀沿一定方向进行的效果。目前对于硅材料研究出一种由联氨-异丙醇-水组成的定向腐蚀剂，其最慢腐蚀面是{111}面，它的腐蚀速度仅为{100}面腐蚀速度的 1/50。当采用这种腐蚀剂对具有[100]方向的硅片进行隔离槽腐蚀加工时，将会得到图 5.2.9 所示的边缘整齐的陡直"V"形沟槽。这是由于在腐蚀过程中，{111}面几乎不被腐蚀，因此当腐蚀到露出{111}面后，腐蚀过程几乎停止，这时腐蚀的深度基本上取决于二氧化硅窗孔的大小。图 5.2.9 中同时给出了采用一般由 HNO_3-HF 组成的非定向腐蚀剂腐蚀隔离槽的剖面图。由于该腐蚀剂对晶体各方向的腐蚀速度相近，因此侧向腐蚀严重，所得沟槽与二氧化硅窗孔相比大大加宽，且深度不受窗孔尺寸控制。

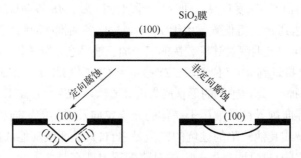

图 5.2.9　定向腐蚀与非定向腐蚀

　　具有闪锌矿型结构的 GaAs 等Ⅲ-Ⅴ族化合物，与具有金刚石型结构的 Ge、Si 相比，由于前者在结构对称性上缺少一个对称中心，因此在性能上有所不同。两者的差别表现在：对于 Ge 和 Si，它的 $(\bar{1}\bar{1}\bar{1})$ 面和 (111) 面是等同的晶面，因此物理及化学性质也是等同的；对于 GaAs，它的 $(\bar{1}\bar{1}\bar{1})$ 面和 (111) 面从结构上看是不等同的晶面，因而 GaAs 晶体的 $[\bar{1}\bar{1}\bar{1}]$ 方向和[111]方向在许多性能上有所差别。例如，在化学腐蚀上，GaAs 的 $[\bar{1}\bar{1}\bar{1}]$ 方向与 $[\bar{1}\bar{1}\bar{1}]$ 方向一般呈现不一致性。

　　如图 5.2.10 所示，在具有闪锌矿型结构的 GaAs 晶体中，沿[111]方向看，它刚好由一层层 As 原子和一层层 Ga 原子相互交叠而成。在图 5.2.10 中，位于上表面的是由 Ga 原子组成的原子面，称为 Ga 面、A 面或 (111) 面，位于下表面的是由 As 原子组成的原子面，称为 As 面、B 面或 $(\bar{1}\bar{1}\bar{1})$ 面。As 面和 Ga 面在性质上是有所区别的，可以通过分析它们的价键特点来认识。As-Ga 间的价键如前所述是极性共价键。从其中离子键成分来看，Ga 面带一定的正电荷，As 面带一定的负电荷，因而[111]轴成为一极性轴。从共价键特点来看，位于 $(\bar{1}\bar{1}\bar{1})$ 表面的 As 原子与晶体内部 As 原子不同，它外层 5 个价电子只有 3 个与体内

Ga 原子形成共价键, 暴露在体外的键轨道上还有 2 个未成键的电子, 它们以电子偶形式存在。相反, 位于 (111) 表面的 Ga 原子, 其外层的 3 个价电子全部与体内的 As 原子形成共价键, 暴露在体外的只有一个空轨道, 如图 5.2.11 所示。一般认为以共价键为主的 GaAs 等 Ⅲ-Ⅴ 族化合物, 在 (111) 面和 $(\overline{1}\,\overline{1}\,\overline{1})$ 面上所表现出来的化学性质的差异是由这些表面悬挂键差异引起的。As 面的未成键的电子偶促使表面具有较高的化学活泼性, 而 Ga 面只具有空轨道, 在化学上比较稳定。因此当采用化学腐蚀剂对 (111) 面和 $(\overline{1}\,\overline{1}\,\overline{1})$ 面进行腐蚀时, 将会产生两种不同的效果。在 (111) 面上, 腐蚀剂遇到的是一层层的比较稳定的 Ga 原子面, 所以腐蚀速度一般较慢; 而在 $(\overline{1}\,\overline{1}\,\overline{1})$ 面上, 腐蚀剂遇到的是一层层的比较活泼的 As 原子面, 所以腐蚀速度较快。因此, 许多抛光腐蚀剂对 $(\overline{1}\,\overline{1}\,\overline{1})$ 面及其他晶面可以产生抛光效果, 而对 (111) 面易产生凹凸不平的蚀坑。然而, (111) 面腐蚀速度慢的特点, 刚好有利于对 GaAs 材料进行定向腐蚀加工。图 5.2.12 就是利用溴-甲醇定向腐蚀剂在 GaAs 的 (100) 面上得到的各种腐蚀沟道的剖面图。沟道整齐的侧沿是由 (111) 面围成的。利用产生的 "倒台面" 形结构和 "V" 形沟道可以设计制造一些结构新颖的器件。

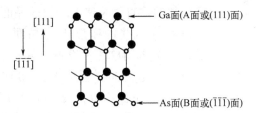

图 5.2.10　GaAs 晶体中的 (111) 面与 $(\overline{1}\,\overline{1}\,\overline{1})$ 面

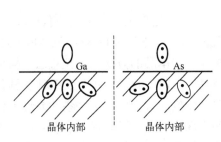

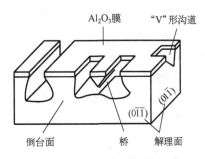

图 5.2.11　GaAs 晶体表面 Ga、As 原子的价电子分布　　　图 5.2.12　腐蚀沟道的剖面图

　　由于 GaAs 晶体的 (111) 面和 $(\overline{1}\,\overline{1}\,\overline{1})$ 面在性质上有较大的差异, 因此在使用 GaAs 材料时经常需要检验晶体的哪一面是 (111) 面或 $(\overline{1}\,\overline{1}\,\overline{1})$ 面。严格地检验时可以用 X 射线衍射法通过衍射线强度来判断。比较简单的方法是利用它们的腐蚀异性, 例如, 预先用抛光腐蚀剂把待测样品的表面机械损伤去除, 然后采用 $H_2O_2 : HF : H_2O = 1 : 1 : 1$ 的腐蚀剂腐蚀几秒钟, 这时 (111) 面仍保持抛光后的光泽表面, 而 $(\overline{1}\,\overline{1}\,\overline{1})$ 面变暗变模糊。

5.2.4　晶体生长性

　　研究晶体生长过程规律的晶体生长学是结晶学的一个重要组成部分。鉴于它对半导体材料制备具有重要的指导意义, 则将有关晶体生长原理的内容放到半导体材料课程中讲授。

本节中仅对晶体生长速度与晶面间的依赖关系做简单介绍。

在晶体生长过程中,不同晶面的生长速度也是存在差异的。晶面生长速度可以分成两种:一种为横切方向生长速度,即晶面沿横切方向扩展的速度;另一种为垂直方向生长速度,即晶面沿垂直方向推移的速度。晶面的横切方向和垂直方向的生长速度之间又存在着相互制约的关系。通常所说的晶面生长速度是指其沿垂直方向的生长速度。

研究大量实际晶体生长过程发现:晶体有优先在原子排列最密的晶面上扩展的倾向,即晶体在这些晶面上的横向生长速度较快,而在这些晶面上的垂直生长速度较慢。这一规律可以粗略地根据原子之间的结合力情况给以解释。一般对于原子密度比较大的晶面,面上的原子间距较小,在面横切方向上原子之间相互结合的化学键较强,易于拉取介质中的原子沿横向生长,因此这样的晶面沿横向扩展的生长速度较快。而这样的晶面与晶面之间的间距较大、相互吸引较弱,因此介质中的原子在这样的晶面上继续生长新的晶面时相对困难,从而其垂直方向生长速度较慢。

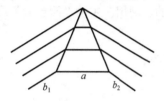

图 5.2.13　晶体生长特性图示

面密度大的晶面正是由于横向生长速度快,而垂向生长速度慢,因此在晶体生长过程中,它将逐渐"吃掉"与其相邻的垂直生长速度较快的晶面,结果导致最终晶体的外形将由这些面密度大的晶面包围。这一规律可以由图 5.2.13 的简单图示说明:图中位于垂向生长速度较慢的晶面 b_1 和 b_2 之间的垂向生长速度较快的晶面 a,在生长过程中将逐渐被排挤缩小,最后消失,而 b_1 和 b_2 得以扩展,并暴露于晶体的表面。

正由于那些面密度比较大的晶面倾向于最终暴露在晶体的外部,因此在自然界中存在的晶体及人工方法培养的晶体都自发地生长成由某些面密度比较大的晶面构成的凸多面体形状,这就是前面讲述的晶体的自范性。

例如,对于具有金刚石型结构的硅和锗,它们的原子面密度最大的晶面为 {111},{111} 晶面族共有 8 个等同的 (111) 面,因此只要客观生长条件允许,它们可自发生长成如图 5.2.14 所示的正八面体外形。然而,目前采用的各种拉制硅、锗单晶的方法,如拉直法、横位法及气相外延生长法等,都不能使晶体按照它的本来属性自由生长,由于生长条件受到种种限制,所以得不到理想的正八面体外形。但只要在晶体生长过程中,某些条件允许晶体自由生长,那些 {111} 面便会或多或少地暴露在晶体的表面。例如,采用直拉法制备硅单晶时,其生长条件一般情况下只允许晶体沿一维方向生长,因此得不到理想外形。但在生长过程

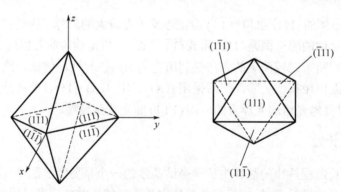

图 5.2.14　金刚石型结构中的正八面体

中的放肩阶段，创造条件允许晶体沿{111}面横向扩展，这时晶体的生长角度与某些{111}面吻合，于是在晶体的肩部常会暴露出一些对称配置的小平面。在晶体的等径部位，由于硅熔体表面张力的收缩作用，因此生长出的单晶倾向于呈圆柱状，但随着生长过程中温度及其他生长条件的波动，一些{111}面则会在晶体表面稍许暴露，这些时隐时现的{111}的露点便构成了圆柱状单晶侧面的棱线。如图 5.2.15 所示，<100>方向的直拉硅单晶的肩部小晶面和侧向棱线部位与正八面体的某些{111}晶面是吻合的。

采用水平区熔法横向拉制 GaAs 等化合物单晶，与直拉法相比增加了器皿(石英舟)对晶体形状的限制，因此与理想自由生长条件差距更大，拉制出的晶体与舟的形状一致，唯独晶体的上部与直拉法情况相似，有时会出现暴露的小平面和一系列微小的小平面所组成的晶棱，如图 5.2.16 所示。

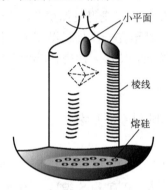

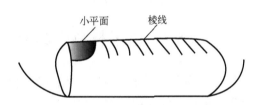

图 5.2.15 <100>方向的直拉硅单晶 　　　图 5.2.16 水平区熔法横向拉制的单晶

采用气相外延方式生长硅单晶，由于衬底(籽晶)处于外延生长气氛的包围之中，允许它沿各个方向同时生长，因此生长条件比较接近理想情况，它比较容易向正八面体形状生长，然而外延生长速度比较慢，通常需要仅几微米到几十微米的生长的外延层，因此其自由生长特征常不能得到充分的显示。但当硅衬底表面比较接近(111)时，新生长的外延层表面和(111)取向将会较好地吻合，因此这时常在外延后的硅片表面看到有(111)小平面的暴露，称为取向小平面，如图 5.2.17 所示。这种取向平面的出现会影响外延片的平整度，特别是在那些有掩蔽的选择性外延生长中，取向小平面会大量产生，并造成选择外延区的图形移动、变形，使表面不平，严重影响器件工艺的进行。关于为什么在掩蔽外延生长中取向平面会大量出现，这里稍加说明。掩蔽外延就是硅的外延生长在预先刻好的 SiO_2 窗孔内进行。由于 SiO_2 层很薄，气相沉积的硅很快就被填满窗孔并凸出表面，如图 5.2.18(a)所示。由于窗孔很小，这个外延小岛面积与厚度的大小相当，当它暴露于外延气氛中时，可以比较自由地向四周和上方生长，进一步的生长不仅使上表面全部长成(111)取向平面，而且侧向也会由于生长暴露一些小的取向平面，因而导致图形变形，如图 5.2.18(b)所示。克服的方法是将原来衬底的取向偏离<111>晶向 1.5°~3°，这时生长出来的外延小岛的表面由于与(111)偏离较大，不易很好地吻合，可以抑制取向平面在预定的外延期内出现。如果生长的时间加长，外延层增厚，取向平面仍将出现。

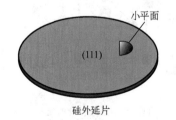

图 5.2.17 (111)面的取向小平面

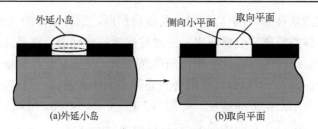

图 5.2.18　外延小岛和取向平面

当采用气相外延方法生长厚层 GaAs 材料时，将会得到许多种形式的表面形态，其本质仍然是由某些原子面密度大的晶面优先暴露而引起的。但由于在 GaAs 晶体中(111)与($\bar{1}\bar{1}\bar{1}$)面性质上的差异，晶体的生长特性变得复杂，另外气氛中 As 和 Ga 的比例和浓度对(111)与($\bar{1}\bar{1}\bar{1}$)原子面的生长特性有较大的影响，因而使生长规律变得更加复杂，使得在富 Ga 或富 As 的生长条件下，外延片表观形态有较大差别，甚至在一次外延操作中，位于反应器不同部位的外延片表观形态也有较大差别。这些问题尚有待深入研究，特别是针对不同的生长条件，应注意做具体的分析。

5.3　电子材料中其他几种典型晶体结构

在无机化合物中，晶体结构型式按化学式分类有 AB 型、AB_2 型、A_2B_3 型、ABO_3 型、AB_2O_4 型等。前面已经介绍过的氯化钠(NaCl)型、闪锌矿型(立方 ZnS 型)、纤锌矿型(六方 ZnS 型)、氯化铯(CsCl)型晶体结构都属于 AB 型，此外还有 NiAs 型结构也属于 AB 型；氟化钙(CaF_2)型结构是一种典型的 AB_2 型结构，此外还有金红石(TiO_2)型、白硅石(β-SiO_2)型等 AB_2 型结构；电子陶瓷材料α-Al_2O_3 为刚玉型结构，它属于 A_2B_3 型；具有钙钛矿($CaTiO_3$)型结构的电子材料则属于 ABO_3 型；AB_2O_4 型化合物中最重要的是尖晶石($MgAl_2O_4$)型结构，许多陶瓷半导体材料具有这种结构。

本节将在若干典型晶体结构的基础上再介绍几种在电子材料中常遇到的晶体结构类型。

1. NiAs 型结构

NiAs 型结构如图 5.3.1 所示，这是一个六方晶胞，在 NiAs 型结构中，Ni 和 As 的配位数都为 6，其中 Ni 原子的配位多面体为八面体，而 As 原子的配位多面体为三方柱体。具有 NiAs 型结构的 AB 化合物，一般为不透明物质，能溶于相当数量的过渡元素，即易呈金属组分过剩形式的化学比偏离状态，这时材料的电导率较高，而在1:1组成时电导率降至最低。过渡金属元素(Fe、Co、Ni、V、Cr、Mn、Pd、Pt、Ti、Zr、Ta)与非金属元素(S、Se、Te、As，以及 Sb、Bi)形成的二元化合物多为 NiAs 型结构。

表 5.3.1 列出了若干具有 NiAs 型结构的化合物及晶格常数，其中 a 和 c 为晶格常数。

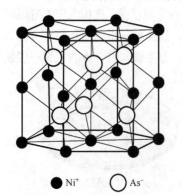

●Ni^+　　○As^-

图 5.3.1　NiAs 型结构的六方晶胞

表 5.3.1　若干具有 NiAs 型结构的化合物及晶格常数

化合物	a/nm	c/nm	化合物	a/nm	c/nm
NiS	0.34392	0.53484	CoS	0.3367	0.5160
NiAs	0.3602	0.5009	CoSe	0.36294	0.53006
NiSb	0.394	0.514	CoTe	0.3886	0.5360
NiSe	0.36613	0.33562	CoSb	0.3866	0.5188
NiSn	0.4048	0.5123	CrSe	0.3684	0.6019
NiTe	0.3957	0.5354	CrTe	0.3981	0.6211
FeS	0.3438	0.5880	CrSb	0.4108	0.5440
FeSe	0.3637	0.5958	MnTe	0.41429	0.67031
FeTe	0.3800	0.5651	MnAs	0.3710	0.5691
FeSb	0.406	0.513	MnSb	0.4120	0.5784
PtSn	0.4103	0.5428	MnBi	0.430	0.612
PtSb	0.4130	0.5472	PtBi	0.4135	0.5490

2. 金红石 (TiO₂) 型结构

金红石结构属于四方晶系，在此结构中，每个正离子 (Ti^{4+}) 被位于略微变形的正八面体顶点上的 6 个负离子 (O^{2-}) 围绕配位。每个 TiO_6 八面体和相邻两个八面体共棱连接成长链，链和链共用顶点连接成三维骨架。金红石 (TiO_2) 结构晶胞如图 5.3.2(a) 所示，而其正离子的配位八面体之间的连接方式如图 5.3.2(b) 所示。

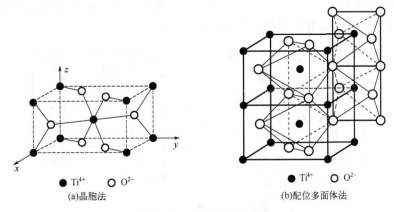

● Ti⁴⁺　○ O²⁻
(a)晶胞法

● Ti⁴⁺　○ O²⁻
(b)配位多面体法

图 5.3.2　金红石型结构

表 5.3.2 列出了若干具有金红石型结构的化合物及晶格常数，其中 a 和 c 为晶格常数。

3. 钙钛矿 (CaTiO₃) 型结构

钙钛矿结构的晶胞如图 5.3.3(a) 所示。在这种结构中，A (Ca^{2+}) 位于立方晶胞的 8 个顶点位置，O^{2-} 位于 6 个面心位置，B (Ti^{4+}) 位于体心位置。对于钙钛矿结构，有时也选取另一种晶胞形式，如图 5.3.3(b) 所示。两者的区别仅在于原点的取法不同，在后一种晶胞表示法中，B (Ti^{4+}) 位于立方晶胞的 8 个顶点位置，而 A (Ca^{2+}) 位于体心位置，O^{2-} 则位于 12 条棱线的中心位置。

表 5.3.2　若干具有金红石型结构的化合物及晶格常数

化合物	a/nm	c/nm	化合物	a/nm	c/nm
TiO_2	0.45937	0.29581	SnO_2	0.47373	0.31864
CrO_2	0.441	0.291	TaO_2	0.4709	0.3065
GeO_2	0.4395	0.2859	WO_2	0.486	0.277
IrO_2	0.449	0.314	CoF_2	0.46951	0.31796
$\beta\text{-}MnO_2$	0.4396	0.2871	FeF_2	0.46966	0.33091
MoO_2	0.486	0.279	MgF_2	0.4623	0.3052
NbO_2	0.477	0.296	MnF_2	0.48734	0.33099
OsO_2	0.451	0.319	NiF_2	0.46506	0.30836
PbO_2	0.4946	0.3379	PdF_2	0.4931	0.3367
RuO_2	0.451	0.311	ZnF_2	0.47034	0.31335

在 $CaTiO_3$ 型结构中，离子 A、B、O^{2-} 的半径 R_A、R_B、R_O 间应存在下列关系：

$$R_A + R_O = \sqrt{2}(R_B + R_O) \qquad (5\text{-}3\text{-}1)$$

事实上，这一理想关系并不需要绝对满足，A 可以比 O^{2-} 稍微大或小些，B 同样也允许稍微大一些，即上述关系式可有一容忍因子 t，满足：

$$R_A + R_O = t\sqrt{2}(R_B + R_O), \quad 0.8 < t < 1 \qquad (5\text{-}3\text{-}2)$$

所以单从几何关系上看，只要离子的半径满足上述条件，同时 A 和 B 的电价总和为 6，使晶体保持电中性，就可以采用钙钛矿型结构。

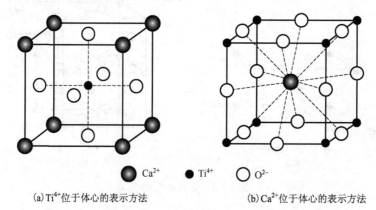

(a) Ti^{4+} 位于体心的表示方法　　　　　(b) Ca^{2+} 位于体心的表示方法

图 5.3.3　$CaTiO_3$ 结构晶胞

理想的立方晶系的钙钛矿型结构并不多，很多 $CaTiO_3$ 型化合物都属于假立方晶系，即在结构上稍有一点变形，同时结构的对称性也有所降低。除 $CaTiO_3$ 外，$BaTiO_3$、$SrTiO_3$、$SrZrO_3$、$CaZrO_3$、$BaZrO_3$、$PbTiO_3$、$NaNbO_3$、$LaAlO_3$、$YAlO_3$ 等也可以形成钙钛矿型结构。

近些年来，钙钛矿半导体材料的能带结构与其组成密切相关，由于它有多种偏离化学计的构成，可以通过调整晶体结构中离子 A、B 的种类和组分调整带隙的范围，这使得钙钛矿在发光器件中得到广泛的应用。这类半导体材料通常是指具有天然矿物钛酸钙

（$CaTiO_3$）三维结构的一类晶体，因为这种结构最早是在矿石 $CaTiO_3$ 中发现的，故称为钙钛矿结构，结构通式为 ABX_3，其中 A、B 为离子半径不同的阳离子，X 是氧化物或卤化物阴离子。由 5 套面心立方格子按照一定规律套构而成的晶胞结构如图 5.3.4 所示。考虑到 A 位、B 位以及 X 位的种类、数量、有序无序替代等因素，可以将 ABX_3 型钙钛矿型化合物划分为多种类型：有原型（ABX_3）、有序型（A 位有序、B 位有序、AB 双位有序等）、阴离子亏损型（$A_nB_nX_{3n-1}$）、富阴离子型（$A_nB_nX_{3n+2}$）等。图 5.3.4 给出了这种钙钛矿分类的基本架构。也有一些不能归属在这种分类体系里面的钙钛矿，下面将分别叙述。

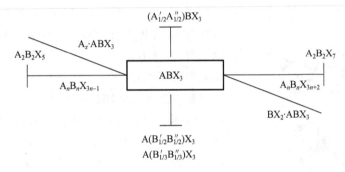

图 5.3.4　ABX_3 型钙钛矿及其分类

1）有原型

有原型例子如 $CaTiO_3$、$SrTiO_3$ 等，满足理想化学式 ABX_3，其晶体结构不一定是理想的立方结构，也可有轻微的畸变，如 $KNbO_3$、$KCuO_3$、$LaAlO_3$、$RbMnF_3$。如果有类质同象（连续固溶体）替代发生，则会形成结构畸变的固溶体，如 $Pb(Ti, Zr)O_3$、$(Ba, Sr)TiO_3$、$(Rb, K)NiF_3$ 等。

2）有序型

与 ABX_3 原型类似，满足 A、B、X 的化学计量比，但在 A 位和/或 B 位存在离子的有序分布，可用一个通式（$A'_{1-x}A''_x$）（$B'_{1-y}B''_y$）X_3 表示。具体的例子如 A 位有序型 $Na_{1/2}La_{1/2}TiO_3$、B 位有序型 $Ba_4(NaSb_3)O_{12}$、AB 双位有序型 $BaLaZnRuO_6$ 等。

3）阴离子亏损型

用通式 $A_nB_nX_{3n-1}$ 表达，此处 $n \geq 2$，且 A 和 B 的化学计量比为常数，实际如 $Sr_4Fe_2O_5$（$n=2$）、$Sr_3Fe_2TiO_8$（$n=3$）、$Sr_6Fe_2Ti_2O_{11}$（$n=4$）等。

4）富阴离子型

用通式 $A_nB_nX_{3n+2}$ 表达，此处 $n \geq 4$，且 A 和 B 的化学计量比不为常数，实际如 $Sr_4Ta_4O_{14}$（$n=4$）、$Sr_5Ta_4TiO_{17}$（$n=5$）、$Sr_6Ta_4Ti_2O_{20}$（$n=6$）等。

5）Ruddlesden-Popper 型

此类化合物的特点是：与 ABX_3 相比，规律地多出来 AX 或 BX_2，且 A/B 不是常数，如 $AX \cdot nABX_3$、$BX_2 \cdot nABX_3$ 等。前者的例子如 Ca_2MnO_4（相当于 $CaO \cdot CaMnO_3$）、$Ca_3Mn_2O_7$（相当于 $CaO \cdot 2CaMnO_3$）、$Ca_4Mn_3O_{10}$（相当于 $CaO \cdot 3CaMnO_3$）。这 3 种化合物用通式 $Ca_{1+x}Mn_xO_{1+3x}$（$x=1, 2, 3$）表达即可。

4. 尖晶石(MgAl₂O₄)型结构

尖晶石型结构在 AB_2O_4 型无机化合物中广泛存在，A 可以是 Mg^{2+}、Fe^{2+}、Mn^{2+}、Co^{2+}、Ca^{2+}、Ni^{2+}、$Zn^{2+}\cdots$，B 可以是 Al^{3+}、Ga^{3+}、In^{3+}、Fe^{3+}、Co^{3+}、$Cr^{3+}\cdots$，O 可以是 O^{2-}、S^{2-}。此外，$Mg_2^{2+}Ti^{4+}O_4^{2-}$、$Mn_2^{2+}Ti^{4+}O_4^{2-}$、$Ag_2^+Mo^{6+}O_4^{2-}$ 等也属于尖晶石型结构。已发现有一百多种化合物属于尖晶石型结构，在尖晶石型结构中，A 和 B 在一定程度上不受离子大小关系限制。

尖晶石属于立方晶系，在其结构中，O^{2-} 按面心立方密堆积排列，离子 A、B 分别位于 O^{2-} 的四面体和八面体间隙中，每个晶胞内包含 32 个 O^{2-}、16 个 B、8 个 A。在单位晶胞内总共有 64 个四面体空隙，只有 8 个被 A(Mg)占据，总共有 32 个八面体空隙，只被 16 个 B(Al)所占据，其晶胞如图 5.3.5 所示。

某些二元氧化物也可以具有尖晶石型结构。例如，$\gamma\text{-}Fe_2O_3$ 和 $\gamma\text{-}Al_2O_3$ 均为立方晶系晶体，其结构可以看作具有空缺的尖晶石型结构，其结构式可以写为 $[Fe_{8/9}^{3+}, M_{1/9}][Fe_{8/9}^{3+}, M_{1/9}]_2O_4$，其中 M 表示空缺。根据这一结构式，在结构的四面体空隙和八面体空隙中的离子都是 Fe^{3+}，但对应每个位置中平均只相当于有 8/9 个 Fe^{3+}，这样总的组成仍为 Fe_2O_3，以保证 Fe^{3+} 和 O^{2-} 之比为 2/3。

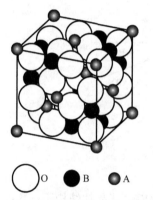

○ O　● B　● A

图 5.3.5　尖晶石(MgAl₂O₄)结构晶胞

5.4　固溶体晶体结构

固溶体也称固体溶液，它是指在固体条件下，一种组分内"溶解"了其他组分，由此形成的呈单一结晶相的均匀晶体。固溶体与机械混合物或一般的化合物间存在本质的区别，若晶体 A 和 B 形成固溶体，则 A 和 B 之间是以原子尺度溶合的。若晶体 A 和 B 形成机械混合物，则不可能是原子尺寸的溶合，它们各自保持本身的晶体结构和性能，而不是均匀的单相。若晶体 A 和 B 形成化合物 A_mB_n，虽然该化合物也是均匀的单相材料，但其晶体结构不同于 A，也不同于 B，而是具有固有的晶体结构和性能，而且 A 与 B 之间按确定的摩尔比 $m:n$ 形成化合物。

半导体材料和电子材料常以固溶体形式存在，例如，半导体材料 Ge、Si 中常需掺入少量的Ⅲ族或Ⅴ族元素的原子以使其形成具有 P 型导电或 N 型导电的晶体材料，它们便是固溶体晶体。又如，不同的Ⅲ-Ⅴ族化合物半导体材料之间很容易形成固溶体。本节将固溶体的类型和晶体结构特点做以扼要介绍。

5.4.1　替代式固溶体

替代式固溶体也称置换式固溶体，它是由组元 B(常称为溶质)原子替代一部分组元 A(常称为溶剂)原子，并占据其原来的点阵位置而形成的晶体。显然，此固溶晶体的点阵结构与纯组元 A 晶体的点阵结构是相同的,只是由于替代 A 原子的 B 原子半径与 A 原子半径有所差别,将引起固溶体的晶格参数与纯组元 A 晶体的晶格参数相比而有所变化。

当原子 B 随机地替代原子 A 的位置,即在晶格上 A、B 原子的排列并没有一定的规则时,由统计的观点看,在一个组分为 A_xB_{1-x} 的固溶体中,每一个原子的位置上存在原子 A 的几率为 x,存在原子 B 的几率为 $1-x$。这样,在许多效应上相当于在每一个原子位置上安放一个统计原子 (A_xB_{1-x}),如图 5.4.1(a)、(b) 所示,图 5.4.1(a) 为由单纯 A 原子形成的晶体结构,图 5.4.1(b) 为由统计原子 (A_xB_{1-x}) 形成的固溶体的晶体结构。这类替代式固溶体称为无序固溶体。

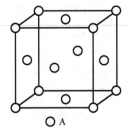
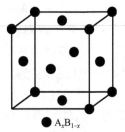

(a) 由单纯 A 原子形成的晶体结构　　　　(b) 由 A_xB_{1-x} 形成的固溶体的晶体结构

图 5.4.1　说明纯组元 A 和固溶体 A_xB_{1-x} 的晶体结构间关系的示意图

对于有些固溶体,仅在高温时,其溶剂和溶质原子是无序排列的,如果将温度逐渐降到一定的临界点以下,其点阵中原子位置将重新调整,每一种原子占据一定的位置,这种原子按一定规律排列的固溶体称为有序固溶体。

另有一类替代式固溶体,其替位离子的电价与原位离子的电价不同,为了保持晶体呈电中性,必须通过缺位才能保持晶体的电荷平衡,即在这类固溶体晶格中,并不是每个结点位置都被原子占据,而是有空位存在,这种固溶体称为缺位固溶体。

对于有些固溶体体系,由于 A、B 两组元的结构非常相似,即它们可以具有无限互溶的性质,因此在任意成分下均能形成固溶体,这类固溶体称为连续固溶体。例如,Ge-Si、InSb-GaSb、InAs-GaAs、InP-InAs、GaP-GaAs、AlSb-GaSb、AlSb-InSb 等体系均能形成连续固溶体。在连续固溶体中,固溶体的各种性质也会随成分变化呈连续变化。因此,利用这一性质可以获得性能多样的半导体材料。

成分不能连续变化的固溶体,即成分只能在一定范围内变化的固溶体称为有限固溶体。例如,InSb-InAs、InSb-InP、GaSb-GaAs、InP-GaP、GaSb-GaP 体系均为有限固溶体。

5.4.2　间隙式固溶体

组元 B(溶质)原子占据着由组元 A(溶剂)原子所构成的点阵结构的间隙位置,形成的固溶体称为间隙式固溶体。能够形成这类固溶体的溶质原子尺寸必须较小,通常只限于 H、O、N、C、B 等几种元素。对于晶格间隙比较大的某些类型的晶体,其也容许半径较大的原子填入其间隙,例如,对于具有金刚石型结构的硅晶体,其晶格间隙比较大,Au、Ag、Cu、Fe、Ni 等原子半径较大的金属原子也能填充在间隙中,并对硅晶体的性能产生影响。间隙式固溶体的溶解度一般较小,另外溶质原子进入晶格间隙后,将使溶剂的晶胞胀大,导致晶格参数增大。

5.5   液晶的结构及特征

　　液晶或介晶态是结晶固体与正常的各向同性液体之间的中间状态，它具有两者的一些特性：既具有类似晶态的分子排布的较高程度的有序性，也具有类似液态的可流动性。

　　可以出现液晶晶态的主要是一些有机高分子材料。实践和理论表明：那些具有不对称几何形状的分子(如细长棒状、平板状或盘状分子)，分子又具有一定的刚性(如分子中含有多重键、苯环等)，且分子之间具有适当大小的相互作用力(一般含有极性或易极化的基团等)的一类有机高分子材料在从结晶态向液态转化的过程中，分子之间的远程有序排列很难立即转化为近程有序排列，因此会出现一个过渡状态——液晶态。据统计，大约有 5% 的有机物中可以呈现液晶态，这类有机化合物的晶体被加热时，达到熔点后首先形成浑浊的液体，当温度进一步升高到熔点以上的某一温度时，熔体突变为各向同性的透明液体，其相应的转变温度称为清晰点。在熔点和清晰点之间的温度范围内，物质为各向异性的熔体，即液晶态。清晰点的高低和熔点到清晰点之间的温度范围对于不同的物质是不同的。

　　根据液晶态中分子聚集排列的方式不同，液晶的结构大体上可以划分为 3 种类型。

5.5.1   近晶型结构

　　在近晶型液晶中，棒状分子排列成层片状，如图 5.5.1 所示，在层片内竖直排列的分子具有共同的取向，分子可以在本层内活动，但不能来往于各层之间，层与层之间可以滑动，其他方向的运动较为困难，所以这种近晶型结构的熔体黏度较大。近晶型液晶基本上保持着二维有序性，是一种最近似于晶体的液晶种类。例如，4.4′-二甲酸乙酯氧化偶氮苯即能形成近晶型液晶，其熔点为 114℃，清晰点为 122℃。

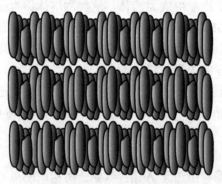

图 5.5.1   近晶型结构示意图

5.5.2   向列型结构

　　在向列型液晶中，棒状分子之间只是相互平行排列，但它们的重心排列是无序的，因而只保持一维有序性，如图 5.5.2 所示。

　　在外力作用下发生流动时，由于这些棒状分子容易沿流动方向取向，并可在流动取向中互相穿越，因此其黏度较小，具有较好的流动性。例如，4,4′-二甲酸乙酯氧化偶氮苯就是向列型液晶化合物。

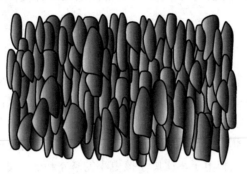

图 5.5.2　向列型结构示意图

5.5.3　胆甾型结构

对于胆甾型结构，由于许多胆甾醇的衍生物容易形成这种结构，故称为胆甾型。在这

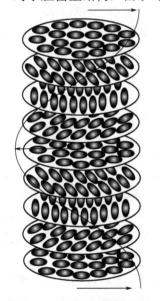

图 5.5.3　胆甾型结构示意图

类液晶中，长形分子基本上是扁平的，依靠向外突出的一些侧基的相互作用，彼此平行排列成层状结构。与近晶型结构不同，胆甾型结构的长轴是在层片面内的，而层内分子排列与向列型结构相似，同时相邻两层间分子长轴的取向会扭转一定的角度。这是分子伸向层间的侧基相互作用的结果，因此层与层之间形成螺旋结构，如图 5.5.3 所示。胆甾型液晶黏度较大。由于扭转的分子层有很强的旋光性，因此可将白光散射成彩虹般的颜色，这是胆甾型液晶的显著特征。

很多液晶的结构会随温度条件的变化而发生转变。例如，对-乙氧基苯-对-氧化偶氮苯甲酸乙酯在 76℃时从固体转变为近晶型，当温度升高到 83℃时，由近晶型转变为向列型，当温度升高到 112℃时，则发生向列型向各向同性的液体的转变。还有一些液晶化合物在一定温度下，可以发生从一种近晶型向另一种近晶型的转变。

利用液晶态高分子材料的分子排布有序性和流动性，1966 年，克沃莱克（Kwolek）首先创造了液晶纺丝工艺，开发出具有高强度、高模量的合成纤维，推进了液晶聚合物的发展。这类新材料由于综合具有热稳定性和化学稳定性高、电绝缘性高、机械强度高和重量轻等优异性能，在宇航、潜海等高技术领域获得应用，被誉为 21 世纪的超级工程塑料。

液晶由于具有特殊的光电性能，在电子和信息领域中已大显身手。利用液晶分子的排列方向在电场的作用下极易改变，而液晶的透光率大小由分子排列状况决定的性质，人们研制开发出一系列的液晶显示器件。液晶显示器件具有工作电压低、功耗小、体积薄、重量轻，以及可与先进的微电子技术、集成电路相匹配等特点，在显示器领域中得到广泛应用。另外，利用胆甾型液晶特殊的旋光性可制成温度显示器件；利用液晶的压电效应、热释电效应等性质在多种电子元器件领域均具有诱人的应用开发前景。

5.6　纳米晶体的结构及特征

纳米晶体(或称为纳米晶)是尺寸为 1～100 nm 的微小晶体，它们凭借肉眼和普通光学显微镜是观察不到的，需用透射电子显微镜(TEM)来观察。纳米晶体绝大多数是由人工制备出来的。这种粒径为纳米尺度的微粒物质也称介观物质，因为从尺寸上看，它们是介于宏观物质(是指大到行星、恒星乃至银河系，小到人的肉眼可见的最小物体)和微观物质(原子、分子以及原子内部的原子核和电子，比原子核更小的基本粒子，如中子、质子、介子、超子等)之间的一类物质。它们表现出许多既不同于宏观物体也不同于微观体系的奇异的性质和现象，成为 20 世纪末材料、物理、化学、电子、生物等多学科研究的热点领域之一。

从结构上看，纳米晶体不同于普通的宏观晶体之处在于构成纳米晶体的原子、分子或离子中有相当多的比例是处于晶体表面位置上，如表 5.6.1 所示。对于理想晶体，构成它的原子数目是无限多的，不存在表面原子。对于一个实际的宏观晶体，其原子数目十分巨大，表面原子所占比例很小，一般情况下可以忽略或将其视为晶体中的缺陷来处理。对于纳米晶体，构成它的原子数目将是有限的，且表面原子和体内原子所占的比例是相当的，甚至前者会超过后者。

表 5.6.1　纳米微粒尺寸与表面原子数的关系

纳米微粒尺寸/nm	包含总原子数/个	表面原子所占比例/%
10	3×10^4	20
4	4×10^3	40
2	2.5×10^2	80
1	3×10^1	99

正是由于纳米晶体结构上的特点，即晶体中原子数目是有限的，且表面原子所占比例相当大，因此其会产生多种特别的物理效应，呈现出许多特异的性质。

(1)量子尺寸效应。当粒子尺寸下降到某一值时，金属费米能级附近的电子能级由准连续变为离散能级的显现，以及纳米半导体微粒的导带能级和价带能级产生不连续及禁带能隙变宽的现象均称为量子尺寸效应。

(2)小尺寸效应。当粒子的尺寸与光波波长、德布罗易波长以及超导态的相干长度或透射深度等物理特征尺寸相当或更小时，晶体周期性的边界条件将被破坏，导致声、光、电磁、热力学等特性呈现某种新的效应，称为小尺寸效应。

(3)表面及界面效应。微粒尺寸减小，表面原子占有率增大，产生高的比表面、高的表面能和高的表面活性，同时引起表面原子的构型和输运过程的变化以及表面电子自旋构象和电子能谱的变化，称为表面及界面效应。

(4)宏观量子隧道效应。微观粒子具有贯穿势垒的能力称为隧道效应。近年来，人们发现对于微小颗粒的一些宏观量，如磁化强度、量子相干器件中的磁通量等也具有隧道效应，称为宏观量子隧道效应。

上述量子尺寸效应、小尺寸效应、表面及界面效应和宏观量子隧道效应等是包含纳米晶在内的纳米微粒材料的基本特征，它们使纳米晶等纳米微粒材料呈现出许多奇异的物理、化学性质，出现一些"反常现象"，即一些常规宏观材料所不具备的性质。例如，常规金属材料为导体，但纳米金属微粒由于量子尺寸效应会呈现电绝缘性而成为绝缘体。相反，一些具有共价键特征的材料，如氮化硅，当形成纳米级的微粒时，界面键结构会出现部分极性，在交流电下电阻很小。化学惰性的金属铂制成纳米微粒(铂黑)后却成为活性极好的催化剂。通常的陶瓷材料具有硬而脆的特性，为使陶瓷增韧，材料学科曾为之奋斗了 100 多年，而以纳米微粒制成的陶瓷材料呈现出良好的塑性特征，引起人们的极大兴趣，使陶瓷材料的研究出现一个新的飞跃。一般的 $PbTiO_3$、$BaTiO_3$、$SrTiO_3$ 等都是典型的铁电体，但当其尺寸进入纳米数量级就会变成顺电体。金属对光有很好的反射能力，使其自身呈现美丽的光泽，纳米金属微粒对光的反射能力显著下降，通常低于 1%，由于小尺寸效应和表面效应使其对光的吸收变得极强，因此呈现黑色。

有关纳米晶体、纳米微粒以及纳米尺寸的相关材料的结构、性能的研究正在不断地深入。纳米材料可望成为跨世纪的最有应用开发前途的一类新型材料。

习题及思考题

5.1　如图题 5.1 所示的 (111) Si 单晶片，其边缘切出的参考平面为 ($1\bar{1}0$)，试绘出其最易发生解理破裂的方位。

5.2　对于一 [100] 取向的 GaAs 单晶片，其中一个解理面如图题 5.2 所示，试绘出其他可能解理的方位。

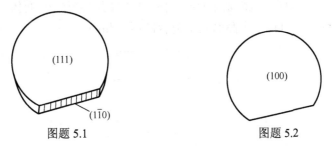

图题 5.1　　　　　　　　图题 5.2

5.3　有一批 GaAs 碎片如图题 5.3 所示，其侧面解理面均与表面垂直，试判断其取向。

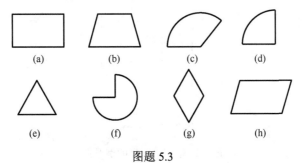

图题 5.3

5.4　观察图 5.1.8,分析闪锌矿的微观对称结构中,有没有对称中心?

5.5　利用第 4 章中介绍的求解晶面间距的关系式,计算金刚石型结构中常用晶面间距。

5.6　采用 $SiHCl_3$ 氢还原法,沿<111>取向的籽晶棒气相沉积得到的硅锭呈六棱柱形,试分析其表面暴露晶面指数。

5.7　参照图 5.2.15 绘出沿<111>方向生长的直拉硅单晶锭上棱线及肩部小平面出现的位置。

5.8　分析 NiAs 晶体结构中有几类等同点系,属于何种布拉维格子,并指出其结构基元。

实习 D　认识晶向和晶面

D.1　利用题 D.1 图所示八面体和四面体的展开图 ,经过裁剪和粘贴制作正八面体和正四面体模型。

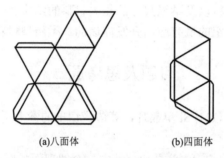

(a)八面体　　　(b)四面体

题 D.1 图　八面体和四面体的展开图

D.2　利用题 D.2 图所示 26 面体的展开图(或者魔尺)制作 26 面体,并在模型相应面上标出{100}、{110}、{111}三个晶面族所包含的所有晶面。

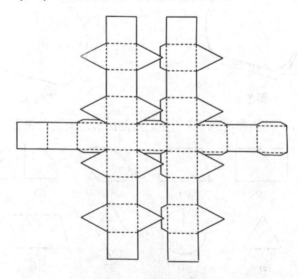

题 D.2 图　26 面体的展开图

D.3 在金刚石或闪锌矿结构的模型中找出 {100}、{110}、{111}、{210}、{211}、{311} 和<100>、<110>、<111>、<210>、<211>、<311>等晶面和晶向。

D.4 在六方晶胞中找出 $(1\bar{2}10)$、$(10\bar{1}2)$、$(\bar{1}011)$ 各晶面和 $[1110]$、$[11\bar{2}1]$、$[02\bar{2}1]$ 等晶向。

D.5 在金刚石结构的(111)面上找出各<110>和<112>方向,并观察沿这些方向上原子排列特点。

D.6 利用 26 面体模型,分析(100)、(110)和(111)硅晶片表面的腐坑形状。

第 6 章 半导体中的点缺陷

前面的章节把晶体看成是由原子、分子、离子在空间有规则地排列构成的。这种具有完整点阵结构的晶体是理想化的,称为理想晶体。然而在任何一个实际晶体(天然的或人工生长的晶体)中,其原子、分子或离子的排列总是或多或少地与理想的点阵结构有所偏离。那些偏离理想点阵结构的部分称为晶体的缺陷或晶体的不完整性。

根据缺陷在空间分布的几何形状和尺寸大小,可把它们分为如下几类。

(1)点缺陷:其特征是偏离理想点阵结构的部位仅为一个原子或几个原子的范围内,在所有的方向上的尺度都很小,也称零维缺陷,如空位、间隙原子、杂质原子、色心等。

(2)线缺陷:其特征是偏离理想点阵结构的部位为一条线,在其他两个方向上的尺寸比较小,也称一维缺陷,如各种类型的位错。

(3)面缺陷:其特征是偏离理想点阵结构的部位为二维尺寸比较大的面,也称二维缺陷,如晶界、相界(表面、界面)、堆垛层错等。

(4)体缺陷:在晶体中三维尺寸都比较大的缺陷,也称三维缺陷,如孔洞、夹杂物、沉淀物等。

此外,半导体晶体导带中的电子和价带中的空穴也属于缺陷的范畴,称为电子缺陷。

在半导体晶体材料缺陷的讨论中还引入微缺陷的概念:若干点缺陷在晶体中的集聚形成的缺陷比通常的点缺陷的尺度要大一些,但比体缺陷小,称为微缺陷。

晶体缺陷可在晶体生长中产生,也可以在晶体加工、热处理的使用过程中以及高能粒子的辐射或轰击过程中产生。前者常被称为原生缺陷,后者称为二次缺陷。

大量事实表明,晶体中的各类缺陷对材料的化学活性和物理性质会产生重大的影响。例如,半导体材料中的微量杂质会决定材料的导电类型和电阻率的大小;金属材料的屈服强度、断裂强度等参数强烈地依赖于其中的缺陷情况。因此,了解缺陷在固体材料中的形态、产生和发展以及相互作用的规律,对于控制材料的性质和提高元器件的质量具有十分重要的意义。

6.1 点缺陷的基本概念

晶体中的点缺陷包括空位、间隙原子和杂质原子,以及由它们组成的复杂缺陷(如空位团、杂质-空位复合体等)。在没有外来杂质引入时,由组成晶体的基体原子的排列错误而形成的点缺陷称为本征点缺陷。例如,由于温度升高,晶格原子的热振动起伏产生的空位和间隙原子是典型的本征点缺陷,它们的数目依赖于温度,因而又称为热缺陷。

6.1.1 热缺陷的种类

在晶体中,原子是以格点平衡位置为中心振动着的,但原子的这种振动并不是单纯的简谐运动，一个原子的振动和周围原子的振动有密切的关系，这使原子振动的能量服从麦克斯韦-玻尔兹曼概率分布而呈现涨落现象。当某一原子能量大到某一程度时，就可能脱离正常的平衡位置，跑到邻近的原子空隙中去，在失去多余的动能之后，就会被束缚在那里，这样就产生一个空位和一个间隙原子。常见的热缺陷可分为 3 种。

1. 弗仑克尔缺陷

在晶体中的某一原子，由于温度升高、振动加剧，脱离其平衡位置，在某点形成空位而在另一位置出现间隙原子，由于这时空位和间隙原子成对出现，因此在晶体中的空位数目和间隙原子数目相等，这种缺陷称为弗仑克尔缺陷，如图 6.1.1 所示。由于空位和间隙原子靠得很近，当间隙原子具有足够的能量时，有可能返回空位的位置，这种过程称为复合。

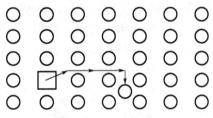

图 6.1.1　弗仑克尔缺陷

2. 肖特基缺陷

在晶体中的某一原子，脱离平衡位置后，并不在晶体内部构成间隙原子，而是跑到晶体表面上正常格点的位置，构成新的一层，如图 6.1.2 所示。这种在晶体内只有空位而没有间隙原子的缺陷称为肖特基缺陷。

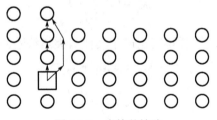

图 6.1.2　肖特基缺陷

3. 第三种缺陷

晶体表面上的原子跑到晶体内部的间隙位置，如图 6.1.3 所示。这时在晶体内部只有间隙原子而没有空位，这是第三种形式的热缺陷。

如果把一个实际晶体看作一个溶液体系，晶体点阵看作体系的溶剂，点缺陷看作溶质，那么上述 3 种热缺陷的产生和复合过程就可以看作在此晶体的溶液体系中的 3 个可逆的准化学平衡反应。当点缺陷的数目和晶体点阵的格点数相比

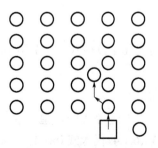

图 6.1.3　第三种缺陷

非常小时，该体系可以看作无限稀的溶液体系，这时质量作用定律就可以应用于讨论缺陷间的平衡问题。

为了表示晶体中的各类点缺陷，通常采用克罗格(Kroger)和文克(Vink)所提出的一套符号，符号的形式如图 6.1.4 所示。

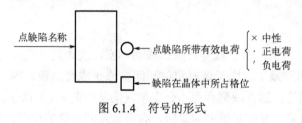

图 6.1.4　符号的形式

缺陷的名称分别用符号代表，例如，空位用 V(vacancy)，杂质缺陷则用该杂质的元素符号表示，电子缺陷用 e 表示，空穴缺陷用 h 表示。缺陷符号的右下角符号标志着缺陷在晶体中所占的位置：用被取代的原子的元素符号表示缺陷是处于该原子所在的点阵格位上；用字母 i 表示缺陷是处于晶格点阵的间隙位置(interstitial)。这样对于单质 M 的晶体，可用符号 V 及[V]分别表示空位和空位浓度，用 M_i 和[M_i]分别表示间隙原子和间隙原子浓度，用 M_S 和[M_S]分别表示晶体表面原子(surface atom)和表面原子浓度，用 M_M 和[M_M]分别表示处于正常格点位置上的 M 原子和其浓度。点缺陷的浓度，通常用体积浓度来表示，即以每立方厘米中所含有该点缺陷的个数来表示，$[D]_v = $缺陷D的个数 / cm^3。

根据上述的符号表示法，可以将弗仑克尔缺陷的产生和复合写成：

$$M_M \rightleftharpoons M_i + V_M$$

由质量作用定律可得

$$K_1 = \frac{[M_i][V_M]}{[M_M]} \tag{6.1.1}$$

式中，K_1 为反应的平衡常数。同样可写出产生其他两类热缺陷的反应式及质量作用关系式：

$$M_M \rightleftharpoons M_S + V_M$$

$$K_2 = \frac{[M_S][V_M]}{[M_M]} \tag{6.1.2}$$

$$M_S \rightleftharpoons M_i$$

$$K_3 = \frac{[M_i]}{[M_S]} \tag{6.1.3}$$

由式(6.1.1)～式(6.1.3)联立可求得平衡时的空位浓度为

$$[V_M] = \frac{[M_M]}{[M_S]}(K_1 K_2 / K_3)^{1/2} = K_V(T) \tag{6.1.4}$$

上述各式中，晶体正常格点上 M 原子浓度[M_M]和表面原子浓度[M_S]为常数，将式 (6.1.4)代入式(6.1.1)可求得平衡时的间隙原子浓度为

$$[M_i] = [M_M]\frac{[K_1]}{[K_V]} = K_i(T) \tag{6.1.5}$$

由式 (6.1.4) 和式 (6.1.5) 可见，当温度一定时，空位和间隙原子的浓度是常数，它们随温度的变化情况，即 $K_V(T)$ 和 $K_i(T)$ 的温度函数表达式可利用统计力学求出。一般来说，原子进入晶体间隙构成间隙原子所需的能量要比生成空位的能量大些，所以对于大多数材料，特别是当温度较低时，产生肖特基缺陷比弗仑克尔缺陷的可能性要大得多，但对于某些共价键类型的晶格，如金刚石型，其某些间隙位置较大，比较容易允许间隙原子存在。另外，在高能粒子的辐照下，晶体中也会产生大量的空位和间隙原子。

6.1.2　热缺陷的统计计算

当温度一定时，热缺陷处在不断产生和复合消失的过程中，如当单位时间内产生和消失的热缺陷数目相等时，晶体内的热缺陷数目将保持不变，应用热力学统计物理的方法，可以不必详细考虑热缺陷产生和复合的具体动力学过程，避开烦琐的计算。根据体系在平衡时应满足的热力学条件，就可对平衡过程做出十分重要的结论。

由热力学可知，一个体系发生任何过程时都会影响着自由能的改变。对于晶体中产生热缺陷的等温定容过程，自由能 F 可写成如下形式：

$$F = U - TS \tag{6.1.6}$$

式中，U 代表内能；S 代表熵。设在一定温度下，晶体有一定数目 n 的热缺陷。为了计算方便，只考虑晶体中含有空位或间隙原子的情况。

若平衡时的空位数目为 n_1，每形成一个空位所需能量为 u_1，并且由于 n_1 个空位的形成，使晶体的熵改变量为 S_1，则自由能的改变量为

$$F_1 = n_1 u_1 - TS_1 \tag{6.1.7}$$

根据统计物理，熵为

$$S = k\ln W \tag{6.1.8}$$

式中，W 为相应的微观状态数；k 为玻尔兹曼常数。

在所研究的体系中，原来的熵 S_0 是由振动状态决定的，现在由于出现了空位，原子排列的可能方式增加为 W_1，假设空位的产生并不引起原来振动微观状态数的改变，则每一种排列的方式中，都包括由原来振动状态所决定的微观状态数 W_0，因此有

$$W = W_1 W_0 \tag{6.1.9}$$

若晶体的原子总数为 N，从 N 个原子中取出 n_1 个形成空位的方式 W_1 为

$$W_1 = \frac{N!}{(N-n_1)! n_1!} \tag{6.1.10}$$

由于 n_1 个空位的出现，熵的改变为

$$S_1 = k\ln(W_1 W_0) - k\ln W_0 = k\ln W_1 = k\ln\frac{N!}{(N-n_1)! n_1!} \tag{6.1.11}$$

晶体自由能改变为

$$F_1 = n_1 u_1 - kT \ln \frac{N!}{(N-n_1)! n_1!} \tag{6.1.12}$$

值得指出的是，在得到式(6.1.12)时，还作了两个假设。

(1) 空位的出现并不影响原来的振动状态。这个假设并不总是成立的。实际上，由于空位的存在，周围原子的振动频率也就随之改变了。

(2) 晶体中的空位数目不多。因为当空位数目增多时，两个空位在一起的概率增大，这时造成两个相邻空位所需的能量不是 $2u_1$。但在温度不太高时，$n_1 \ll N$ 的假设却总是成立的。

根据热力学原理，在体系达到平衡时，其自由能应为最小。因此，平衡时，空位 n_1 的数目由条件 $\frac{\partial F_1}{\partial n_1} = 0$ 来决定。利用斯特林公式，当 x 很大时，有 $\ln x! = x \ln x - x$，故由式 (6.1.12) 得

$$\begin{aligned} \left(\frac{\partial F_1}{\partial n_1}\right)_T &= u_1 + kT \frac{\partial}{\partial n_1}\Big[\ln(N-n_1)! + \ln n_1!\Big] \\ &= u_1 + kT\Big[-\ln(N-n_1) + \ln n_1\Big] \\ &= u_1 + kT \ln\left(\frac{n_1}{N-n_1}\right) = 0 \end{aligned}$$

即

$$\frac{n_1}{N-n_1} = \exp\left(-\frac{u_1}{kT}\right) \tag{6.1.13}$$

由于 $n_1 \ll N$，故得

$$n_1 = N \exp\left(-\frac{u_1}{kT}\right) \tag{6.1.14}$$

若假定晶体中只存在间隙原子，同理可求得间隙原子的数目为

$$n_2 = N^* \exp\left(-\frac{u_2}{kT}\right) \tag{6.1.15}$$

式中，N^* 为晶体中间隙位置数；u_2 为形成一个间隙原子所需能量。

若晶体中形成弗仑克尔缺陷，由统计热力学可求得

$$n_F = \sqrt{NN^*} \exp\left(-\frac{E_F}{2kT}\right) \tag{6.1.16}$$

式中，E_F 为生成空位和间隙原子对所需的能量。将式(6.1.14)、式(6.1.15)与上面由质量作用定律推得的空位和间隙原子的平衡浓度关系式(6.1.4)、式(6.1.5)比较，可见二者是一致的。

由式(6.1.14)、式(6.1.15)可以明显看出，若生成一个间隙原子所需能量 u_2 比生成一个空位所需能量 u_1 大，则间隙原子出现的可能性将比空位小，并且温度越高，晶体内的空位和间隙原子的浓度也越高。

例题　在室温（$t=20$℃）和硅熔点附近（$t=1420$℃）时，计算硅单晶中的空位浓度（硅中空位的生成能 $u_1=2.3\sim4.6$ eV（按 2.5 eV 计算））。

①当 $t=20$℃ 时：

$$T=20+273=293(\mathrm{K})$$

$$k=8.616\times10^{-5}\mathrm{eV/K}，\quad N=5.22\times10^{22}\mathrm{cm}^{-3}$$

$$n_{20}=5.22\times10^{22}\times\mathrm{e}^{-\frac{2.5}{8.616\times10^{-5}\times293}}\approx5.12\times10^{-21}(\mathrm{cm}^{-3})$$

②当 $t=1420$℃ 时：

$$T=1420+273=1693(\mathrm{K})$$

$$n_{1420}=5.22\times10^{22}\times\mathrm{e}^{-\frac{2.5}{8.616\times10^{-5}\times1693}}\approx1.88\times10^{15}(\mathrm{cm}^{-3})$$

由此可见，硅晶体中，在室温时，空位平衡浓度极小，而在硅熔点附近时，空位浓度是比较大的。

上述由热力学统计得到的热缺陷浓度关系式（6.1.14）、式（6.1.15）等的意义在于它们明确地反映了热缺陷数目依赖于温度的规律性。但在具体使用时应注意两点：第一，它所反映的是平衡状态下的情况，一个实际体系有时是偏离平衡状态的，例如，拉制半导体材料硅的单晶时，由于冷却速度比较快，熔点温度下，硅晶体中产生的大量空位在冷却降温过程中将来不及扩散并复合掉而被"冻结"，这些非平衡空位以过饱和状态存在于晶体中，因此即使是在低温条件下，硅晶体中也常存在有较大数目的空位，也称过饱和空位；第二，上述的分析和计算是在理想和简化的条件下进行的，它没有考虑到晶体中其他缺陷和杂质的影响，而实际晶体体系中的情况要复杂得多。

6.1.3　杂质原子

与基体原子不同的外部杂质进入晶体内也会构成一种点缺陷。按杂质原子在晶体内所占据的位置，可把它们分成为两类：一类称为替位式杂质；另一类称为间隙式杂质。例如，在锗、硅晶体中，为了控制它们的导电类型和电阻率，常需人为地掺入些微量的Ⅲ族元素 B、Al、Ga、In 及 V 族元素 P、As、Sb 等，它们与Ⅳ族元素在结构上比较相近，因此它们通常将占据 Ge 或 Si 的位置形成替位式杂质。另外一些杂质，如 Fe、Ni、O 等从结构上看不易替代 Ge 或 Si 的位置，由图 6.1.5 可见 Ge 或 Si 的金刚石型结构的晶胞中刚好有 5 个间隙较大的位置，于是它们将以间隙式存在于 Ge 或 Si 晶体中。还有些杂质原子，如 Au、Cu 等既可以以替位式存在，也可以以间隙式存在，见表 6.1.1。

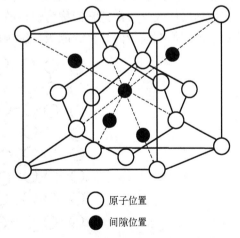

○ 原子位置
● 间隙位置

图 6.1.5　金刚石型结构中的间隙

表 6.1.1　各种杂质原子半径及在硅中的存在形式

杂质	半径/nm	类型	杂质	半径/nm	类型
B	0.088	替位式	Sb	0.136	替位式
Al	0.126	替位式	Fe	0.126	间隙式
Ga	0.126	替位式	Ag	0.152	间隙式
In	0.144	替位式	Ni	0.124	间隙式
C	0.077	替位式	Cu	0.128	间隙式
Si	0.117	替位式		0.135	替位式
Ge	0.122	替位式	Au	0.144	间隙式
Sn	0.140	替位式		0.150	替位式
P	0.110	替位式	O	0.066	间隙式
As	0.118	替位式	Li	—	间隙式

　　替位式杂质原子造成晶格畸变有两种情况：如果杂质原子半径比基体原子半径小，那么晶格倾向于收缩，测量它的晶格常数将是减小的；如果杂质原子半径比基体原子半径大，那么晶格倾向于膨胀，晶格常数增大，见图 6.1.6(a)、(b)。

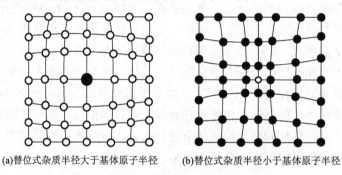

(a)替位式杂质半径大于基体原子半径　　　(b)替位式杂质半径小于基体原子半径

图 6.1.6　替位式杂质原子造成的晶格畸变

　　间隙式杂质原子的存在将会造成其附近的晶格畸变，如图 6.1.7 所示，整个晶体倾向于膨胀。一般来说，间隙式杂质原子在晶格间隙间迁移时所需的激活能比较小，因此它们的扩散速度比较快，常把它们称为快扩散杂质。从电学性质上看，这种杂质具有一个共同特点，即它们在禁带内具有深能级，影响电导率，称为复合中心或俘获中心。

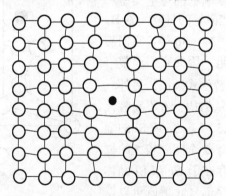

图 6.1.7　间隙式杂质原子造成的晶格畸变

费伽德(Vegard)在研究替代式固溶体的晶格常数随溶质原子成分变化的情况时，曾得出晶格常数 a 与固溶体成分 x(原子百分数)间存在如下线性关系：

$$a = a_1 + (a_2 - a_1)x \tag{6.1.17}$$

这里的 a_1 及 a_2 分别表示溶剂及溶质的晶格常数，这一关系称为费伽德定律。实践表明它可以用来近似地反映替代式固溶体的晶格常数随成分的变化情况，特别是对于稀固溶体较为符合。半导体材料中的掺杂杂质浓度一般均在 10^{18} 原子 $/\mathrm{cm}^3(x = 10^{-4})$ 以下，因此可以用费伽德定律来做定量或定性分析。例如，在硅的外延生长中，由于衬底和外延层掺杂杂质的种类和浓度不同，因此晶格常数不同，于是在衬底和外延层之间将产生晶格失配现象，导致失配位错的产生。因此，有人采用应变补偿法来试图缓和杂质引入硅晶体中的这种应力，其具体做法是选择两种半径不同的杂质同时掺杂，如 P 原子比 Si 小，Sn 原子比 Si 大，将它们按一定比例(如 3∶1)配合好，掺入 Si 中便可以使两者产生的应力相互补偿，得到较完美的晶体。另外利用费伽德定律，通过测定晶格常数的变化可以对 GaAs-GaP 等Ⅲ-Ⅴ族合金固溶体半导体材料的组分进行间接的定量分析。

利用费伽德定律还可以导出替位式杂质在硅晶体薄片中产生应力的近似计算关系式，令 a_{Si} 为 Si(溶剂)的晶格常数，a_{sol} 为替位式杂质(溶质)的晶格常数，N 为 Si 原子密度，C_{sol} 为硅晶体中溶入的替位式杂质原子的密度，则费伽德定律可以写成：

$$a = a_{\mathrm{Si}} + (a_{\mathrm{sol}} - a_{\mathrm{Si}})\frac{C_{\mathrm{sol}}}{N} \tag{6.1.18}$$

移项并除以 a_{Si} 得

$$\frac{a - a_{\mathrm{Si}}}{a_{\mathrm{Si}}} = \frac{a_{\mathrm{sol}} - a_{\mathrm{Si}}}{a_{\mathrm{Si}}}\frac{C_{\mathrm{sol}}}{N} \tag{6.1.19}$$

式中，左侧 $(a - a_{\mathrm{Si}})/a_{\mathrm{Si}}$ 刚好是引入浓度为 C_{sol} 的替位式杂质后晶格产生的线应变 ε，则式 (6.1.19) 可以化为

$$\varepsilon = \frac{a_{\mathrm{sol}} - a_{\mathrm{Si}}}{a_{\mathrm{Si}}}\frac{C_{\mathrm{sol}}}{N} \tag{6.1.20}$$

硅和杂质晶格常数 a_{Si} 和 a_{sol} 与它们的原子共价半径 R_{Si} 和 R_{sol} 成比例关系，故式(6.1.20)可以写成：

$$\varepsilon = \frac{R_{\mathrm{sol}} - R_{\mathrm{Si}}}{R_{\mathrm{Si}}}\frac{C_{\mathrm{sol}}}{N} \tag{6.1.21}$$

对于薄片状硅晶体，由替位式杂质引入后引起的应力状态可以按平面应力问题处理，则 $\sigma_x = \sigma_y = \sigma$，且应变和应力间关系为

$$-\varepsilon = \varepsilon_x = \varepsilon_y = \frac{\sigma}{E}(1 - \nu) \tag{6.1.22}$$

式中，x、y 方向平行于样品的表面；z 方向垂直于样品的表面；E 为硅的杨氏模量(1.9×10^{11} Pa)；ν 为泊松比(取 0.35 左右)；σ 为应力。将式(6.1.22)代入式(6.1.21)得

$$\sigma = \frac{E}{(1 - \nu)}C_{\mathrm{sol}}\left(1 - \frac{R_{\mathrm{sol}}}{R_{\mathrm{Si}}}\right)N^{-1} \tag{6.1.23}$$

利用式(6.1.23)可以估算硅晶片扩散 P、As、Sb、B、Al、Ga、In、Sn 等替位式杂质引起的应力。算得的 σ 值为正值表示硅晶格受伸张应力，σ 值为负值表示硅晶格受压缩应力。

6.1.4　锗、硅晶体中的空位及组态

具有金刚石型结构的锗、硅晶体中某一原子脱离正常格点而形成空位时，意味着它的 4 个共价键都发生了断裂，如图 6.1.8 所示。一般来说，断键中的自由电子应结合成对，以形成低能量的杂化键的组态。但是，在四面体内，由于空位的出现使近邻原子间出现了失配，会阻碍以共价键合的形式来共享电子。但大多数原子仍然按杂化轨道与处于较高能量的近邻原子共享电子，结合成长而弯曲的键。

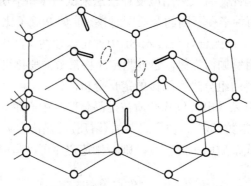

图 6.1.8　金刚石型结构(简图)及空位周围的断裂键

理论推测和顺磁共振的研究表明，金刚石型结构中的空位组态有单空位、双空位及多空位等多种组态，其结构如图 6.1.9(a)～(d)所示。另外，经分析证明，3 空位和 5 空位的组态也是存在的。

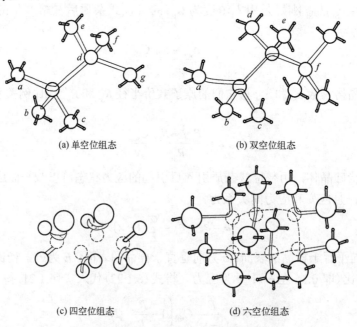

(a) 单空位组态　　　　　　　　(b) 双空位组态

(c) 四空位组态　　　　　　　　(d) 六空位组态

图 6.1.9　金刚石型结构中空位的各种组态

　　空位在晶体中既可能是中性的 V^x，也可能是带正或负电荷的 $V^{\bullet}$、V'、V'' 等，这表明空位在晶体中既可起施主作用，也可起受主作用。例如，在 N 型硅中，一个中性空位 V^x 接受一个电子变为带负电荷的空位 V'，其过程可用如下反应式表示：

$$V^x + e = V'$$

由质量作用定律可写出：

$$K = \frac{[V']}{[e][V^x]} = \frac{[V']}{n[V^x]}$$

或

$$[V'] = Kn[V^x] \tag{6.1.24}$$

式中，K 为反应的平衡常数；n 为自由电子浓度。晶体中总的空位浓度[V]等于中性空位浓度[V^x]与带负电荷空位浓度[V']之和，即

$$[V]=[V^x]+[V'] \tag{6.1.25}$$

　　式(6.1.25)中的中性空位浓度[V^x]即为式(6.1.14)中的 n_1，可见由于上面反应的存在，产生了大量的 V'，使晶体中总的空位浓度大大增加。若认为空位受主能级位于价带附近，这意味着将有大量的电子从费米能级落向空位的受主能级，使能量降低，从而将产生浓度很大的带负电荷的空位。因此将有[V'] $\gg$ [V^x]，于是式(6.1.25)可近似写成：

$$[V]\approx[V'] \tag{6.1.26}$$

　　将式(6.1.26)代入式(6.1.24)得

$$[V] \approx Kn[V^x] \tag{6.1.27}$$

　　式(6.1.27)是一个很重要的关系式，它表明 N 型硅中的空位浓度正比于自由电子浓度。特别是重掺杂的 N^+ 型材料中自由电子的浓度很大，从而空位浓度也很大。由此导致 N^+ 型材料具有许多特殊性质，如杂质扩散速度快、位错容易攀移消除、抑制热氧化层错的产生等。

6.2　化合物半导体中的点缺陷

　　对于Ⅲ-Ⅴ族和Ⅱ-Ⅵ族化合物半导体材料，由于其内部晶格中的质点由两种元素的原子构成，因此它们可能形成的点缺陷的种类更为繁多。另外，化合物材料中还存在化学剂量比偏离的问题，在结构上以点缺陷的形式反映出来。而且，各种点缺陷之间、点缺陷与其他缺陷之间又能够发生复杂的相互作用。于是，点缺陷对化合物材料性能的影响显得更为复杂、更为突出。下面就对化合物中点缺陷的特点及化学计量比偏离等问题做以介绍。

6.2.1　化合物点缺陷的种类

　　对于Ⅲ-Ⅴ族和Ⅱ-Ⅵ族二元化合物，它们由金属元素 M 和电负性较大的元素 X 组成，元素 M 和 X 之间以离子键或有离子键成分的极性键组合在一起，若两种元素的原子比为 1∶1，则化合物可用 MX 符号来表示。

　　与单质晶体中的点缺陷相似，化合物中的热缺陷也有空位和间隙原子。常用 V_M、V_X 分别表示 M 原子空位和 X 原子空位，用 M_i、X_i 表示 M 原子和 X 原子构成的间隙原子。若晶体内部的热起伏使某些原子由正常格点位置激发到晶格的间隙位置，同时产生相同数目的 M_i 和 V_M，或 X_i 和 V_X，则这种缺陷称为弗仑克尔缺陷，如图 6.2.1 所示。另一种情况是由于热起伏在晶体中产生相同数目的 V_M 和 V_X，这样的缺陷称为肖特基缺陷，如图 6.2.2 所示。与此相似，原则上也可以产生相同数目的 M_i 与 X_i，但由于生成能较高，实际上出现的概率较小，一般不予考虑。与单质晶体不同的是，在 MX 晶体中还能产生另一种类型的热缺陷，其中 M 原子占据 X 原子格点位置，X 原子占据 M 原子格点位置，用符号 M_X 和 X_M 表示，两者数目相同。这种缺陷实际上是原子 M 和 X 相互对换了位置，故称为反结构缺陷，如图 6.2.3 所示。

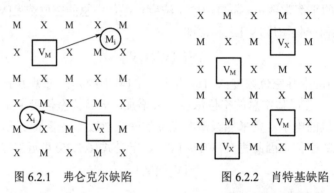

图 6.2.1　弗仑克尔缺陷　　　　图 6.2.2　肖特基缺陷

　　以上几种类型的热缺陷可以在晶体中同时存在，但它们生成的能量有高有低，因此各种缺陷的产生概率和在晶体中的存在浓度各不相同，生成能最小的缺陷将占优势。例如，一般认为只产生空位的肖特基缺陷的生成能比较低，它们的形成概率和浓度比较大。另外，在以上的讨论中，没有考虑到原子从晶体内部逸出体外，也没有考虑环境中的原子渗入晶体内，因此这些缺陷的形成并不改变化合物 MX 的 1∶1 化学计量比。

　　除了上述几种类型的热缺陷或本征缺陷外，外来的杂质 F 也可以以两种方式在化合物晶体 MX 中形成点缺陷：一种方式是 F 原子占据晶格中 M 原子或 X 原子的位置，形成替位式杂质原子，分别以符号 F_M 和 F_X 表示；另一种方式是 F 原子进入 MX 的晶格间隙，形成间隙式杂质原子，以符号 F_i 表示，如图 6.2.4 所示。

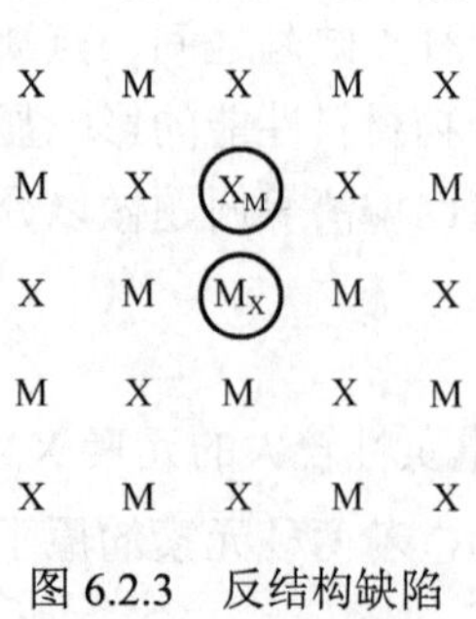

图 6.2.3　反结构缺陷 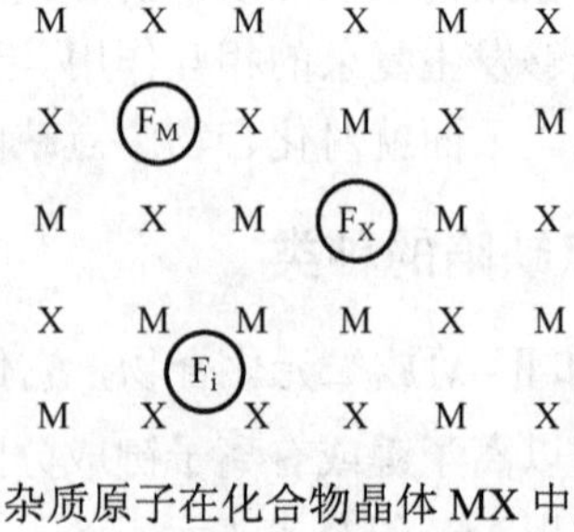　　　　图 6.2.4　杂质原子在化合物晶体 MX 中形成的点缺陷

6.2.2　点缺陷的电离及对材料电化学性能的影响

化合物晶体中的各类点缺陷除了以电中性形式存在外，在一定条件下它们会进一步发生电离形成带一定正电荷或负电荷的点缺陷。电离后产生的自由电子或空穴对晶体材料的电学性能将产生显著的影响。

现以二价离子晶体 MX 为例，讨论它的点缺陷电离的情况。

1.　空位（V_M、V_X）

图 6.2.5 为 M^{2+} 和 X^{2-} 组成的 MX 晶体的示意图。电负性原子的空位 V_X 相当于在 X^{2-} 格点上拿走一个电中性的 X 原子，于是在空位 V_X 处留下两个电子，它与邻近的 M^{2+} 在 V_X 处的有效电荷分布之和正好抵消，保持电中性。这两个束缚的电子易激发到导带成为自由电子，其能级图如图 6.2.6 所示。因此，V_X 电离起施主作用。激发过程分两步进行：

$$V_X \rightleftharpoons V_X^{\cdot} + e', \quad 激活能为 E_1$$

$$V_X^{\cdot} \rightleftharpoons V_X^{\cdot\cdot} + e', \quad 激活能为 E_2$$

同理，金属原子空位 V_M 相当于由 M^{2+} 格点处拿走一个电中性的 M 原子，留下两个正电荷（两个空穴），它们可能激发到价带上形成自由空穴，故 V_M 电离起受主作用，激发过程分两步进行：

$$V_M \rightleftharpoons V_M' + h^{\cdot}, \quad 激活能为 E_3$$

$$V_M' \rightleftharpoons V_M'' + h^{\cdot}, \quad 激活能为 E_4$$

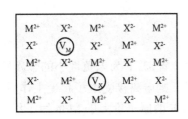

图 6.2.5　MX 晶体的示意图

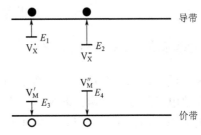

图 6.2.6　空位电离能级图

2.　间隙原子（M_i、X_i）

通常金属原子形成的间隙原子 M_i，由于其电负性小，外壳层中的电子容易激发到导带，起施主作用。M_i 的电离过程可分步进行，其能级图如图 6.2.7 所示。

$$M \rightleftharpoons M_i^{\cdot} + e', \quad 激活能为 E_5$$

$$M_i' \rightleftharpoons M_i^{\cdot\cdot} + e', \quad 激活能为 E_6$$

而电负性比较大的 X' 原子的间隙原子 X_i，容易从价带获得电子，起受主作用。其激发电离过程为

$$X_i \rightleftharpoons X_i' + h^{\cdot}, \quad 激活能为 E_7$$

$$X_i' \rightleftharpoons X_i'' + h^{\cdot}, \quad 激活能为 E_8$$

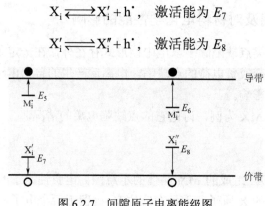

图 6.2.7　间隙原子电离能级图

3. 反结构缺陷（M_X、X_M）

当电负性大的 X 组分代替电负性小的 M 组分时，X 原子外层电子多，它倾向于电离释放自由电子，因此 X_M 电离起施主作用。其电离过程可写为

$$X_M \rightleftharpoons X_M^{\cdot} + e'$$

$$X_M^{\cdot} \rightleftharpoons X_M^{\cdot\cdot} + e'$$

相反，若 M 原子代替 X 原子时，它倾向于接受电子，因此 M_X 电离起受主作用。其电离过程为

$$M_X \rightleftharpoons M_X' + h^{\cdot}$$

$$M_X' \rightleftharpoons M_X'' + h^{\cdot}$$

4. 外来杂质原子（F_i、F_M、F_X）

外来杂质 F 进入化合物 MX 晶体中如果处于间隙位置，若 F 为电负性小的金属性元素，则电离释放电子起施主作用；若 F 为电负性大的元素，则电离接受电子起受主作用。

如果 F 为金属原子，它倾向于替代 M 位原子。若 F 的原子价大于 M 的原子价，则 F_M 电离时释放电子起施主作用；若 F 的原子价小于 M 的原子价，则 F_M 电离时接受电子起受主作用。

如果 F 为电负性元素，它倾向于替代 X 位原子。若 F 的原子价大于 X 的原子价（对于电负性元素 F 和 X，这时 F 的外层电子比 X 的外层电子少），则 F_X 电离时接受电子起受主作用。相反，若 F 的原子价比 X 小，则 F_X 电离时释放电子起施主作用。

总之，F 原子的外层价电子数多于所替代的基体原子的外层价电子时，为施主；反之为受主。例如，在 CdS 晶体中，如果用 Cl 代替 S 则起施主作用，如果用 P 代替 S 则起受主作用；如果用 Ga 代替 Cd 则起施主作用，如果用 Ag 代替 Cd 则起受主作用。

将以上各类点缺陷按施主和受主分类，可列表如表 6.2.1 所示。

对于离子键型的晶体，由于离子键没有饱和性和方向性的限制，比较容易形成点缺陷。上面即为以二价离子晶体 MX 为例讨论点缺陷电离过程对材料电学性能影响的一些规律。

表 6.2.1　点缺陷与电学性能的关系

产生施主能级的缺陷	产生受主能级的缺陷
M_i、V_X、X_M	X_i、V_M、M_X
F_i(F 为金属元素)	F_i(F 为电负性元素)
F_M(F 原子价>M 原子价)	F_M(F 原子价<M 原子价)
F_X(F 原子价<X 原子价)	F_X(F 原子价>X 原子价)

如果 MX 为共价键成分比较强的化合物,由于受共价键的饱和性和方向性的限制,产生点缺陷的过程要相对困难一些,同时点缺陷的电离行为也将有所不同。如图 6.2.8 所示,在共价晶体 MX 中,V_M 空位缺少 3 个价电子,V_X 空位缺少 5 个价电子,它们都倾向于从价带获得电子而起受主作用。GaAs 等 III - V 族化合物晶体都属于极性共价键结合,其中各种点缺陷的电离行为还比较复杂,有的目前还没有确论。

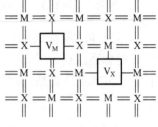

图 6.2.8　共价晶体中的空位缺陷

在实际晶体中,从原则上讲,上述各种点缺陷都同时存在,但实际上由于它们的形成能各不相同,因此它们的产生概率和浓度是有很大差别的。一般主要有一或两种点缺陷占主导地位,其决定着材料的导电类型是 N 型或是 P 型。

6.2.3　点缺陷平衡浓度的计算

把点缺陷的产生、电离和相互作用过程视作准化学反应,依据质量作用定律和质量守恒、电荷守恒等条件,原则上可以计算出各种点缺陷的平衡浓度。

现以 MX 二元化合物为例,由简到繁地讨论各种情况下的体系点缺陷浓度计算的基本方法。

1. 弗仑克尔缺陷

首先讨论 MX 晶体中只产生弗仑克尔缺陷的简单情况。

两种弗仑克尔缺陷的生成反应及质量作用关系式为

$$MX(固) \rightleftharpoons M_i + V_M$$

$$K_1 = [M_i][V_M] \tag{6.2.1}$$

$$MX(固) \rightleftharpoons X_i + V_X$$

$$K_2 = [X_i][V_X] \tag{6.2.2}$$

因弗仑克尔缺陷产生时 M_i 和 V_M、X_i 和 V_X 的数目相等,所以有

$$[M_i] = [V_M] = K_1^{1/2}$$

$$[X_i] = [V_X] = K_2^{1/2}$$

这就是只产生弗仑克尔缺陷时,MX 晶体中各种点缺陷的平衡浓度。

2. 肖特基缺陷

讨论 MX 晶体中只产生肖特基缺陷时的情况。

肖特基缺陷的产生反应为

$$MX(固) \rightleftharpoons V_M + V_X$$

$$K_3 = [V_M][V_X] \tag{6.2.3}$$

因肖特基缺陷产生时 V_M 与 V_X 数目相等，则有

$$[V_M] = [V_X] = K_3^{1/2}$$

3. 弗仑克尔缺陷和肖特基缺陷同时存在

讨论上述的弗仑克尔缺陷和肖特基缺陷同时存在的情况。

此时体系除满足式 (6.2.1)～式 (6.2.3) 三个独立的平衡关系式外，注意到弗仑克尔方式和肖特基方式产生的缺陷都是成对的，因此各种缺陷浓度之间还应满足如下关系：

$$[V_M] - [M_i] = [V_X] - [X_i] \tag{6.2.4}$$

联立求解式 (6.2.1)～式 (6.2.4) 便可求得涉及的全部 4 种缺陷的平衡浓度：

$$[V_M] = \left[\frac{(K_1 + K_3)K_3}{K_2 + K_3} \right]^{1/2} = K$$

$$[M_i] = K_1 / K$$

$$[V_X] = K_3 / K$$

$$[X_i] = K_2 K / K_3$$

4. 复杂情况

在弗仑克尔缺陷和肖特基缺陷同时存在的基础上，考虑到上述 4 种点缺陷发生电离以及产生电子缺陷的复杂情况。这时需要考虑的电离反应及相应的质量作用方程式为

$$V_M \rightleftharpoons V_M' + h^\cdot, \quad K_4 = \frac{P[V_M']}{[V_M]} \tag{6.2.5}$$

$$V_M' \rightleftharpoons V_M'' + h^\cdot, \quad K_5 = \frac{P[V_M'']}{[V_M']} \tag{6.2.6}$$

$$V_X \rightleftharpoons V_X^\cdot + e', \quad K_6 = \frac{n[V_X^\cdot]}{[V_X]} \tag{6.2.7}$$

$$V_X^\cdot \rightleftharpoons V_X^{\cdot\cdot} + e', \quad K_7 = \frac{n[V_X^{\cdot\cdot}]}{[V_X^\cdot]} \tag{6.2.8}$$

$$M_i \rightleftharpoons M_i^\cdot + e', \quad K_8 = \frac{n[M_i^\cdot]}{[M_i]} \tag{6.2.9}$$

$$M_i^\cdot \rightleftharpoons M_i^{\cdot\cdot} + e', \quad K_9 = \frac{n[M_i^{\cdot\cdot}]}{[M_i^\cdot]} \tag{6.2.10}$$

$$X_i \rightleftharpoons X_i' + h^\cdot, \quad K_{10} = \frac{P[X_i']}{[X_i]} \tag{6.2.11}$$

$$X_i' \rightleftharpoons X_i'' + h^\cdot, \quad K_{11} = \frac{P[X_i'']}{[X_i']} \tag{6.2.12}$$

$$\underset{\text{价态}}{O} \rightleftharpoons e' + h^\cdot, \quad K_{12} = np \tag{6.2.13}$$

式中，自由电子浓度$[e']$用 n 表示；空穴浓度$[h^\cdot]$用 p 表示。式(6.2.13)表示的是本征激发。

另外，整个系统还应满足电中性条件，即

$$n + [V_M'] + 2[V_M''] + [X_i'] + 2[X_i''] = p + [V_X^\cdot] + 2[V_X^{\cdot\cdot}] + [M_i^\cdot] + 2[M_i^{\cdot\cdot}] \tag{6.2.14}$$

该体系总共有 14 个缺陷浓度的未知数，上述的式(6.2.1)～式(6.2.14)刚好为 14 个独立的方程式，求解这 14 个联立的方程式原则上便可以确定各种点缺陷的平衡浓度。但具体求解的过程比较困难，然而适当地对电中性条件关系式(6.2.14)做些近似简化后，求解过程变得简单。

假设认为二次电离的缺陷浓度较小，即$[V_M'] \gg [V_M'']$，$[V_X^\cdot] \gg [V_X^{\cdot\cdot}]$，$[M_i^\cdot] \gg [M_i^{\cdot\cdot}]$，$[X_i'] \gg [X_i'']$，则电中性条件简化为

$$n + [V_M'] + [X_i'] = p + [V_X^\cdot] + [M_i^\cdot] \tag{6.2.15}$$

联立求解式(6.2.1)～式(6.2.13)及式(6.2.15)可以得到全部 14 种点缺陷的平衡浓度的表达式如下：

$$[V_M] = \left[\frac{(K_1 + K_3)K_3}{K_2 + K_3} \right]^{\frac{1}{2}} = K$$

$$[M_i] = K_1 / K$$

$$[V_X] = K_3 / K$$

$$[X_i] = KK_2 / K_3$$

$$n = \left\{ \frac{K_{12} + (K_6 K_3 / K) + (K_8 K_1 / K)}{1 + (KK_4 / K_{12}) + [KK_2 K_{10} / (K_3 K_{12})]} \right\}^{\frac{1}{2}}$$

$$p = K_{12} / n$$

$$[V_M'] = KK_4 / p$$

$$[V_X^\cdot] = K_3 K_6 / (Kn)$$

$$[M_i^\cdot] = K_1 K_8 / (Kn)$$

$$[X_i'] = KK_2 K_{10} / (K_3 p)$$

$$[V_M''] = KK_4 K_5 / p^2$$

$$[V_X^{\cdot\cdot}] = K_3 K_6 K_7 / (Kn^2)$$

$$[M_i^{\cdot\cdot}] = K_1 K_3 K_9 / (Kn^2)$$

$$[X_i''] = KK_2K_{10}K_{11}/(K_3p^2)$$

只要知道各平衡常数 $K_1 \sim K_{12}$ 的具体数值，代入如上表达式便可以得到各种点缺陷的平衡浓度数值。平衡常数 K_i 是温度的函数，它们可以表示为如下形式：

$$K_i = c_i \exp-\frac{E_i}{kT} \tag{6.2.16}$$

式中，k 为波耳兹曼常数；T 为热力学温度；E_i 为产生缺陷的激活能；c_i 为与温度无关的常数。

6.2.4　点缺陷与化学计量比偏离

定比定律是化学的基本定律之一，它指出化合物中各元素是按一定的简单整数比结合的，这种组分比称为化学计量比，简称化学比。例如，在Ⅲ-Ⅴ族或Ⅱ-Ⅵ族化合物 MX 中，组分 M 与 X 的原子比为 1 : 1。然而，大量的实验观测表明几乎所有的无机化合物都或多或少地有化学计量比偏离问题。当化学计量比偏离不大时，材料的化学性质与整比化合物相比差别不大，但它们对材料的许多物理性质，如电学、光学、磁学等性质有显著的影响。那么，为什么在许多无机化合物中会发生化学计量比偏离呢？理论和实验表明，它与晶体中点缺陷的存在有关。例如，当 NaCl 晶体中存在有大量的 Cl 原子空位 V_{Cl} 时，意味着晶体中 Cl 的原子总数少于 Na 的原子总数，因此它偏离了 1 : 1 的化学计量比。通常对于化学式为 MX_s 的晶体，如果内部 V_M、X_i、X_M 类型的缺陷过量，意味着晶体中 X 组分过量，M 组分不足，这时称该化合物的组成对化学计量产生正偏离；反之，若晶体内 V_X、M_i、M_X 类型的缺陷过量时，将引起 M 组分过量，X 组分不足，这时称该化合物的组成对化学计量产生负偏离。

偏离化学计量比的化合物(或称为非计量化合物)的化学式可写成 $MX_{s+\delta}$，δ 表示偏离化学计量的程度，也称化学比偏离度，当 $\delta>0$ 时为正偏离，当 $\delta<0$ 时为负偏离，当 $\delta=0$ 时为计量(或整比)化合物。由化学式 $MX_{s+\delta}$ 可见，若以 M、X 分别表示晶体中 M 原子和 X 原子的摩尔数，则

$$\frac{X}{M} = \frac{s+\delta}{1}$$

于是有

$$\delta = \frac{X-sM}{M} \tag{6.2.17}$$

如果在 1mol 的 MX_s 晶体中，同时产生了 V_M、V_X、M_i、X_i、M_X、X_M 六种缺陷，用 $[V_M]$、$[V_X]$、$[M_i]$、$[X_i]$、$[M_X]$、$[X_M]$ 分别表示它们的摩尔数，则晶体中 M 组分的摩尔数为

$$M = 1+[M_i]+[M_X]-[V_M]-[X_M]$$

X 组分的摩尔数为

$$X = s+[X_i]+[X_M]-[V_X]-[M_X]$$

代入式(6.2.17)有

$$\delta = \frac{[X_i]-[V_X]+s\{[V_M]-[M_i]\}+(s+1)\{[X_M]-[M_X]\}}{1+[M_i]+[M_X]-[V_M]-[X_M]} \tag{6.2.18}$$

　　各类缺陷在晶体中还会发生电离，因此利用式(6.2.18)求解 δ 时，应将各缺陷的浓度视为包括电中性和电离缺陷浓度的总和，如式中的 $[V_X]=[V_X^{\times}]+[V_X^{\cdot}]+[V_X^{\cdot\cdot}]$。

　　当化合物半导体材料产生偏离化学计量比时，对其电学性能会产生显著的影响。例如，对于化合物 MX，当金属组分 M 过剩时，若过剩的 M 原子处于间隙位置，则将形成 M_i；若过剩的 M 原子占据正常晶格点位置，则必然相应地产生 X 原子的空位 V_X，由表 6.2.1 可见，无论是产生 M_i 还是 V_X，都起施主作用，因此一般当金属组分 M 过剩时，材料为 N 型。相反，当电负性组分 X 过剩时，将产生 X_i 或 V_M，它们均为受主，这时材料呈 P 型。因此，对于许多 II-VI 族化合物及一些 III-V 族化合物材料，在合成之后不经掺杂就强烈地呈现 N 型或 P 型导电，由于过剩组分的补偿作用，这种材料难于制作 PN 结。例如，PbS、ZnS、CdS 等材料按一般方法合成后就是 N 型。化合物材料产生化学计量比偏离的难易程度与键型有一定关系。对于共价键成分比较强的晶体，由于共价键的饱和性和方向性的限制使组元间的固定比例比较容易保持，因此化学计量比的偏离一般比较小。对于离子键成分比较强的晶体，各组元间的结合没有饱和性和方向性的限制，因此比较容易产生化学计量比的偏离现象，例如，PbS 是属于 NaCl 型结构的离子晶体，它很容易产生化学计量比的偏离。

6.2.5　外压对点缺陷浓度的影响

　　在气、固共存的二元体系中，根据相律只有两个自由度。如果固定温度 T 和气相中某一组元的分压，系统中的其他强度量也就固定了。固体中各种缺陷的浓度实际上也是一些强度量，只要选作自由度的强度量确定后，它们就被确定了。通常将温度确定，变动非金属组分的蒸气压来改变晶体内各种缺陷的浓度以及偏离化学计量比情况，从而控制晶体的电学性质。

　　下面以 MX 晶体中生成肖特基缺陷为例，讨论在一定温度下，当 X_2 分压发生变化时，晶体的点缺陷浓度、电学性质以及化学计量比偏离度的变化。

　　气相组元 X_2 可以在晶体中引入点缺陷：

$$\frac{1}{2}X_2(g) \Longleftrightarrow V_M^{\times}+X_X$$

$$K_V=[V_M^{\times}]\big/ p_{X_2}^{1/2} \tag{6.2.19}$$

由晶体中正常格点原子迁移到表面而产生肖特基缺陷的过程为

$$MX(固) \Longleftrightarrow V_M^{\times}+V_X^{\times}$$

$$K_s=[V_M^{\times}][V_X^{\times}] \tag{6.2.20}$$

中性缺陷电离：

$$V_M^{\times} \Longleftrightarrow V_M'+h^{\cdot}$$

$$K_a=[V_M']p\big/[V_M^{\times}] \tag{6.2.21}$$

$$V_M' \Longleftrightarrow V_M''+h^{\cdot}$$

$$K'_a = [\mathrm{V}''_\mathrm{M}]p/[\mathrm{V}'_\mathrm{M}] \tag{6.2.22}$$

$$\mathrm{V}^\times_\mathrm{X} \xrightleftharpoons \mathrm{V}^{\boldsymbol{\cdot}}_\mathrm{X} + \mathrm{e}'$$

$$K_b = [\mathrm{V}^{\boldsymbol{\cdot}}_\mathrm{X}]n/[\mathrm{V}^\times_\mathrm{X}] \tag{6.2.23}$$

$$\mathrm{V}^{\boldsymbol{\cdot}}_\mathrm{X} \xrightleftharpoons \mathrm{V}^{\boldsymbol{\cdot\cdot}}_\mathrm{X} + \mathrm{e}'$$

$$K'_b = [\mathrm{V}^{\boldsymbol{\cdot\cdot}}_\mathrm{X}]n/[\mathrm{V}^{\boldsymbol{\cdot}}_\mathrm{X}] \tag{6.2.24}$$

本征激发，产生电子-空穴对：

$$\underset{\text{价态}}{\mathrm{O}} \xrightleftharpoons \mathrm{e}' + \mathrm{h}^{\boldsymbol{\cdot}}$$

$$K_i = n \boldsymbol{\cdot} p \tag{6.2.25}$$

晶体还应满足电中性条件：

$$n + [\mathrm{V}'_\mathrm{M}] + 2[\mathrm{V}''_\mathrm{M}] = p + [\mathrm{V}^{\boldsymbol{\cdot}}_\mathrm{X}] + 2[\mathrm{V}^{\boldsymbol{\cdot\cdot}}_\mathrm{X}] \tag{6.2.26}$$

当温度一定，各平衡常数为已知，求解式 (6.2.19)～式 (6.2.26) 联立方程组，原则上可求出各缺陷浓度 $[\mathrm{V}^\times_\mathrm{M}]$、$[\mathrm{V}^\times_\mathrm{X}]$、$[\mathrm{V}'_\mathrm{M}]$、$[\mathrm{V}^{\boldsymbol{\cdot}}_\mathrm{X}]$、$[\mathrm{V}''_\mathrm{M}]$、$[\mathrm{V}^{\boldsymbol{\cdot\cdot}}_\mathrm{X}]$ 及电子、空穴浓度 n、p 随 X_2 分压 p_{X_2} 的变化关系。但具体求解过程较为复杂，通常需要采用某些简化处理方法。

若假定二次电离缺陷的浓度较小，即 $[\mathrm{V}''_\mathrm{M}] \ll [\mathrm{V}'_\mathrm{M}]$，$[\mathrm{V}^{\boldsymbol{\cdot\cdot}}_\mathrm{X}] \ll [\mathrm{V}^{\boldsymbol{\cdot}}_\mathrm{X}]$，则电中性条件式 (6.2.26) 可以简化为

$$n + [\mathrm{V}'_\mathrm{M}] = p + [\mathrm{V}^{\boldsymbol{\cdot}}_\mathrm{X}] \tag{6.2.27}$$

联立求解式 (6.2.19)～式 (6.2.25) 及式 (6.2.27) 可以得到全部 8 种缺陷浓度随 p_{X_2} 变化的关系式如下：

$$\begin{cases} [\mathrm{V}^\times_\mathrm{M}] = K_\mathrm{V} p_{\mathrm{X}_2}^{-1/2} \\[2mm] [\mathrm{V}^\times_\mathrm{X}] = K_s K_\mathrm{V}^{-1} p_{\mathrm{X}_2}^{-1/2} \\[2mm] n = \dfrac{K_i^{1/2}[K_i + K_b K_s / (K_\mathrm{V} p_{\mathrm{X}_2}^{1/2})]^{1/2}}{[K_i + K_a K_\mathrm{V} p_{\mathrm{X}_2}^{-1/2}]^{1/2}} \\[4mm] p = \dfrac{K_i^{1/2}[K_i + K_a K_\mathrm{V} p_{\mathrm{X}_2}^{1/2}]^{1/2}}{[K_i + K_b K_s / (K_\mathrm{V} p_{\mathrm{X}_2}^{1/2})]^{1/2}} \\[4mm] [\mathrm{V}'_\mathrm{M}] = K_a K_\mathrm{V} p_{\mathrm{X}_2}^{1/2} / p \\[2mm] [\mathrm{V}^{\boldsymbol{\cdot}}_\mathrm{X}] = K_b K_s K_\mathrm{V}^{-1} p_{\mathrm{X}_2}^{-1/2} / n \\[2mm] [\mathrm{V}''_\mathrm{M}] = K'_a K_a K_\mathrm{V} p_{\mathrm{X}_2}^{1/2} / p^2 \\[2mm] [\mathrm{V}^{\boldsymbol{\cdot\cdot}}_\mathrm{X}] = K'_b K_b K_s K_\mathrm{V}^{-1} p_{\mathrm{X}_2}^{-1/2} / n^2 \end{cases}$$

进一步可以利用式(6.2.17)及式(6.2.18)求得该体系的化学计量偏离度：

$$\begin{aligned}
\delta &= \frac{X - sM}{M} \\
&= \frac{[V_M] - [V_X]}{1 - [V_M]} \\
&= \frac{\left\{[V_M^\times] + [V_M'] + [V_M'']\right\} - \left\{[V_X^\times] + [V_X^\cdot] + [V_X^{\cdot\cdot}]\right\}}{1 - \left\{[V_M^\times] + [V_M'] + [V_M']\right\}}
\end{aligned} \tag{6.2.28}$$

根据式(6.2.28)，令 $\delta = 0$，则可以解出控制化合物 MX 的化学计量比为 1：1 时，对应气相 X_2 分压 p_{X_2} 的数值。

鉴于目前有关化合物材料点缺陷产生的平衡常数的数据还很缺乏，因此上述理论计算还主要适用于对体系的平衡状态做定性的讨论。根据上述的分析原理，在氧化物、硫化物的合成时，常通过控制与化合物相平衡的气相氧或硫的分压来控制化合物晶体中的化学计量比的偏离程度和电学性质。例如，如前所述在普通的合成条件下制备的 PbS 晶体，由于组分 S 不足而呈 N 型导电。对于如图 6.2.9 所示的装置，将 PbS 晶体和硫分别放置在一支抽空密封的管子两端，两端处于两个不同的加热温度区。通过控制硫源区的温度 T_2，进而控制气氛中 S_2 的分压 p_{S_2}，在不同的 p_{S_2} 条件下，分别对 PbS 样品进行较长时间的灼烧。灼烧后把样品冷却，测量其载流子类型和浓度，得到如图 6.2.10 所示的实验曲线。由曲线可见，当 $p_{S_2} < 100\text{Pa}$ 时，材料为 N 型；当 $p_{S_2} > 100\text{Pa}$ 时，材料为 P 型。在 $p_{S_2} \approx 100\text{Pa}$ 时，可得到基本上满足化学计量比为 1：1 的本征 PbS 材料。

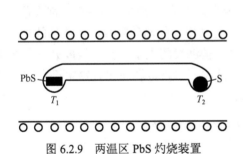

图 6.2.9 两温区 PbS 灼烧装置

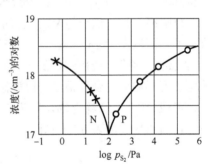

图 6.2.10 载流子浓度与 p_{S_2} 的关系

6.3 点缺陷的缔合

在晶体中，替位原子、杂质原子、间隙原子和空位以及它们电离后荷电的点缺陷，并不单纯是杂乱无序地分布的，当两个或多个缺陷占据相邻的格点时，它们可以互相缔合，形成缺陷的缔合体。

缺陷缔合主要是通过缺陷间的库仑力来实现的。例如，在 KCl 中，杂质缺陷 $\text{Ca}_K^\cdot$ 和与它起电荷平衡作用的本征缺陷 V_K' 就可通过库仑力相互吸引形成缔合物，其反应为

$$\text{Ca}_K^\cdot + V_K' \rightleftharpoons (\text{Ca}_K V_K)^\times + E$$

式中，E 为相互作用能。另外，缺陷还可以通过偶极矩的作用力、共价键的作用力以及晶格的弹性作用力而发生缔合。

缔合的缺陷还可因热运动而重新分解为单一的缺陷。因此，在低温下容易产生缺陷缔合，而温度升高，产生缔合缺陷的浓度减小。

除了上述取代原子与空位之间的缔合反应外，空位与空位、杂质与间隙原子之间也能发生反应，生成缔合缺陷，如下所示。

在 AgCl 中：

$$V_{Cl}^{\cdot} + V_{Ag}' \rightarrow (V_{Ag} V_{Cl})^{\times}$$

在 CdF$_2$ 中：

$$Sm_{Cd}^{\cdot} + F_i' \rightarrow (Sm_{Cd}F_i)^{\times}$$

在 ZnS 中：

$$Al_{Zn}^{\cdot} + V_{Zn}'' \rightarrow (Al_{Zn}V_{Zn})^{\times}$$

在 Ca$_4$(PO$_4$)$_2$F$_2$ 中：

$$V_F^{\cdot} + O_F' \rightarrow (V_FO_F)^{\times}$$

缔合缺陷的物理性质与组成它的点缺陷性质是不同的，它们常在禁带中形成深能级，对半导体材料的光电性质产生很大的影响。例如，将 NaCl 晶体在钠蒸气中加热，迅速冷却后晶体会变成褐色，若将 KCl 晶体在钾蒸气中加热，则晶体呈紫色，这是由于晶体中原有的肖特基阴离子空位 $V_{Cl}^{\cdot}$ 与附着在晶体表面上的钠原子电离后释放出的电子缔合，生成 $(V_{Cl}^{\cdot} + e')$ 缺陷缔合体，这个与 $V_{Cl}^{\cdot}$ 缔合的电子很像类氢原子中的 1s 电子，在光照射时，它可吸收可见光而激发到 2p 状态，从而产生各种颜色。因此，这种缺陷缔合物称为色心或 F 中心(F 是德文"颜色"Farbe 的第一个字母)。具有 F 中心的晶体吸收一定波长的光后，所缔合的电子可再被激发到导带，若降低温度，这个被激发的电子又有可能被另一个 F 中心所捕获，形成 $(V_{Cl}^{\cdot} + 2e')$ 缔合物，称为 F' 中心。目前，在碱金属卤化合物中已发现了许多种色心，它们的构成如表 6.3.1 和图 6.3.1 所示。

表 6.3.1　碱金属卤化物 MX 中的各类色心

色心	符号	说明
F 中心	$(V_X^{\cdot} + e')$	阴离子空位捕获一个电子
F' 中心	$(V_X^{\cdot} + 2e')$	一个 F 中心的电子受光激发后被另一个 F 中心捕获
V$_1$ 中心	$(V_M' + h^{\cdot})$	阳离子空位捕获一个空穴
V$_2$ 中心	$(2V_M' + 2h^{\cdot})$	两个相邻的阳离子空位捕获两个空穴
R$_1$ 中心	$(2V_X^{\cdot} + e')$	两个相邻的阴离子空位捕获一个电子
R$_2$ 中心	$(2V_X^{\cdot} + 2e')$	两个相邻的阴离子空位捕获两个电子
F$_A$ 中心	$(Tl_M^{\times} + V_X^{\times})$	替代 M 位的杂质离子 Tl$^+$ 与相邻的阴离子空位 $V_X^{\times}$ 缔合
a 中心	$(V_X^{\cdot})$	阴离子空位

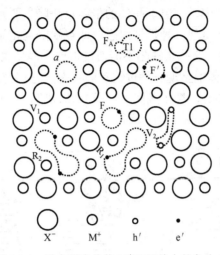

图 6.3.1 碱金属卤化物 M^+X^- 晶体中的色中心

在半导体硅中,杂质原子也可以与空位相结合形成缺陷组态,例如,在空位附近如果存在磷(或砷、锑原子)时,可组成如图 6.3.2(a)所示的磷-空位对缺陷组态,这时两个硅以弯曲的长键相结合,余下一个硅原子不与 V 族元素结合而单独存在,这种晶格缺陷称为 E 中心。当硅中存在氧时,间隙氧原子可部分占据空位的位置,形成氧-空位对,其可能的结构如图 6.3.2(b)所示。

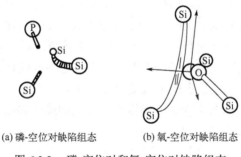

(a) 磷-空位对缺陷组态   (b) 氧-空位对缺陷组态

图 6.3.2 磷-空位对和氧-空位对缺陷组态

在硅中,除杂质与点缺陷能生成缔合物外,其空位或间隙原子之间也能大量聚集在一起形成缺陷团,在宏观上它们在硅单晶的横截面上呈漩涡状分布,经西特尔(Sirtl)腐蚀液腐蚀后,在金相显微镜下观察为一些浅底坑,通常称为漩涡缺陷,它是微缺陷的一种。

漩涡缺陷在硅单晶中根据其尺寸大小可分为 A、B、C、D 等多种团,A 团在晶锭中心沿晶体条纹生长分布,蚀坑直径为 30～120 μm; B 团靠近晶体边缘,蚀坑直径为 3～18 μm; C 团及 D 团蚀坑直径为 0.3～3.0 μm。微缺陷的存在会使材料的载流子寿命下降,器件漏电、低击穿,严重影响着集成电路的成品率。

多年来,人们对硅中微缺陷的形成及消除缺陷做了大量研究,早期曾认为微缺陷是硅中空位的聚集体,但后来的透射电镜,特别是超高压透射电镜在观察微缺陷技术上的成功,使人们认清了它是一种间隙原子的聚集体。但对于间隙原子的来源及生成漩涡缺陷的动力学模型目前还未完全弄清楚,并且存在着几种不同的模型,其中弗尔(Foll)等提出的平衡自间隙原子模型认为，在硅中，高温下晶体的平衡点缺陷主要是间隙原子，由于它的形成熵和迁移熵都比较高，因此呈现一种扩展组态，即点缺陷互相聚集形成包括几个原子间距大小的缺陷区，晶体冷却时，这些热缺陷不能通过扩展到晶体表面或其他缺陷区(如线、面缺陷区)而降低，因此在晶体中呈现一种过饱和的状态，它们与杂质原子(如碳或氧)作用，并以这些杂质原子为成核中心，聚集成团，形成 B 型缺陷，当聚集体达到足够大时，便崩塌转变成 A 型缺陷，其过程如图 6.3.3 所示。

(a)间隙原子的扩展组态　　　　　(b)B 型缺陷　　　　　(c)A 型缺陷

图 6.3.3　扩展间隙组态转化成 A、B 型微缺陷

对于化合物半导体材料，其缺陷的缔合物更是种类繁多，并且对材料的光电性质和器件的特性产生重大影响。例如，对于 ZnS 发光材料，当它是纯态时并不发光，必须加入杂质 Cu、Ag、Au 的阳离子才能发光。这种能发光的杂质称为激活剂。如果再加入 Br^-、Cl^- 等阴离子杂质，发光会大大加强。这种有助于发光的杂质为共激活剂。这主要是由于 Cu^+ 等离子的掺入替代了 ZnS 中 Zn^{2+} 的位置形成绿色发光中心 $(S_sCu'_{Zn}V_sCu'_{Zn})$，这时因为缺少两个正电荷，它们形成了负电中心，再加入 Br^-、Cl^- 等离子后，它们替代 S^{2-} 形成 Cl_s 的正电中心，起电荷补偿作用，使晶体保持电中性，并且这种替代离子在能带中形成施主或受主能级，使施主上的电子与受主上的空穴复合而发光。

在 III-V 族化合物中，杂质与空位、间隙原子形成的缔合物常在禁带中形成深能级，起载流子陷阱和复合中心的作用。

习题及思考题

6.1　请区分半导体中的热缺陷与原生缺陷。

6.2　试分析说明单质半导体中热缺陷的三种产生方式并不是相互独立的，只有两种是独立的。

6.3　化合物半导体中的点缺陷有哪些类型？它们对材料的电学性质有哪些影响？

6.4　二元半导体硫化铅化学比偏离的主要原因是什么？如何得到本征态的 PbS 材料？

6.5　已知硅的弹性极限 $\delta = 1 \times 10^8$ Pa，试计算保持材料不发生范性形变，扩散 P、B 等杂质的最大浓度约为多少。

6.6　理论计算磷和硼在硅中的掺杂浓度与晶格常数的关系。

6.7　试估算在硅晶体中按何比例掺杂 P、Sn 两种杂质能实现应力补偿。

第 7 章 半导体中的线缺陷

位错是一种线缺陷。位错模型的提出及位错理论的发展，是 21 世纪 30 年代以来从研究固体强度的微观理论开始的。迄今为止，位错是研究比较多的一种晶体缺陷。位错不仅影响晶体的力学强度，而且对半导体材料、电子材料的电学性质也有明显的影响，因此有关位错的理论也被从事半导体材料、电子材料及器件的工作者普遍重视。本章将对位错概念及有关理论做以介绍。

7.1 晶体滑移机构及位错模型的提出

7.1.1 临界切应力概念

应力可以简单地理解为在物体中某一点处的单位面积上所受到的作用力。其较严格的定义可以这样来说明：在物体内选取一小面积(一般为曲面)ΔS，通过这一小面积上的作用力，即作用于这一小面积上的作用力为 ΔF，则作用单位面积上的作用为

$$T_{\text{平均}} = \frac{\Delta F}{\Delta S} \tag{7.1.1}$$

当小面积无限变小时，则定义：

$$\lim_{\Delta S \to 0} \frac{\Delta F}{\Delta S} = \frac{\mathrm{d}F}{\mathrm{d}S} = T \tag{7.1.2}$$

为通过物体中某点 P 的应力，见图 7.1.1。

显然应力 T 是位置的函数，它在空间的不同位置上可取不同的值，而且即使位置确定，例如，处在 P 点上，这时通过 P 点的小面积又可以选取不同的取向，因此应力 T 还应是小面积法线方向 n 的函数。所以要全面地描述介质中各点的应力状态，需要采用具有 9 个分量的张量表示，这里不予介绍。由于应力 T 有方向性，它是一个矢量，并且它和小面积的法线方向 n 不一定是一致的，因此可以把应力 T 分解为与小面积法线方向 n 一致的分量 σ(称为正应力)及与小面积相切的分量 τ(称为切应力)，见图 7.1.2。

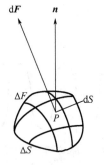

图 7.1.1 晶体中的应力

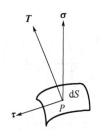

图 7.1.2 应力 T 的分解

当一晶体受到应力作用时,在晶体的某一晶面上开始产生滑移的切应力的临界值称为临界切应力,记作 τ_c;有时也称最大切应力,记作 τ_m。显然,临界切应力是晶体保持弹性形变、不发生范性形变所能承受的切应力的最大值,因此也称晶体的屈服强度。它是衡量固体材料力学强度的一个重要参量,由下面的分析可知,它也是在晶体材料中产生位错缺陷的临界应力。

7.1.2　晶体滑移机构及位错模型的建立

当晶体遭受应力作用时,如果应力没有超过晶体的屈服强度,晶体将保持弹性形变的特征,应力解除后晶体形状复原;如果应力超过晶体的屈服强度,晶体的一部分相对于另一部分将产生滑移现象,这时晶体将发生惯性形变,应力解除后晶体不能复原。

经观测可知晶体的滑移是各向异性的,沿某些晶面和晶向相较于沿其他晶面和晶向容易发生滑移。一般情况下,滑移总是沿着原子最密集的方向进行,滑移面是原子面密度最大的晶面。例如,对于面心立方结构的晶体,滑移是沿着{111}晶面上的<110>方向进行的。

滑移过程中,在滑移面两侧的晶体将发生相对位移,如图 7.1.3(a)所示。1926 年,苏联物理学家雅科夫·弗仑克尔(Jacov Frenkel)基于这种滑移面两侧晶体像刚体一样,所有的原子同步地平移的模型,估算了晶体的屈服强度。图 7.1.3(a)中的 τ 为基于晶体与晶体变形相平衡的切应力,在切应力作用下,晶格的相对位移为 x。由于滑移面两侧的晶格原子排列的周期性,滑移面两侧原子间的结合力和势能将是位移 x 的周期函数,如图 7.1.3(b)所示。切应力与面间原子的结合力相平衡,所以 τ 应是 x 的周期函数。近似地可假定切应力 τ 是位移 x 的正弦函数:

$$\tau = \tau_m \sin\left(\frac{2\pi x}{b}\right) \tag{7.1.3}$$

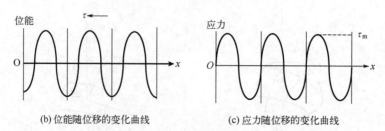

(a) 晶体中的原子沿滑移面同步平移的模型

(b) 位能随位移的变化曲线　　　　　　(c) 应力随位移的变化曲线

图 7.1.3　计算理论切变强度的模型

式中，τ_m 为正弦曲线的振幅，即最大切应力或屈服强度值；b 为周期，即 x 方向上晶格原子间距。在位移值很小的情况下，式(7.1.3)可简化为

$$\tau = \tau_m \left(\frac{2\pi x}{b} \right) \tag{7.1.4}$$

另一方面，根据虎克定律，晶体在范性形变开始之前，应力和应变间满足：

$$\tau = G \left(\frac{x}{a} \right) \tag{7.1.5}$$

式中，G 为晶体的切变模量；a 为相邻两层原子平面的间距，由式(7.1.4)和式(7.1.5)得

$$\tau_m = \frac{G}{2\pi} \left(\frac{b}{a} \right) \tag{7.1.6}$$

若 $a = b$，则有

$$\tau_m = \frac{G}{2\pi} \tag{7.1.7}$$

式(7.1.6)和式(7.1.7)为估算晶体最大切应力，即屈服强度的理论算式。

一般金属材料的 G 为 $10^{10} \sim 10^{11}\text{Pa}$ 数量级，即其理论屈服强度为 $10^9 \sim 10^{10}\,\text{Pa}$ 数量级，而实验测得的屈服强度仅为 $10^6\,\text{Pa}$ 数量级，可见计算的数值是实验测量值的 $10^3 \sim 10^4$ 倍之多。

为解释这一偏差，1934 年 Taylor G. T.等提出了晶体中存在位错的模型。他们认为在晶体遭受应力的作用时，上下两层晶体不是同时发生滑移的，只是首先在很小区域中产生滑移，滑移后在滑移区与未滑移区之间产生一个位错。如图 7.1.4 所示，在应力作用下通过位错处原子进一步滑移使位错线逐渐向前移动，则滑移区逐渐扩大，最后使整个面上的原子滑移一个原子间距。根据这种模型，原子间的滑移仅在位错线附近进行，因此所需要的应力要比晶体上下层之间同时滑移运动所需的应力小得多，从而解释了理论屈服强度与实验值间的巨大偏差问题。

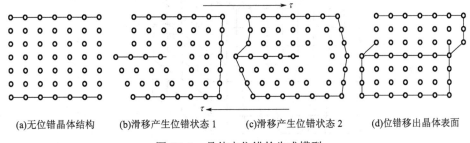

(a)无位错晶体结构　　(b)滑移产生位错状态 1　　(c)滑移产生位错状态 2　　(d)位错移出晶体表面

图 7.1.4　晶体中位错的生成模型

到此，可以给位错下一个定义：位错就是晶体中滑移区和未滑移区的交界线。显然位错线上的原子偏离了原来完整晶格的位置，即原子排列发生畸变。实际上，这种排列畸变将涉及位错线附近的若干层原子，只是距位错中心越远，畸变将越小，但它的直径和位错线的长度比较起来是微不足道的，因此位错是晶体中的线缺陷。

另外，由位错的产生机构可知，位错既然是晶体中已滑移区和未滑移区的交界线，那

么它必然是在晶体中构成一个闭合环线或终止于晶体表面，如图 7.1.5 所示，而绝不能终止于晶体内部。这是位错的一个重要特征。

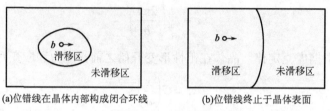

(a)位错线在晶体内部构成闭合环线　　　　(b)位错线终止于晶体表面

图 7.1.5　晶体中的位错线

7.1.3　位错的基本类型

由滑移造成的位错，随着滑移方向与位错线的取向不同，位错线附近的原子排列方式也将有所不同。据此，将位错划分为刃型位错、螺型位错及混合型位错等 3 类。

1．刃型位错

如图 7.1.6 所示，晶体在外力作用下发生滑移。滑移的方向和滑移的距离可用滑移矢量 b 表示，图 7.1.6 中的 b 表示晶体右上角部分沿 $ADFE$ 滑移面向左滑移一个原子间距。这时，AD 为滑移区与未滑移区的交界线，即位错线。显然，位错线 AD 与滑移矢量 b 垂直，这种形式的位错称为刃型位错或棱位错。由图 7.1.6 可见，对于这种位错，在位错线之上出现一额外的半个原子平面 $ABCD$，像刀刃似的劈伸到滑移面的上方。通常将刀刃状半原子平面落在滑移面上方的刃型位错称为正刃型位错，落于下方的称为负刃型位错。晶体中的刃型位错常用符号"⊥"表示，其指向就是多余的半原子面的所在位置。

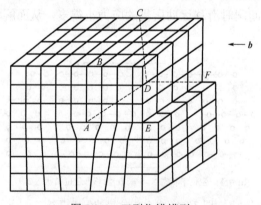

图 7.1.6　刃型位错模型

随着滑移区的扩大，刃型位错可以在滑移面内运动，图 7.1.7 所示的即为一负刃型位错运动的情况，最后它可以滑出体外消失，这时整个晶体上下错开一个原子间距。

2．螺型位错

如图 7.1.8 所示，如果滑移区与未滑移区的交界线 AD 与滑移矢量 b 平行，那么在 AD

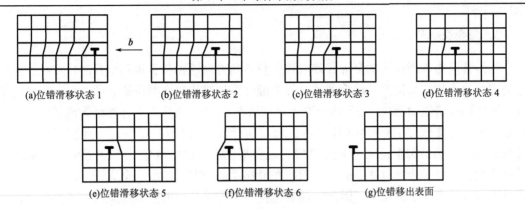

(a)位错滑移状态 1　　(b)位错滑移状态 2　　(c)位错滑移状态 3　　(d)位错滑移状态 4

(e)位错滑移状态 5　　(f)位错滑移状态 6　　(g)位错移出表面

图 7.1.7　刃型位错的运动

处将产生另外一种形式的位错。这时在位错线 AD 附近，原子的错排方式将如图 7.1.9 所示，上下层原子将排列成螺旋形状。因此，这种位错称为螺型位错。根据形成的螺旋方向的不同，也可以把螺型位错分为左螺旋型位错和右螺旋型位错两种类型。

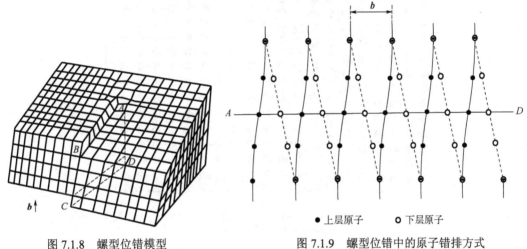

●上层原子　　○下层原子

图 7.1.8　螺型位错模型　　　　　　　图 7.1.9　螺型位错中的原子错排方式

由上述模型可以看出，螺型位错与刃型位错不同，它没有多余的半原子面，因此它的运动比较自由，它除了能在如图 7.1.8 所示的 ABCD 滑移面上滑移运动外，还可以保持在 AD 与 b 平行的条件下沿如图 7.1.10 所示的弯曲柱面上滑移运动。

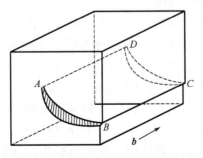

图 7.1.10　螺型位错在晶体中的运动

3. 混合型位错

　　当滑移区与未滑移区的交界线和滑移矢量 **b** 的方向既不垂直也不平行时，产生的位错将是刃型位错和螺型位错的混合型式，称为混合型位错或复合型位错。图 7.1.11 所示为形成一段弯曲位错线 ABC 上、下两层原子排列情况。ABC 曲线右下方部位为滑移区，滑移矢量为 **b**，曲线左上方区域为未滑移区。ABC 位错线的 A 段与 **b** 平行，为纯螺型位错；C 段与 **b** 垂直，为纯刃型位错；中间 B 段为混合型位错，它显然与图 7.1.9 所示的纯螺型位错有些相似，原子排列有些螺旋状，同时在滑移面的上方又多出一个原子，这又与刃型位错具有多余的半原子面相似。因此，混合型位错是同时具有刃型和螺型两种成分的位错，并且它与滑移矢量 **b** 的交角越接近垂直，其刃型成分越大；交角越接近平行，其螺型成分越大。

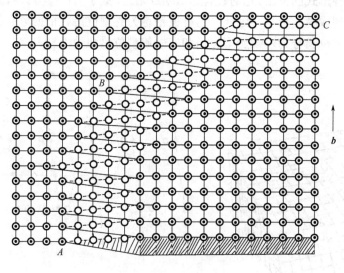

　　○ 滑移面上层原子位置
　　◉ 滑移面下层原子位置

图 7.1.11　混合位错上下晶面原子错动的情况

　　实际上当晶体内部的一部分区域沿着某一滑移面产生滑移时，滑移区与未滑移区的交界线将是一个闭合环线，且当环线平面与滑移矢量平行时，在环线的不同部位将同时产生各种类型的位错，如图 7.1.12 所示。

　　但应说明的是，晶体中的环形位错线不一定必须由各种形式的位错构成。例如，图 7.1.13 所示的环形位错线 $ABCD$ 便是由纯刃型位错构成的。它的形成可以看成是由一个棱柱状晶体向大晶体内部挤压滑移造成的，棱柱的各侧面是滑移面，滑移矢量 **b** 与位错环 $ABCD$ 所在平面垂直，这时 $ABCD$ 实际上是插入晶体内部的一额外原子平面。这种形式的刃型位错称为棱柱位错。另外，如果此棱柱晶体向大晶体外部滑移，那么在 $ABCD$ 内部可以出现一层原子空位，相当于在 $ABCD$ 的外部插入一层原子平面，这时 $ABCD$ 仍然是刃型位错环线。晶体中空位的板状集合体的崩塌便会产生这种形式的位错环。

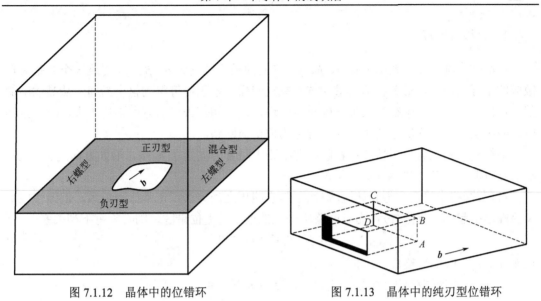

图 7.1.12 晶体中的位错环

图 7.1.13 晶体中的纯刃型位错环

7.2 伯格斯矢量

7.1 节中曾引入滑移矢量 b 来描述晶体产生滑移的距离和方向。由于滑移可以产生位错，所以滑移矢量能够反映位错的某些特征。例如，一般情况下，滑移矢量的大小等于滑移方向上原子间距的整数倍，其大小可以反映产生位错的数目或强度；另外，通过滑移矢量与位错线的交角可以判断位错的类型。但用滑移矢量来描述位错的特征尚有不足之处。例如，图 7.2.1(a)、(b)所示的不同方向的滑移矢量 b_1 和 b_2 可以产生型号相同的棱位错，而图 7.2.1(b)、(c)所示的相同方向的滑移矢量 b_2 和 b_3 却产生正、负两种型号的棱位错。为此人们开始研究用更准确的矢量来描述位错的特征，伯格斯曾建议采用一种矢量来描述位错，后来被人们广泛应用，称为伯格斯矢量，也称伯氏矢量。这种伯格斯矢量也用符号 b 表示，由于它在讨论有关位错的专业性文章中经常出现，因此本节将对它做以介绍。

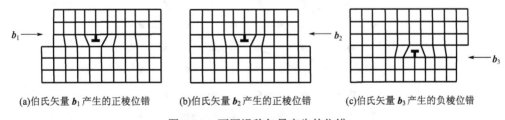

(a)伯氏矢量 b_1 产生的正棱位错　　(b)伯氏矢量 b_2 产生的正棱位错　　(c)伯氏矢量 b_3 产生的负棱位错

图 7.2.1 不同滑移矢量产生的位错

7.2.1 伯格斯回路与伯格斯矢量

Burgers J. M. 在 1939 年的一篇论文中提出伯格斯回路(也称伯氏回路)与伯格斯矢量的概念，揭示了位错的一个重要本质。下面分别进行介绍。

1. 伯格斯回路

在晶体中选取 3 个初基矢量 $\boldsymbol{\alpha}$、$\boldsymbol{\beta}$、$\boldsymbol{\gamma}$，它们的长度分别为 α、β、γ。用这 3 个初基矢量做成的平行六面体，沿各初基矢量的方向在空间顺序堆积便可得到整个晶体。从晶体中的某一点出发，以走一个初基矢量长度作为一步，沿着初基矢量的方向逐步走去，最后走回原来的出发点，这样所走的闭合回路就称为伯格斯回路。

伯格斯回路具有如下性质：若假设在回路中沿 $\boldsymbol{\alpha}$ 方向走了 n_α 步，沿 $\boldsymbol{\beta}$ 方向走了 n_β 步，沿 $\boldsymbol{\gamma}$ 方向走了 n_γ 步，则存在如下情况。

(1) 若回路中途没有遇到坏区域（原子与它四周之间失去了正常排列关系，但弹性应变及热涨落引起的干扰除外），而且回路所围绕的也都是无位错区，则必须有下列关系：

$$n_\alpha \boldsymbol{\alpha} + n_\beta \boldsymbol{\beta} + n_\gamma \boldsymbol{\gamma} = \mathbf{0} \tag{7.2.1}$$

显然 n_α、n_β、n_γ 都为整数。

(2) 若回路所围绕的区域是个线缺陷，则有如下关系：

$$n_\alpha \boldsymbol{\alpha} + n_\beta \boldsymbol{\beta} + n_\gamma \boldsymbol{\gamma} = \boldsymbol{b} \tag{7.2.2}$$

式中，矢量 $\boldsymbol{b}$ 必须是在晶体中某一方向上两原子的距离或其整数倍。这一结论可以粗略地证明如下。

对于式 (7.2.2) 左侧不为 0 的情况，有 3 种可能性。

① 有两项为 0，设 $n_\alpha \boldsymbol{\alpha} = 0$，$n_\beta \boldsymbol{\beta} = 0$，则必有 $n_\gamma \boldsymbol{\gamma} = \boldsymbol{b}$，显然 $\boldsymbol{b}$ 为 γ 方向原子间距 γ 的整数 (n_γ) 倍。

② 有一项为 0，设 $n_\gamma \boldsymbol{\gamma} = 0$，则有 $n_\alpha \boldsymbol{\alpha} + n_\beta \boldsymbol{\beta} = \boldsymbol{b}$，例如，$n_\alpha = 2$，$n_\beta = 6$，如图 7.2.2 所示，这时 $2\boldsymbol{\alpha} + 6\boldsymbol{\beta} = 2\boldsymbol{\delta} = \boldsymbol{b}$，显然 $\boldsymbol{\delta}$ 为某方向上原子间距，$\boldsymbol{b}$ 为该方向原子间距的整数倍。

③ 若式 (7.2.2) 左侧 3 项都不为 0，与②情况相似，可以在三维空间中求出 $\boldsymbol{b}$ 为某一方向上原子间距的整数倍。

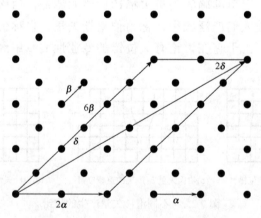

图 7.2.2　点阵中的伯格斯回路

2. 伯格斯矢量 $\boldsymbol{b}$

在上述伯格斯回路中，回路沿各方向所走的矢量之和 $\boldsymbol{b}$ 称为伯格斯矢量。对具体求一个系统的伯格斯矢量的方法作如下规定。

(1) 明确位错线的方向与伯格斯矢量的方向是相对的。位错的方向一般可以人为来决定，现设从纸面出来指向人的方向为正。

(2) 用右手螺旋定则，大拇指指向位错方向，四指所指的方向，即逆时针旋转方向规定为伯格斯回路的行走方向。

(3) 在晶体的无位错区中，从任意一个原子所在位置出发，围绕着位错，沿逆时针方向作伯格斯回路，且回路所经过的区域必须是无位错区。

(4) 待伯格斯回路成为闭路时，计算它在 3 个初基矢量方向上所走的步数，并按式 (7.2.2) 算出其矢量和 b，此即为描述回路内部位错的伯格斯矢量。

以刃型位错为例，见图 7.2.3，从左上角的一原子出发，作逆时针方向的伯格斯回路。设沿 u、v、w 三轴方向的初基矢量分别为 α、β、γ，则可得

$$n_\beta = 0$$

而

$$-5\gamma + 5\beta + 5\gamma - 6\beta = b$$

则有

$$b = -\beta$$

表明 b 为在 v 轴上两原子间距反方向的矢量。

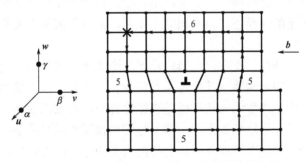

图 7.2.3　刃型位错中的伯格斯回路与伯格斯矢量

再以图 7.2.4 所示的螺型位错为例，作逆时针的伯格斯回路，可得

$$-7\gamma + 10\beta + 4\gamma - \alpha + 3\gamma - 10\beta = b$$

则有

$$b = -\alpha$$

表明 b 为在 u 轴上两原子间距反方向的矢量。

3. 伯格斯矢量的物理意义及位错的普遍定义

在位错附近，由于原子经过滑移处于非正常位置，原子排布的规则性被破坏，即产生了相对位置的畸变。这种畸变在位错中心部位显得最为严重，在距位错中心较远的地方这种畸变仍然存在，只是由于它已被向四周逐渐分散开，因此显得不是十分严重，甚至难以

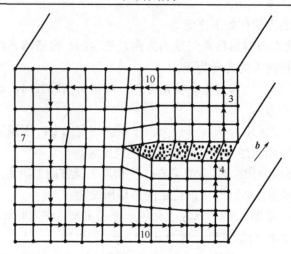

图 7.2.4　螺型位错中的伯格斯回路与伯格斯矢量

察觉。但是，当围绕着位错作伯格斯回路时，就把这些分散的畸变叠加起来，其总的结果则由伯格斯矢量表达出来，畸变越严重，伯格斯矢量的值就越大。这就是伯格斯矢量的物理意义。

点缺陷，如空位或间隙原子，虽然也会造成畸变，但这种畸变向周围地区的分散是具有对称性的，因此作伯格斯回路时，各个方向所走路径可以正、负抵消，故伯格斯矢量为零。位错的畸变是沿某一方向滑移一定距离造成的，这种畸变是非对称的，因此作伯格斯回路时，各个方向所走的路径正、负不能完全抵消。伯格斯矢量不为零，它是某一方向原子间距的整数倍。

根据伯格斯矢量的特性，现在可以给位错下一个更为普遍性的定义：一个伯格斯回路绕着一个晶体缺陷作一闭合回路，其所走步数矢量和不为零，这个晶体缺陷就称为位错。伯格斯回路在各方向所走步数的矢量和就是表征这种位错特点的伯格斯矢量。

从以上的讨论可见，伯格斯矢量和滑移矢量都可以用来描述晶格滑移所产生的位错。两者的区别在于，滑移矢量直接反应的是滑移的大小和方向；而伯格斯矢量是通过叠加方式反应位错区发生的畸变的大小和方向，当然也间接地反映了滑移的大小和方向。由于两者直接或间接地反映了造成位错的滑移情况，因此两者在大小上一般是相同的；在方向上也有一致性，只不过在求伯格斯矢量时，对回路的走向做了明确的规定，从而有时伯格斯矢量与滑移矢量方向相同，有时相反。例如，在图 7.2.1 中，当分别求其伯格斯矢量时将会发现，由图 7.2.1(a)、(b) 两个正刃型位错求得的伯格斯矢量的方向相同，但它们的滑移矢量的方向相反；同样，图 7.2.1(b)、(c) 中的滑移矢量方向相同，但伯格斯矢量的方向相反，表明它们是不同型号的位错。另外，和滑移矢量一样，当求得伯格斯矢量与位错线方向垂直时，位错是刃型的；当平行时，位错是螺型的。总之，由于伯格斯矢量较好地反映了位错的基本性质，因此得到广泛使用。

由于滑移矢量在讨论晶体滑移过程时显得简明、直接，因此也常被使用。鉴于滑移矢量与伯格斯矢量间有许多内在联系和一致性，在有些书籍中不会十分严格地将两者区分使用。

7.2.2　伯格斯矢量的守恒性

伯格斯矢量是表征位错最具不变特征的一个物理量。对于一个确定的位错，围绕它作伯格斯回路时，不论所作回路大小、形状、位置如何，所测得的伯格斯矢量是一定的，即一个位错的伯格斯矢量是固定不变的。这一特征，称为位错伯格斯矢量的守恒性。这一守恒性反映在如下几个方面。

(1)设有一位错 1，伯格斯矢量为 $\boldsymbol{b}_1$，指向结点 O，它由结点 O 又分叉引出两条(或两条以上)位错线，其伯格斯矢量为 $\boldsymbol{b}_2$ 和 $\boldsymbol{b}_3$，如图 7.2.5 所示。围绕位错 1 的伯格斯回路为 B，在它移动扩大后可以成为围绕位错 2 和 3 的回路 B'。由于 B 和 B' 围绕的位错的伯格斯矢量是恒定的，则必有 $\boldsymbol{b}_1 = \boldsymbol{b}_2 + \boldsymbol{b}_3$，即一条位错线的伯格斯矢量等于它分叉后的许多位错的伯格斯矢量之和。普遍来说，方向指向结点的位错线的伯格斯矢量之和应等于方向离开结点的位错线的伯格斯矢量之和。由此可以进一步得出推论：相交于一个结点的各位错，同时指向结点或同时离开结点时，如图 7.2.6 所示，各位错的伯格斯矢量之和为零，即

$$\sum \boldsymbol{b}_i = \boldsymbol{0}$$

式中，$\boldsymbol{b}_i$ 为各个位错的伯格斯矢量。

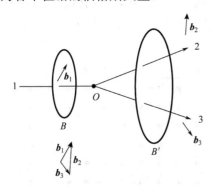 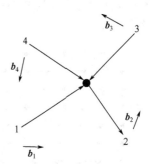

图 7.2.5　伯格斯矢量的分解与守恒　　　　图 7.2.6　相交于一点的伯格斯矢量

(2)一条位错线只有一个伯格斯矢量，或者说对于一条位错线，无论它的形状如何变化，其各处的伯格斯矢量相同。这可以用如下反证法证明。

假设有一条位错线 $PQRSP$ 组成一位错环，环内没有其他位错线，见图 7.2.7。如果该位错线各处的伯格斯矢量不相同，设 PQR 段的伯格斯矢量为 $\boldsymbol{b}_1$，其圈内与其邻接的滑移

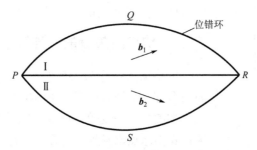

图 7.2.7　伯格斯矢量守恒性

区为Ⅰ；设 *RSP* 段的伯格斯矢量为 b_2，其圈内与其邻接的已滑移区为Ⅱ，则Ⅰ区和Ⅱ区为不同程度的滑移区，二者的边界 *PR* 必为一位错线。这与原假设矛盾，故 b_1 与 b_2 不应有差别，即

$$b_1 = b_2$$

7.2.3　一种常见的确定伯格斯矢量的方法——Frank 处理方法

Frank F. C. 在 1951 年的一篇论文中提出了一种处理伯格斯回路与伯格斯矢量的方法。目前在一些书刊中常采用这种处理方法，现简要介绍如下。

这种方法的特点是，选择一个与被分析晶体在结构上相同的完整晶体作为参考晶体。首先在待分析的非完整晶体中，按右手螺旋定则逆时针方向围绕位错走一闭合回路，Frank 称这一回路为伯格斯回路。然后在完整的参考晶体中按同样的方式走类似的回路，这个回路或许还没有闭合，或许闭合后又走过头，Frank 把在参考晶体中从相当于伯格斯回路最后一点到起始点原子的矢量称为伯格斯矢量。

例如，在图 7.2.8 中，(a)为非完整晶体，(b)为参考晶体，非完整晶体中的伯格斯回路如图 7.2.8 中箭头符号所示，从○开始到×为止构成一个闭路，按同样的方式在参考晶体中所走的回路起始点○与终点×并不重合，以终点×至起始点○的矢量为对应的非完整晶体内位错的伯格斯矢量。

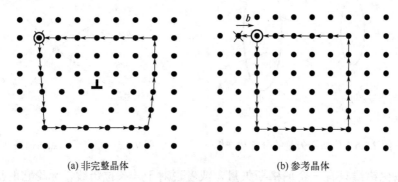

(a) 非完整晶体　　　　　　(b) 参考晶体

图 7.2.8　确定伯格斯矢量的 Frank 处理法

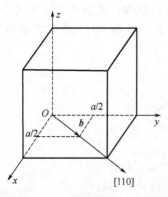

图 7.2.9　伯格斯矢量的符号表示

值得注意的是，用这种方法所得到的伯格斯矢量与前面所述方法得到的伯格斯矢量方向相反。目前的许多书籍中所标的伯格斯矢量方向是按这种方法得到的。

7.2.4　伯格斯矢量的一种符号表示法

伯格斯矢量作为一个矢量，应包括强度(即长度)和方向两个部分。下面介绍一种常用的符号表示法。

如图 7.2.9 所示的面心立方晶胞中，晶胞参数为 a。有一矢量 b 由原点出发到一面心原子处为止，显然它的方向是指向[110]的，它的长度应为[110]方向上一个原子的间距，即为

$\dfrac{\sqrt{2}}{2}a$ 。

现在做如下处理：写出矢量 $\boldsymbol{b}$ 在 x、y、z 轴三个方向的投影分别为 $\left[\dfrac{1}{2}a,\dfrac{1}{2}a,0\right]$ ，将 $\dfrac{1}{2}a$ 移到括号外面的 $\dfrac{1}{2}a$[110]，符号中的指数刚好表示矢量 $\boldsymbol{b}$ 的方向。因此可以采用这一符号表示矢量 $\boldsymbol{b}$，即

$$\boldsymbol{b}=\dfrac{a}{2}[110] \tag{7.2.3}$$

式(7.2.3)表明矢量 $\boldsymbol{b}$ 的方向为[110]，它在三个轴向上的投影分别为 $\left[\dfrac{1}{2}a\cdot1,\dfrac{1}{2}a\cdot1,0\right]$ ，从而它的长度为

$$\sqrt{\left(\dfrac{a}{2}\right)^2+\left(\dfrac{a}{2}\right)^2+0}=\dfrac{\sqrt{2}}{2}a$$

有时把晶胞参数 a 作为一个单位长度，即 $a=1$，则矢量 $\boldsymbol{b}$ 可以写为

$$\boldsymbol{b}=\dfrac{1}{2}[110] \tag{7.2.4}$$

式(7.2.3)或式(7.2.4)就是伯格斯矢量 $\boldsymbol{b}$ 常用的符号表示。只要看到这种形式的符号，就可以立刻知道该矢量的方向及它在三个方向上的投影，因此也就知道了它的长度。例如，有一伯格斯矢量为 $\boldsymbol{b}=\dfrac{a}{6}[112]$ ，它表示该矢量的方向为[112]；它在三个方向上的投影为 $\left[\dfrac{a}{6},\dfrac{a}{6},\dfrac{a}{6}\cdot2\right]$ ，因此它的长度为

$$b=\sqrt{\left(\dfrac{a}{6}\right)^2+\left(\dfrac{a}{6}\right)^2+\left(\dfrac{a}{6}\cdot2\right)^2}$$
$$=\dfrac{\sqrt{6}}{6}a$$

一般情况下， $\boldsymbol{b}=\dfrac{a}{n}[u,v,w]$ ，表示矢量的方向为 [uvw]，它在三个方向投影为 $\left[\dfrac{a}{n}u,\dfrac{a}{n}v,\dfrac{a}{n}w\right]$ ，则矢量的长度为

$$b=\dfrac{a}{n}\sqrt{u^2+v^2+w^2}$$

下面讨论按上述符号表示法如何处理伯格斯矢量的叠加问题。

伯格斯矢量可以按矢量的叠加法则相加，两个矢量的和等于它们在 x、y、z 各方向上分量相加之和。例如，已知 $\boldsymbol{b}_1=\dfrac{a}{3}[11\bar{1}]$、$\boldsymbol{b}_2=\dfrac{a}{6}[112]$，求它们的矢量和 $\boldsymbol{b}=\boldsymbol{b}_1+\boldsymbol{b}_2$。

在 x 轴方向上，$b_{1x} = \dfrac{a}{3}$，$b_{2x} = \dfrac{a}{6}$，则

$$b_x = \frac{a}{3} + \frac{a}{6} = \frac{a}{2}$$

在 y 轴方向上，$b_{1y} = \dfrac{a}{3}$，$b_{2y} = \dfrac{a}{6}$，则

$$b_y = \frac{a}{3} + \frac{a}{6} = \frac{a}{2}$$

在 z 轴方向上，$b_{1z} = -\dfrac{a}{3}$，$b_{2z} = \dfrac{2a}{6} = \dfrac{a}{3}$，则

$$b_z = -\frac{a}{3} + \frac{a}{3} = 0$$

将 b_x、b_y、b_z 的值依次填入[ ]中，并提取其因子，得

$$\boldsymbol{b} = \left[\frac{a}{2}, \frac{a}{2}, 0\right] = \frac{a}{2}[110]$$

即

$$\frac{a}{2}[110] = \frac{a}{2}[11\bar{1}] + \frac{a}{6}[112]$$

伯格斯矢量叠加法则与方法在分析位错间的反应时经常要用到。

7.3　位错的产生、运动及增殖机构

位错对半导体材料的电学性能有较大影响，控制位错的产生对提高半导体材料的质量有重要意义。本节将着重对位错的一些产生机构做以介绍。

7.3.1　机械应力和热应力产生位错的分析

晶体在外力作用下会发生晶面间的滑移运动，并产生位错。常遇到的外力有两种：一种为直接的机械应力，如挤压、拉伸、切割、研磨等；另一种为热应力，它是由于施加在晶体各部位的温度不均，由热胀冷缩引起的晶体各部位之间的相互作用力。

然而，当晶体遭受这些外力作用时，并非一定会产生位错，这要看晶体屈服强度的大小。当外力不超过屈服强度时，晶体只发生弹性形变，只有当外力超过晶体的屈服强度时，晶体发生弹性形变才会产生位错。晶体的屈服强度是结构敏感性参数，当晶体内已存在位错时，只要有较小的外力就可以推动这些位错滑移运动，并且原有的位错在滑移过程中常起位错源的作用，从而增殖大量的位错。因此，对于这种有位错的晶体，其屈服强度降低。另外，屈服强度也强烈依赖于温度，一般温度升高时，原子热振动加剧，这时只需要较小的外力就可以产生滑移引起位错。因此，温度升高，晶体的屈服强度下降，容易产生范性形变。

在半导体材料锗、硅单晶的制备和使用中，上述影响因素常常可以被清楚地观察到。

例如，实验观测表明，锗在 500℃以下、硅在 650℃以下进行热处理时，加热系统造成的热应力不会产生位错。对于无位错的硅单晶，它的屈服强度接近理论值，经观测表明，在高达 800～900℃的温度下进行热处理时，即使施加较大的热应力冲击，仍可不产生位错增殖。又如，硅单晶的薄片在室温下施加机械应力使其弯曲，曲率半径为 2 m 以下时也不发生惯性形变。

如果应力超过晶体的屈服强度，在晶体中将会产生多大数量的位错，下面将针对两种典型情况给予估算。

1. 弯曲晶体造成位错密度的估算

当对一晶体施加应力使其弯曲时，若应力未达到临界切应力，则晶体将发生弹性形变，如图 7.3.1(a)、(b)所示；若应力超过临界切应力，则晶体将发生惯性形变，如图 7.3.1(c)所示。这时可以把晶体看成是由许多薄层组成的，在晶体弯曲时为了缓和应力作用，各层之间将发生滑移，各层间的交界面就是滑移面，滑移产生的刃型位错就分布在这些滑移面上。在图 7.3.1(c)所示的任意一薄层晶片中产生的位错数目，可由层间相对滑移距离确定，层间的相对滑移距离实际上等于薄片上下底面的弧长之差。现将某一薄片取出绘于图 7.3.1(d)，设薄层的厚度为 d，薄层晶片弯曲的曲率半径为 r，其张角为 θ（用弧度表示）。利用几何关系(半径×角弧度=弧长)，可以求得晶片上下底面的弧长差为

$$\left(r+\frac{d}{2}\right)\theta-\left(r-\frac{d}{2}\right)\theta=d\theta$$

(a)无应力作用的晶体

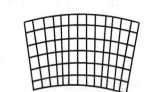

(b)应力作用下的晶体(应力小于临界切应力)

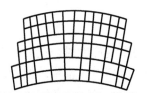

(c)应力作用下的晶体(应力大于临界切应力)

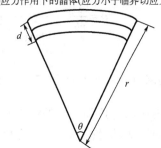

(d)晶体厚度d、曲率半径r、张角θ之间的关系

图 7.3.1　晶体弯曲形成位错模型

若形成位错的伯格斯矢量的强度为 b，则在晶片中产生的位错线条数为 $d\theta/b$，而晶片的侧表面面积为 $dr\theta$，所以在单位面积上穿过的位错线的条数即为位错密度 ρ：

$$\rho=\frac{\mathrm{d}\theta/b}{\mathrm{d}r\theta}=\frac{1}{rb} \tag{7.3.1}$$

式(7.3.1)即为估算弯曲晶体时产生位错密度的理论公式。福格耳(Vogel F. L.)等用化学侵蚀法显示被弯曲的锗晶体的位错，实验观察结果和根据式(7.3.1)计算的结果十分符合，见图 7.3.2。这证实了上述的理论分析，同时也确定了观察到蚀坑与位错的一一对应关系。

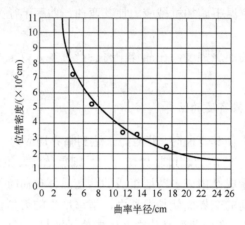

图 7.3.2　曲率半径与位错密度的关系

现举例说明上述的应用。已知硅晶体的特征伯格斯矢量 $\boldsymbol{b} = \dfrac{a}{2}[110]$，硅的晶胞常数 $a = 5.43 \times 10^{-1}\,\text{nm}$，现将硅晶体弯曲使其发生范性形变，测得曲率半径 $r = 1\,\text{m}$，求晶体中产生的位错密度情况。

首先求出伯格斯矢量 $\boldsymbol{b} = \dfrac{a}{2}[110]$ 的强度为

$$b = \frac{a}{2}\sqrt{1^2 + 1^2 + 0} = \frac{\sqrt{2}}{2}a$$

再利用上面的关系式求位错密度为

$$\rho = \frac{1}{rb} = \frac{1}{100\text{cm} \times \dfrac{\sqrt{2}}{2} \times 5.43 \times 10^{-8}\,\text{cm}} \approx 2.6 \times 10^5\,/\text{cm}^2$$

2. 径向温度梯度产生位错密度的估算

当晶体的中心部位和外部的温度不同，即存在径向温度梯度时，在晶体中将产生热应力作用。此热应力超过晶体的屈服强度时，便产生晶格滑移引入位错。例如，当径向温度梯度 $\mathrm{d}T/\mathrm{d}r < 0$ 时，晶体中心部位温度高晶格将膨胀，对外围晶格将施加一伸张应力，而外围晶格也将对中心部位施加压缩应力。在此应力作用下将引起中心部位晶体和外围晶体之间发生相对滑移，滑移结果使沿外围区域产生许多半原子面，从而减小中心部位的压缩应力和外侧晶格所受的伸张应力，于是在晶体中会产生许多棱位错，如图 7.3.3 所示。这种径向温度梯度引起位错增殖的现象在半导体单晶的拉制过程及晶片在器件工艺的各种热处理操作中经常可见。

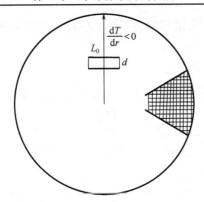

图 7.3.3　径向温度梯度产生位错模型

　　现分析一下在径向温度梯度 dT/dr 的作用下，晶体中产生位错密度的情况。可以在垂直于温度梯度方向上选取一晶体薄片，令其厚度为 d，长度为 L_0，如图 7.3.4 所示。根据上述分析，为缓和热应力作用，晶片下部温度高晶格膨胀，晶片上部温度低晶格收缩，从而造成彼此间的晶格失配，引入许多位错，见图 7.3.4(a)。现假定原晶片下部温度为 T_0，上部温度为 T_1，设想将此晶片在温度 T_0 条件下退火，这时晶片上部薄层由于温度升高晶格膨胀，其长度变为 $L_1 = L_0 + \Delta L$，这时整个晶片中晶格常数恢复一致，失配位错将全部消失，且晶体上下相对滑移的距离为 ΔL，如图 7.3.4(b) 所示。由热膨胀规律可知有如下关系：

$$L = L_0(1 + \alpha \Delta T)$$

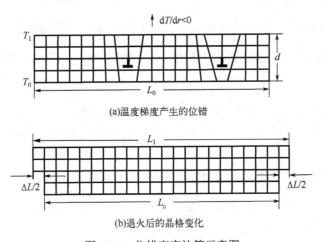

(a)温度梯度产生的位错

(b)退火后的晶格变化

图 7.3.4　位错密度计算示意图

式中，α 为固体热膨胀系数(即单位长度固体温度升高一度时所膨胀的长度)；ΔT 为温度差，L_0 为固体原长度；L 为膨胀后长度，于是可以做如下的推论：

$$L_1 = L_0 + \Delta L = L_0[1 + \alpha(T_0 - T_1)] = L_0\left[1 + \alpha\left(-\frac{dT}{dr}d\right)\right] = L_0 - \alpha\frac{dT}{dr}L_0 d$$

则

$$\Delta L = -\alpha\frac{dT}{dr}L_0 d$$

式中，ΔL 为晶片各层之间产生滑移的总长度，它除以伯格斯矢量的强度 b 便可得到晶片上产生位错线的总条数：

$$n = \Delta L / b$$

晶片的侧面积为 $L_0 d$，则单位面积上产生位错线的条数即位错密度，有

$$\rho = \frac{n}{L_0 d} = \frac{\Delta L / b}{L_0 d} = \frac{-\alpha \frac{\mathrm{d}T}{\mathrm{d}r} L_0 d}{b L_0 d} = -\frac{\alpha}{b}\frac{\mathrm{d}T}{\mathrm{d}r}, \quad \frac{\mathrm{d}T}{\mathrm{d}r} < 0 \tag{7.3.2}$$

当 $\frac{\mathrm{d}T}{\mathrm{d}r} > 0$ 时，同样可以推出：

$$\rho = \frac{\alpha}{b}\frac{\mathrm{d}T}{\mathrm{d}r}, \quad \frac{\mathrm{d}T}{\mathrm{d}r} > 0 \tag{7.3.3}$$

写成通式应为

$$\rho = \frac{\alpha}{b}\left|\frac{\mathrm{d}T}{\mathrm{d}r}\right| \tag{7.3.4}$$

式 (7.3.4) 即由径向温度梯度估算产生位错密度的关系式。

例如，某种器件工艺的操作温度为 $1000\,℃$ 左右，若希望在该工艺中由于热应力造成的位错增殖不超过 500 条/cm^2，那么在硅晶片上存在的径向温度梯度应控制在何值之下？

由前面的分析可知，硅晶体热处理温度超过 $800\,℃$，其屈服强度减弱，在热应力作用下将会产生惯性形变，现在是在 $1000\,℃$ 条件下进行热处理，显然要注意控制炉内温度的分布情况。硅晶体的特征伯格斯矢量 $\boldsymbol{b} = \frac{a}{2}[110]$，其强度 $b = \frac{\sqrt{2}}{2}a$，硅的晶胞参数 $a = 5.43 \times 10^{-1}$ nm，其热膨胀系数 $\alpha = 2.33 \times 10^{-6}\,℃^{-1}$，位错密度 $\rho = 500$ 条/cm^2，代入式 (7.3.4) 可求得容许存在的温度梯度为

$$\left|\frac{\mathrm{d}T}{\mathrm{d}r}\right| = \frac{\rho b}{\alpha} = \frac{\rho \frac{\sqrt{2}}{2}a}{\alpha} = \frac{500 \times \frac{\sqrt{2}}{2} \times 5.43 \times 10^{-8}}{2.33 \times 10^{-6}} \approx 8.2\,(℃/cm)$$

7.3.2　空位团的崩塌产生位错及位错的攀移运动

晶体中存在过饱和空位，倾向于在表面能比较低的晶面凝聚成片状集合体。这种片状空位在应力作用下崩塌后便形成一个位错环，如图 7.3.5 (a)、(b) 所示。这种位错就是前面所述的棱柱位错。

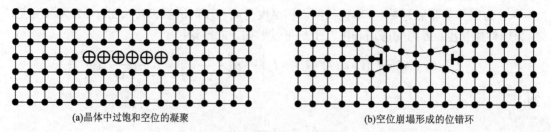

(a)晶体中过饱和空位的凝聚　　　　　(b)空位崩塌形成的位错环

图 7.3.5　空位团崩塌产生位错示意图

在此还要说明的是，空位不仅可以按前述机制产生位错，而且可以使棱位错发生攀移运动。如图 7.3.6 所示，虚线表示位错原来所处位置，这时位置处在 AB 滑移面上，在切应力作用下，它一般只能在所在的滑移面内向左或向右滑移运动。但是，当有空位不断扩散到位错部位时，将会使半原子平面向上移动到 $A'B'$ 滑移面上，这时位错实现了从一个滑移面向另一个滑移面的迁移。当然，若位错吸收间隙原子，半原子平面会向下伸延，位错会实现向相反方向的迁移。位错依靠吸收扩散来的空

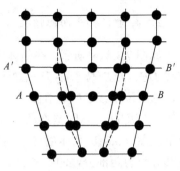

图 7.3.6　位错的攀移运动

位或间隙原子产生的这种运动称为攀移运动。攀移运动的速度依赖于空位或间隙原子的浓度和扩散迁移速度，因此运动比较缓慢。当晶体中过饱和空位浓度比较大时，那些靠近晶体表面的位错有可能通过吸收空位而进行攀移运动到表面得以消除。

7.3.3　位错增殖机制

位错增殖是指在一定外力作用下，由晶体中已有的位错不断繁殖出新的位错的过程。这时晶体中原有的位错起到产生新位错的位错源的作用。关于位错增殖机制，目前比较成熟并获得了直接实验证实的是弗兰克-里德(Frank-Read)机制。现将对这种机制进行介绍。

1. 具有 L 形平面源情况

如图 7.3.7(a)所示，在晶体中存在一个 L 形纯刃型位错，$CDEG$ 为附加的半晶面，位错线 DE 位于 π_2 滑移面上，DC 位于 π_1 滑移面上。现有一切应力作用于 $ABCD$(即 π_1)面上，这时位错线 DC 将在 π_1 滑移面内滑移运动。由于在 π_2 滑移面内没有受到切应力作用，因此位错线 DE 将固定不动，两位错的交点 D 也将固定不动，于是位错线 DC 运动的结果将会形成绕固定点 D 的蜷线状。图 7.3.7(b)所示为位错线 DC 运动中的各个阶段上蜷线的形状。由图 7.3.7(b)可见，蜷线由 4 到 5 被截成 5 和 5′，5′ 在切应力作用下继续向前运动又产生新的蜷线状位错。这就是固定的位错线增殖新位错的机制。

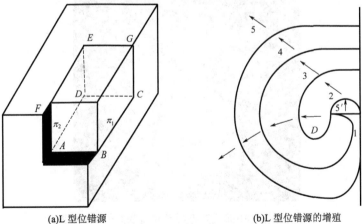

(a)L 型位错源　　　　　　　　　(b)L 型位错源的增殖

图 7.3.7　位错增殖机制示意图(L 形平面源)

2. 具有 U 形平面源情况

如图 7.3.8(a)所示，在晶体中存在一个 U 形纯刃型位错，$DEE'D'$ 为附加的半晶面，位错线 DE、$D'E'$ 位于 π_2 及 π_2' 滑移面上，DD' 位于 π_1 滑移面上。现有一切应力作用于 π_1 面上，这时位错线 DD' 将在 π_1 面做滑移运动。由于 π_2 及 π_2' 面内没有受到切应力作用，因此位错 DE 及 $D'E'$ 将固定不动，位错交点 D 及 D' 也将固定不动，于是位错线 DD' 的运动将会形成图 7.3.8(b)所示的环形蜷线。由图 7.3.8(b)可见，蜷线 4 的两侧凸出部分相遇后会使其分裂为两部分，即 5 和 5′，5 成为脱离固定点 DD' 的独立环形螺线，5′ 则可以继续运动并不断产生新的环状位错。这就是固定的位错线增殖新位错的机制。

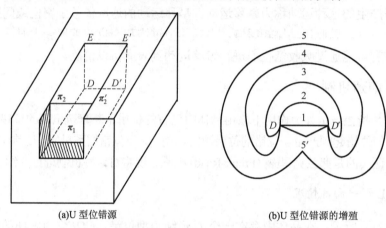

(a)U 型位错源　　　　　　　　　　　　(b)U 型位错源的增殖

图 7.3.8　位错增殖机制示意图(U 形平面源)

达什(Dash W. C.)用红外缀饰方法观察到了硅单晶中存在的曲线位错及其运动情况，见图 7.3.9，证实了弗兰克-里德位错源存在的真实性。

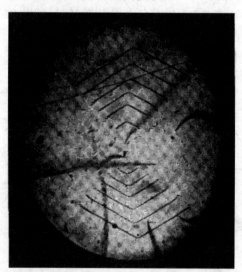

图 7.3.9　硅晶体中弗兰克-里德位错源的红外铜缀饰照片

7.4　位错的应力场和应变能

前面主要是从几何的角度来叙述位错的一些性质，这样可对位错有形象化的认识。由于位错是一种晶格缺陷，它的存在会使其附近的晶格发生扭曲，因而在没有外力的作用下，其内部也存在着内应力。例如，对于一个棱位错，在多余的半晶面一侧的晶格被压缩，存在一压缩应力，而在另一侧晶格被伸张，存在一伸张应力。在位错附近的区域内，在不同的位置上，应力的大小和性质不同，从而构成了一个应力场。位错附近的这种应力场和其他缺陷的相互作用，决定了位错在晶体中的许多行为，如位错与杂质的相互作用、位错与位错之间的相互作用行为都能依靠应力场的情况给以解释。

从理论上定量描述位错附近的应力场，现在主要还只能采用弹性理论的近似，即把晶体近似地看作连续的各向同性的介质来处理。然而，晶体内部点阵结构毕竟不是连续的，特别是位错中心部位原子发生严重错排，其应力情况将不能用连续介质模型来处理，但对于距离位错中心较远的区域(距位错中心数个原子间距以外)，采用这种近似处理得到的结果还是比较符合实际情况的。也就是说，依据连续介质模型建立起来的理论反映的仅仅是位错周围远程应力场的情况。

具体计算应力场是运用经典的弹性力学方法，它将涉及较多的数学知识，这里不再介绍，下面仅把其计算结果给出，并对结果做以分析说明。

7.4.1　刃型位错的应力场

设有一沿着 Oz 轴的刃型位错，其伯格斯矢量 $\boldsymbol{b}$ 沿 Ox 方向。在连续介质模型中，可以用图 7.4.1(a)所示的方式来表示：以 Oz 为中心轴，作一个空心圆柱体，沿 x-z 截面切开半个晶面，使上半部沿切开的面向圆柱的中心轴推移一个原子间距 b，这样 Oz 轴就变成为一根棱位错线。由于圆柱体在 z 轴方向没有形变，所以只考虑 x-y 截面上的应力分布即可。

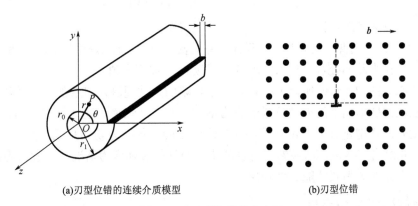

(a)刃型位错的连续介质模型　　　　　　(b)刃型位错

图 7.4.1　刃型位错的应力场

在 x-y 截面上，某点 $P\,(x,y)$ 或用柱坐标表示为 $P\,(r,\theta)$ 处的沿应力各方向分量的计算结果如下：

$$
\begin{cases}
\tau_{xx} = -D\dfrac{y(3x^2+y^2)}{(x^2+y^2)^2} \\[2mm]
\tau_{yy} = D\dfrac{y(x^2-y^2)}{(x^2+y^2)^2} \\[2mm]
\tau_{xy} = \tau_{yx} = D\dfrac{x(x^2-y^2)}{(x^2+y^2)^2}
\end{cases}
\tag{7.4.1}
$$

若用柱坐标表示，则有

$$
\begin{cases}
\tau_{rr} = \tau_{\theta\theta} = -D\dfrac{\sin\theta}{r} \\[2mm]
\tau_{\theta r} = \tau_{r\theta} = D\dfrac{\cos\theta}{r}
\end{cases}
\tag{7.4.2}
$$

以上各式中，$D = \dfrac{Gb}{2\pi(1-\nu)}$，其中，$G$ 为切变模量；ν 为泊松比；b 为伯格斯矢量的强度。

在式 (7.4.1) 和式 (7.4.2) 中，τ_{xx} 表示在 $P\,(x,y)$ 处作用在垂直于 x 轴的平面上沿 x 方向的应力，同样，τ_{yy} 表示作用在垂直于 Y 轴的平面上沿 y 方向的应力，显然它们都属于正应力，且伸张时为正值，压缩时为负值，或正值表示张力，负值表示压力。τ_{xy} 表示作用在垂直于 x 轴的平面上沿 y 方向的应力，同样 τ_{yx} 表示作用在垂直于 y 轴的平面上沿 x 方向的应力（正值表示沿 x 轴的正方向，负值表示沿 x 轴的负方向），它们为切应力。同样 τ_{rr} 和 $\tau_{\theta\theta}$ 表示的是正应力，$\tau_{r\theta}$ 表示的是切应力。

依据式 (7.4.1) 及式 (7.4.2) 分析刃型位错周围应力场的情况。

(1) 正应力 τ_{xx} 最大，且当 $P\,(x,y)$ 点位于滑移面上方（$y>0$）时，τ_{xx} 为负值时表示的是压缩应力，在滑移面下方（$y<0$）时，τ_{xx} 的正值表示的是伸张应力。

(2) 切应力 τ_{xy} 及 τ_{yx} 在滑移面上（$y=0$）取最大值，即

$$
\tau_{xy} = \tau_{yx} = D\frac{x(x^2-y^2)}{(x^2+y^2)^2} = D\frac{x(x^2-0)}{(x^2+0)^2} = \frac{D}{x}
$$

并因 x 的符号改变而改变符号。

(3) 从式 (7.4.2) 可见，应力与 r 成反比关系，表示应力场按 $1/r$ 衰减，距位错中心越远，应力越弱，且在半晶面处（$\theta=90°$，$270°$），正应力 τ_{rr} 取极大值。

以上特点与图 7.4.1(b) 所示的位错模型中粗略的定性观测是符合的。庞德等曾用红外偏振光方法观察硅单晶中的刃型位错的应力场的分布，大致和上述计算结果吻合，从而证明利用连续介质模型进行的理论计算，在描述位错的远程应力场还是成功的。但当 $r \to 0$ 时，由式 (7.4.2) 得 $\tau \to \infty$，这显然不符合位错中心处的实际应力情况。一般认为在 $r>b$ 以外的区域，上面的关系式才能近似使用。

7.4.2　螺型位错的应力场

设想一个沿 z 轴的螺型位错，相应的连续介质模型可以用图 7.4.2 所示的情形来表示，即沿 $x\text{-}z$ 截面将空心圆柱剖开，使剖开的晶面沿 z 轴产生相对位移 b，然后胶合起来，经计

算得到 $P(x, y)$ 点处的应力沿各方向的分量为

$$\begin{cases} \tau_{xz} = \tau_{zx} = -\dfrac{Gb}{2\pi} \dfrac{y}{x^2 + y^2} \\ \tau_{yz} = \tau_{zy} = \dfrac{Gb}{2\pi} \dfrac{x}{x^2 + y^2} \end{cases} \tag{7.4.3}$$

若用柱坐标表示，则为

$$\tau_{\theta z} = \tau_{z\theta} = \frac{Gb}{2\pi r} \tag{7.4.4}$$

由螺型位错的应力场分布关系式(7.4.3)可见，螺型位错的应力场只有切应力，它不产生正应力(τ_{xx}、τ_{yy}、τ_{zz} 均为零)，从而没有伸张和压缩效应，晶体的体积不变。另外，从式 (7.4.4) 可明显看出，应力与 θ 无关，表明螺型位错的应力是沿 z 轴对称分布的，且应力场也与 r 成反比关系衰减。

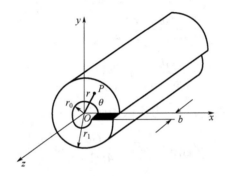

图 7.4.2　螺型位错的应力场

7.4.3　位错的应变能

在外力作用下，位错附近发生畸变，产生应力场，在此应力场中储存的能量称为应变能。一位错的应变能大小，可以反映该位错在晶体中存在的稳定性，判断它是否要发生分解或与其他位错或缺陷发生反应等。利用连续介质模型可以求出应变能的表达式。原则上，若位错周围的应力场分布情况已知，则可以根据能量密度的积分算出应力场中所储存的能量，但这种处理方法比较麻烦。另外一种简单的处理方法是直接计算外力在形成位错时所做功的大小，其便是储存在晶体中的应变能。

参照图 7.1.6 和图 7.4.1，在一单位长度的晶体上，当有一外力作用到 $ADEF$ 滑移面上时，将引起滑移。在滑移引起的位移 x 从 0 到 b（即位错形成的过程）时，外力 $f(x)$ 将从 $f(0) = 0$ 增加到 $f(b) = F$。

按照虎克定律，弹性位移与外力是成正比的，即

$$f(x) = kx$$

式中，k 为弹性常数。

晶体在外力 $f(x)$ 作用下移动一小距离 $\mathrm{d}x$ 所做的功为

$$dW = f(x)dx = kx$$

因而形成强度为 b 的单位长度位错所做的动为

$$W = \int_0^b kx\,dx = \frac{1}{2}kb^2$$

$f(b) = kb = F$ ，则

$$W = \frac{1}{2}Fb \tag{7.4.5}$$

对于棱位错，如图 7.4.1 所示，作用在单位长度滑移面上一小单元 $dr\cdot 1$ 上的外力为

$$dF = \tau_{\theta r}\,dr$$

在滑移面上，$\theta = 0$，$\cos\theta = 1$，作用在从 r_0 到 r_1 的全部滑移面上的外力为

$$F = \int_{r_0}^{r_1} \tau_{r\theta}\,dr = \int_{r_0}^{r_1} \frac{Gb}{2\pi(1-v)}\frac{1}{r}\cos\theta\,dr$$
$$= \frac{Gb}{2\pi(1-v)}\int_{r_0}^{r_1}\frac{1}{r}\,dr$$
$$= \frac{Gb}{2\pi(1-v)}\ln\left(\frac{r_1}{r_0}\right)$$

代入式(7.4.5)可以求出形成棱位错外力所做的动为

$$W_{棱位错} = \frac{1}{2}Fb = \frac{Gb^2}{4\pi(1-v)}\ln\left(\frac{r_1}{r_0}\right) \tag{7.4.6}$$

此即为单位长度棱位错的应变能。

对于螺型位错，如图 7.4.2 所示，作用在单位长度滑移面上一小面元 $dr\cdot 1$ 上的外力为

$$dF = \tau_{\theta z}\,dr$$

从而可得作用在从 r_0 到 r_1 的全部滑移面上的外力为

$$F = \int_{r_0}^{r_1} \tau_{\theta z}\,dr = \int_{r_0}^{r_1}\frac{Gb}{2\pi r}\,dr = \frac{Gb}{2\pi}\ln\left(\frac{r_1}{r_0}\right)$$

代入式(7.4.5)可以求出形成螺型位错时外力所做的动为

$$W_{螺型位错} = \frac{1}{2}Fb = \frac{Gb^2}{4\pi}\ln\left(\frac{r_1}{r_0}\right) \tag{7.4.7}$$

此即为单位长度螺型位错的应变能。

由应变能表示式(7.4.6)及式(7.4.7)可见，应变能与伯格斯矢量强度的平方成正比，因此从能量角度看，伯格斯矢量 b 小的位错是相对稳定的。能量较高的位错往往可以通过适当位错反应分解为能量较低的位错。例如，有一位错的伯格斯矢量的强度 b_1 等于两个原子间距：$b_1 = 2b$，它是不稳定的，必然要分解成两个伯格斯矢量强度为一个原子间距 b 的位错，即产生如下的位错反应：

$$b_1 \to b + b$$

分解后，位错应变能之比为

$$\frac{b_1^2}{b^2+b^2}=\frac{4b^2}{2b^2}=2$$

可见分解后能量降低一半。由此便容易理解，位错的伯格斯矢量通常是一个原子间距，伯格斯矢量通常总是位于原子线密度最大的方向上。例如，在具有金刚石型结构的硅晶体中，原子线密度最大的是<110>方向，沿此方向滑移产生位错的特征伯格斯矢量为 $\frac{1}{2}a<110>$ 。处于{111}面上的 $\boldsymbol{b}=\frac{a}{2}<110>$ 型的特征位错在一定条件下尚有分解为两个 $\frac{a}{6}<112>$ 型的不全位错的可能，这将在后面章节中介绍。

另外，从应变能表达式来看，当 $r_1\to\infty$ 或 $r_0\to 0$ 时，$\ln(r_1/r_0)\to\infty$ ，从而 $W\to\infty$ ，这显然与实际情况不相符合，其原因在于在位错中心区（$r_0\to 0$）不能用连续介质模型计算。有人分析 r_0 接近于 b 。另外，一般情况下 r_1 不能超过晶体中嵌块大小，$r_1\approx 10^{-4}\,\text{cm}$ 。因此，单位长度位错的能量为

$$W=\frac{Gb^2}{4\pi}\ln 10^4\approx Gb^2$$

取 $G=4\times 10^{10}\,\text{Pa}$ ，$b=2.5\times 10^{-8}\,\text{cm}$ ，位错的能量约为 $2.5\times 10^{-11}\,\text{J}/\text{cm}$ 。

7.5　位错与其他缺陷间的相互作用

位错在晶体中不是孤立存在的，位错和位错之间、位错和其他晶体缺陷之间存在着复杂的相互作用。相互作用的结果将产生许多类型的位错组态及缺陷组态，它们对晶体材料的力学性能、电学性能等均有较大影响。下面简单地介绍这方面的一些知识。

7.5.1　位错与杂质原子的相互作用

人们很容易想象到，在一个正的棱位错的上方，晶格原子受到压缩应力，这时若用半径较大的杂质原子替代基体原子将会产生更大的压缩应力，使体系能量升高，趋于不稳定状态，而若以半径较小的杂质原子替代基体原子将会降低原来的压缩应力，使体系趋于相对稳定的状态,因此位错上方倾向于排斥半径大的替位式杂质而吸收半径小的替位式杂质。相反，在位错的下方，晶格原子受伸张应力，它倾向于吸收半径大的替位式杂质而排斥半径小的替位式杂质。

科垂尔(Cottrell)采用连续介质模型近似处理得到棱位错的应力场对替位式杂质的交互作用能为

$$U=\frac{4(1+\nu)}{3(1-\nu)}\frac{Gb\varepsilon r^3\sin\alpha}{R} \tag{7.5.1}$$

式中，ν 为泊松比；G 为切变模量；b 为伯格斯矢量；$\varepsilon=(r'-r)/r$ ，r' 为杂质原子半径，r 为基体原子半径；α 和 R 为用来表示杂质原子位置的极坐标。如图 7.5.1 所示，取正棱位

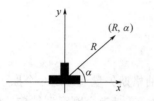

图 7.5.1 极坐标中的位错和杂质原子

错经过极坐标原点，沿 z 轴方向。

在式(7.5.1)中，当 U 为正值时，表示杂质的引入外力要克服位错的应力场做功；当 U 为负值时，表示位错的应力场对引入的杂质做功。显然，如果杂质原子半径大于基体原子半径，即 $r' > r$，则 $\varepsilon > 0$，在位错上半边 $(0 > \alpha > \pi)$ 的交互作用能为正值，而在位错下半边的交互作用能为负值。因此，半径大于基体原子半径的杂质原子将被吸收到位错的下部。与此相反，对于半径小于基体原子半径的杂质原子将被吸收到位错的上部。

位错和杂质依靠上述弹性交互作用，可以彼此降低应变能，缓和内应力。因此，位错周围常吸附有大量的杂质原子，通常将它们称为科垂尔气团。根据波尔兹曼分布律，相当于能量状态为 U 的一个溶质原子出现的几率与 $\exp[-U/(kT)]$ 成正比，因此在平衡状态时，位错附近的杂质原子的浓度可以表示为

$$C = C_0 \exp[-U / (kT)] \tag{7.5.2}$$

式中，C_0 为晶格中杂质原子的平均浓度；k 为波尔兹曼常数；T 为热力学温度；U 为位错与杂质的交互作用能。

在高温条件下，晶体中杂质原子的扩散迁移速率比较快，杂质的溶解度也比较大，它们会依式(7.5.2)的规律迁移分布在位错线附近，当温度下降时，杂质在晶体中的溶解度降低，过饱和的杂质将会沿位错线沉淀析出。利用这一效应，在锗、硅中加入的铜或锂就在位错附近沉积出来，再利用 X 射线形貌照相法或红外显微镜观察就可以看到这些被缀饰的位错线。

由于螺型位错的应力场中没有正应力，并且在面心立方晶体中，杂质原子形成的应力场也接近于球形对称，因此杂质原子与纯螺型位错之间没有明显的弹性交互作用。

如上所述，连续介质模型不能适用于位错中心的情况，从式(7.5.1)可见，当 $R \rightarrow 0$ 时，$U \rightarrow \infty$，显然不符合实际情况。在位错中心不仅要考虑弹性交互作用，而且应当注意化学键间的作用力问题。例如，在棱位错线上存在不饱和的价键，它倾向于和附近的杂质原子发生作用。如图 7.5.2 所示，若位错处的四价 Si 或 Ge 原子由Ⅲ族的 B 或Ⅴ族的 Sb 原子替代后，可形成成对的键(当然 Si 或 Ge 的实际晶格比图 7.5.2 所示的情况要复杂些)，这一作用可使位错失去受主和复合中心的作用，影响其电学性能。

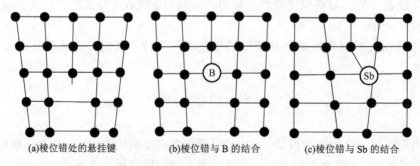

(a)棱位错处的悬挂键   (b)棱位错与 B 的结合   (c)棱位错与 Sb 的结合

图 7.5.2 位错线上的悬挂键及其与杂质原子的相互作用

科垂尔关系式(7.5.1)讨论的是替位式杂质原子与棱位错的应力场的交互作用能。对于间隙式杂质原子，它们的引入将总是使晶格倾向于膨胀，增加晶格的压缩应力，因此它倾向于吸收在棱位错的下部伸张区，资料中称其为斯诺克效应。

位错周围杂质气团的存在使位错的运动变得困难。当位错受外力作用时，欲使位错离开大量的溶质原子，势必应升高应变能，这相当于溶质原子对运动位错产生阻力，所以杂质原子气团有钉扎位错的作用，使晶体材料变硬变脆。

7.5.2　位错与空位、间隙原子等点缺陷的相互作用

位错与空位及间隙原子等点缺陷的相互作用，就其作用结果来看可以分两种情况：一种情况是点缺陷可以产生位错或使原有位错发生攀移运动，这时位错可以看作吸除点缺陷的漏洞；另一种情况是位错通过运动及相互作用可能产生点缺陷，这时位错又成为产生点缺陷的源泉。

1.位错作为点缺陷的漏洞

7.5.1 节中所讨论的杂质原子和位错的弹性交互作用原理，原则上也适用于空位及间隙式基体原子与位错间的交互作用，从应力场的相互作用角度来看，空位显然可以看作半径趋于零的替位原子，间隙式基体原子显然与间隙式杂质原子的作用相似，它们将分别吸附到位错的受压缩区域或伸张区域，但这时被吸附到位错中心的空位和间隙原子不是形成科垂尔气团，而是消失在位错中，同时引起位错产生攀移运动。例如，如图 7.5.3 所示，当空位落到棱位错的半晶面上将形成一凹形割阶，而后空位连续扩散到此割阶处便使一列原子消失，这时位错便向上攀移运动一个原子间距。另外，若晶体中存在间隙原子，它们扩散到位错处将使位错向半原子面扩大的方向攀移。

当晶体中缺少能吸除过饱和空位的位错时，大量的过饱和空位也能凝聚成片状空位团，如 7.3.2 节中的图 7.3.5 所示，它们崩塌便产生棱柱位错环，随后过饱和空位可以继续扩散到此位错环上使之进一步扩大。另外，当晶体遭受高能粒子的辐射时会产生大量的非平衡状态的间隙原子，它们在晶体中能凝聚成片状原子层，形成另外一种形式的棱柱位错环。

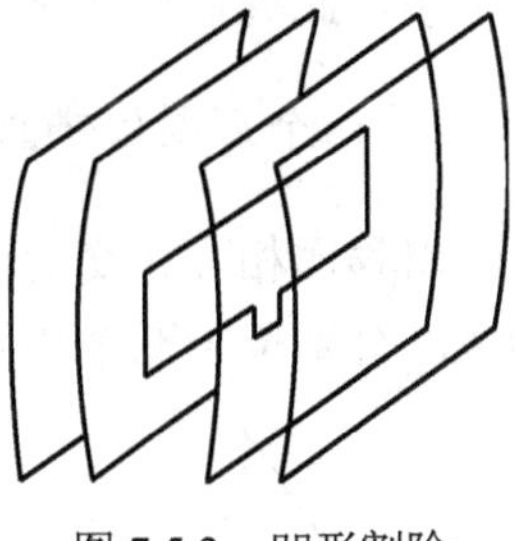

图 7.5.3　凹形割阶

2.位错作为点缺陷的源泉

一般情况下，晶体中的空位等点缺陷浓度总是高于平衡浓度，因此它们倾向于扩散到位错处消除。因此，单个位错经常充当点缺陷消除的漏洞角色。只有在极特殊情况下，例如，硅在高温热氧化时，由于氧化膜的形成大量吸收空位，使得在硅-二氧化硅界面附近的硅晶体中空位浓度降低到平衡浓度以下，位错的半晶面将会向外"发射"空位(实际上是位错的半晶面吸收基体晶格上的原子发生攀移扩展，从而使晶格产生空位)，这时单个位错才起到产生点缺陷的作用。

另外，如果在外力作用下滑移运动的位错和位错之间发生相互作用，则可能比较容易

起到产生点缺陷的源泉作用。这种位错间的交互作用的种类很多，下面仅介绍其中的几种情况。

例如，当滑移面相互平行的一个正的棱位错和一个负的棱位错相遇时，在如图 7.5.4 所示的情况下将会产生一列空位；在如图 7.5.5 所示的情况下将会产生一列间隙原子。

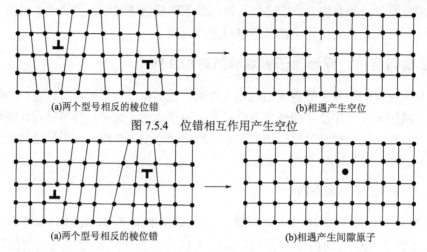

(a)两个型号相反的棱位错　　　　　　　　　　　(b)相遇产生空位

图 7.5.4　位错相互作用产生空位

(a)两个型号相反的棱位错　　　　　　　　　　　(b)相遇产生间隙原子

图 7.5.5　位错相互作用产生间隙原子

7.5.3　位错的交割与割阶

于外力作用时，在滑移面上运动的位错与其他位错线产生相互切割的过程称为位错的交割。一位错被另一位错交割后往往产生扭折的线段，称为割阶。位错线间产生交割的类型很多，此处仅举两例。

1.　两个刃型位错的交割

滑移面相互正交的两个刃型位错相遇时将会产生割阶。如图 7.5.6(a)所示，位错线 AB 和 CD 分别位于两个相互垂直的滑移面 π_1 和 π_2 上，两位错的伯格斯矢量分别为 $\boldsymbol{b}_1$ 和 $\boldsymbol{b}_2$。

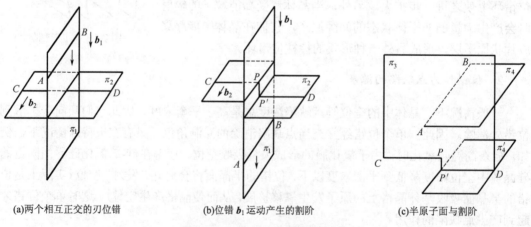

(a)两个相互正交的刃位错　　　　(b)位错 $\boldsymbol{b}_1$ 运动产生的割阶　　　　(c)半原子面与割阶

图 7.5.6　两个刃型位错的交割

令位错 AB 的多余半晶面 π_4 在 π_1 的右上方（图 7.5.6（c）），位错 CD 的半晶面 π_3 在 π_2 的上方。当位错 AB 沿箭头所指的方向 π_1 面向下滑移时，其多余半晶面也随着向下运动，当 AB 和 CD 相交（π_4 运动到 π_4' 位置）时，π_3 从 π_4 半晶面获得半列原子，从而在位错线 CD 上出现一个割阶 PP'。PP' 仍然与位错 CD 的伯格斯矢量 b_2 垂直，它也是棱位错，见图 7.5.6（b）。

2. 一个刃型位错和一个螺型位错相交割

图 7.5.7 所示为一个刃型位错和一个螺型位错相交割的情况。令螺型位错 CD 在垂直方向上，伯格斯矢量为 b_2，刃型位错 AB 在水平方向上，伯格斯矢量为 b_1，刃型位错 AB 沿水平的螺旋晶面向左滑移运动时，在与螺旋位错 CD 相交后，位错 AB 被分为两段，$A'P'$ 段被推移到下一层的螺旋梯面上。PB' 在上一层的螺旋梯面上，PP' 成为连接 $A'P'$ 和 PB' 的割阶，由于 PP' 与 $A'P'$ 及 PB' 的伯格斯矢量 b_1 垂直，因此 PP' 也是一小段刃型位错。

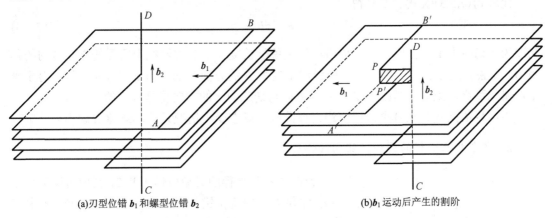

(a)刃型位错 b_1 和螺型位错 b_2　　　　　　　　　(b)b_1 运动后产生的割阶

图 7.5.7　刃型位错与螺型位错的交割

7.5.4　位错间的弹性交互作用

本书在 7.5.3 节中讨论了位错在外力作用下发生交割时的一些情况。本节将讨论位错自身应力场间的相互作用问题。

如前所述，每个位错在它的周围都有一个应力场，因此当两个位错彼此靠近时，两者之间将产生力的相互作用。当有许多位错在晶体中的相互距离比较近时，这种作用力就决定了这些位错在晶体中的排列组态。例如，在晶体中经常观察到的位错排、小角晶界及多边形化等位错组态均起因于位错间的弹性交互作用力。

1. 作用在位错线上的力

可以在晶体中选一个边长为 L 的正方形微小晶粒，令在此晶粒部位晶体受到的切应力为 τ。如图 7.5.8 所示，在切应力为 τ 的作用下，一位错从晶粒一边进入，从另一边穿出（若为棱位错可设其从右侧进入、左侧穿出；若为螺型位错可设其从前面进入、后面穿出），则上下晶体沿滑移面的相对位移为 b。这时切应力所做的功为

$$W = fb = (\tau A)b = \tau L^2 b \tag{7.5.3}$$

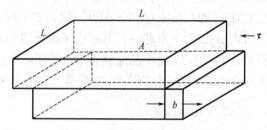

图 7.5.8　作用在位错线上的力

令滑移过程中单位长度位错线上所受到的力为 F，且 F 与位错线垂直，则长度为 L 的位错线移动了 L 距离，外力所做的功为

$$W = (FL)L = FL^2 \tag{7.5.4}$$

比较式 (7.5.3) 及式 (7.5.4) 得

$$F = \tau b \tag{7.5.5}$$

此即为于切应力 τ 的作用下，在伯格斯矢量单位长度为 b 的位错线上所受的垂直方向的作用力。显然，对于棱位错的场合，位错线上受力 F 的方向与切应力 τ 的方向一致；对于螺型位错的场合，螺型位错线上受力 F 的方向与切应力 τ 的方向将是垂直的。

下面将依据式 (7.5.5) 来讨论位错在彼此应力场中受力情况及运动规律等。

2. 两个相互平行的刃型位错间的作用力

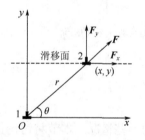

图 7.5.9　刃型位错间的相互作用

设两个相互平行的刃型位错 1 和 2，其伯格斯矢量分别为 b_1 和 b_2。现将位错 1 的中心置于坐标原点，位错 2 的中心位置的坐标为 (x, y)，且滑移面与 Ox 轴平行，如图 7.5.9 所示。这时位错 2 受位错 1 应力场的作用力 F 在 x 轴方向的分量为 F_x，在 y 轴方向的分量为 F_y，由于刃型位错只能沿 Ox 轴方向的滑移面上做滑移运动，因此在讨论位错为滑移运动时只需考虑 F_x 的贡献即可。

利用式 (7.4.1) 和式 (7.5.5) 可以写出 F_x 的表示式为

$$F_x = \tau_{yz} b_2 = \frac{Gb_1 b_2}{2\pi(1-\nu)} \frac{x(x^2 - y^2)}{(x^2 + y^2)^2} \tag{7.5.6}$$

利用 $x = r\cos\theta$、$y = r\sin\theta$、$x^2 + y^2 = r^2$ 等关系可将式 (7.5.6) 化为

$$F_x = \frac{Gb_1 b_2}{2\pi(1-\nu)} \frac{\cos\theta \cos 2\theta}{r} \tag{7.5.7}$$

利用式 (7.5.6) 可以画出图 7.5.10 所示的形象化地反映处于不同位置的位错 2 所受力 F_x 的情况。图 7.5.10 中 F_x 的系数是 $\dfrac{Gb^2}{2\pi(1-y)}$（取 $b_1 = b_2 = b$）；x 为两位错间沿滑移方向的距离，其长度单位用位错 1 和 2 所在滑移面的间距 y 来表示。曲线 I 为同型号位错的情况，曲线 II 为异型号位错的情况。

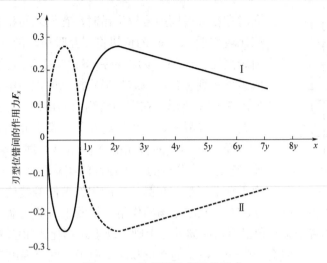

图 7.5.10　位错间的相互作用力

由图 7.5.9 可见，若 $F_x > 0$，表示 F_x 指向 x 轴正方向，这时 F_x 为斥力，在它的作用下，位错 2 将倾向于沿滑移面向远离位错 1 的方向运动；若 $F_x < 0$，表示 F_x 指向 x 轴负方向，这时 F_x 为吸力，在它的作用下，位错 2 将倾向于沿滑移面向靠近位错 1 的方向运动。下面利用 F_x 的表达式 (7.5.7) 及图 7.5.10 的曲线来分析一下位错 1 和 2 间的相互作用情况。

若 1 和 2 是同型号位错，则 $b_1 b_2 > 0$。这时，若 $x < y$，即 $\theta > \pi/4$，则 $F_x < 0$，为吸力；若 $x > y$，即 $\theta < \pi/4$，则 $F_x > 0$，为斥力；若 $x = y$，即 $\theta = \pi/4$，则 $F_x = 0$，这时位错 2 处于不稳定的平衡位置，当它稍微离开这一位置便会受到吸力或斥力的作用，使它向离开这一位置的方向运动；若 $x = 0$，即 $\theta = \pi/2$，则 $F_x = 0$，这时位错 2 处于稳定的平衡位置，它稍微离开这一位置便会受到使它回到原位置的力的作用。如果位错 2 位于位错 1 的左上方，则会得到类似的结果。同型号位错间的作用情况可用图 7.5.11 表示。

若 1 和 2 是异型号位错，则 $b_1 b_2 < 0$。这时，若 $x < y$，即 $\theta > \pi/4$，则 $F_x > 0$，为斥力；若 $x > y$，即 $\theta < \pi/4$，则 $F_x < 0$，为吸力；若 $x = y$，即 $\theta = \pi/4$，则 $F_x = 0$，这时位错 2 处于稳定的平衡；若 $x = 0$，即 $\theta = \pi/2$，则 $F_x = 0$，为不稳定的平衡位置。异型号位错间的作用情况可用图 7.5.12 表示。

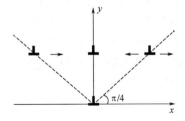

图 7.5.11　同型号位错间的相互作用

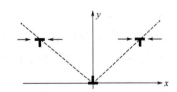

图 7.5.12　异型号位错间的相互作用

由上述分析可知，对于在相互平行的不同滑移面上的同型号棱位错，当它们处于 $x = 0$ 的位置，即沿 y 轴排列时，是力学上的稳定位置。因此，当晶体中沿相互平行的滑移面上

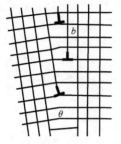

图 7.5.13　小角晶界示意图

同时存在许多同型号棱位错时，它们之间相互作用的结果：那些比较靠近（$x<y$）的位错将相互吸引，沿 y 轴方向排成一列；而距离比较远（$x>y$）的位错将相互排斥，它们在较远处可能形成另外一列位错。按这种形式排列的位错组态称为小角晶界，如图 7.5.13 所示，在它们两侧的晶格位相相差一个小角度 θ。有关小角晶界的详细讨论将在第 8 章中介绍。

经范性形变的金属晶体在加热处理后会产生多边形化现象，它是上述分析的一个很好的实验验证。如图 7.5.14(a) 所示，由于弯曲形变，在晶体中产生许多同号棱位错。当进行热处理时，晶体的屈服强度下降，位错在彼此应力场的作用下将发生滑移运动，向稳定的位错组态变化，最后形成若干条小角晶界，晶体外形上则呈现多边形化，如图 7.5.14(b) 所示。另外，在热处理过程中，将会产生一定数量的空位和间隙原子，同时温度升高，点缺陷的扩散速度加快，这些都有利于促使位错发生攀移运动，攀移运动会使原来位于同一滑移面上的同号位错转移到相互平行的另外的滑移面上去，然后彼此在应力场的作用下排列成小角晶界。因此，在多边形化过程中同时存在位错的滑移和攀移两种形式的运动。

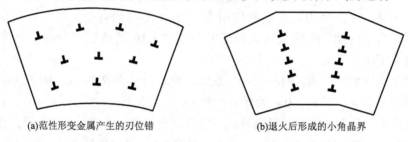

(a)范性形变金属产生的刃位错　　　　(b)退火后形成的小角晶界

图 7.5.14　热处理后金属晶体的多边形化现象

当一系列同型号位错产生于同一滑移面上时，它们的排列规律又将如何呢？由式(7.5.6)可见，在同一滑移面上，两个同型号位错的作用力比较简单，设滑移面为 Ox 面，则 $y=0$，有

$$F_x = \frac{Gb_1b_2}{2\pi(1-\nu)} \frac{x(x^2-y^2)}{(x^2+y^2)^2} = \frac{Gb_1b_2}{2\pi(1-\nu)} \frac{1}{x} \tag{7.5.8}$$

可见它们之间的作用力恒为斥力（因 $x>0$ 时，$F_x>0$），且相距越近斥力越大。因此，在同一滑移面上的同型号位错彼此相斥，倾向于彼此远离。如图 7.5.15 所示，当在 Ox 面上 x 端存在一个位错源不断产生位错时，这些同型号位错在外切应力推动下由右向左传播。当在 O 点遇到一个障碍（晶粒间界或其他缺陷）时，第一个位错停下来，在它的应力场作用下，第二个位错在稍远处停下，第三个位错在第一和第二个位错应力场作用下于更远些的位置停下……。按这种形式排列的位错组态称为位错排。

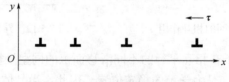

图 7.5.15　同型号位错间的相互斥力

图 7.5.16 是硅晶体中沿<100>晶向放大 360 倍的位错排的蚀坑照片。

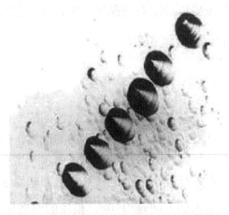

图 7.5.16　硅晶体中位错排的蚀坑照片

3. 两个相互平行的螺型位错间的相互作用力

设两根平行于 z 轴的螺型位错线在 x-y 平面内的坐标分别为 $O\,(0,0)$、$P\,(x, y)$，其伯格斯矢量分别为 $\boldsymbol{b}_1$、$\boldsymbol{b}_2$。在原点 O 位置的位错应力场作用于 $P\,(x, y)$ 点的切应力 $\boldsymbol{\tau}_{\theta z} = \dfrac{G\boldsymbol{b}_1}{2\pi r}$，在它的作用下，处于 P 点的位错线上所受到的作用力为

$$\boldsymbol{F} = \boldsymbol{\tau}_{\theta z}\boldsymbol{b}_2 = \frac{G\boldsymbol{b}_1\boldsymbol{b}_2}{2\pi r} \tag{7.5.9}$$

$\boldsymbol{F}$ 的方向与切应力 $\boldsymbol{\tau}_{\theta z}$ 垂直，它与 r 的方向一致，见图 7.5.17。

当两螺型位错是同型号时，其伯格斯矢量方向相同，因此 $b_1 b_2 > 0$，则由式 (7.5.9) 可见，$\boldsymbol{F} > 0$，表示作用力为斥力，且 r 越小斥力越大，因此两个同型号螺型位错倾向于彼此远离。当两个螺型位错是异型号时，其伯格斯矢量方向相反，因此 $b_1 b_2 < 0$，则 $\boldsymbol{F} < 0$，表示作用力为吸力，在它的驱使下，两个异型号螺型位错倾向于彼此靠近，当两者重叠在一起时，则会复合湮灭。

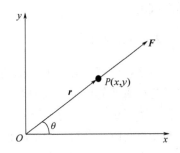

图 7.5.17　螺型位错间的相互作用

7.6　锗、硅单晶中的位错

7.1 节中曾给出几种类型位错的模型，它们是建立在简单立方晶体结构上的位错形态，用它们来描述和讨论位错的许多性质(共性)时，比较简单明了。但对于一个实际晶体，其结构往往要比简单立方情况复杂，因此所产生位错的具体形态将会有许多特殊性。例如，锗和硅半导体材料的结构是金刚石型，它由两套面心立方格子套构而成，因此它所具有的位错型式比上述的简单模型要复杂得多，GaAs 等化合物半导体材料属于闪锌矿型结构，

结构中的两套面心立方格子分别由两种元素的原子组成，因此它们能够产生的位错形态比锗、硅晶体更为复杂。本节主要以金刚石型晶体为例，介绍它的几种典型位错。

7.6.1　金刚石型晶体的几种典型位错

1．特征伯格斯矢量及特征滑移面

由应变能关系式(7.4.6)和式(7.4.7)可以看出，位错的应变能与伯格斯矢量的平方成正比例关系。因此，从能量角度看，在晶体中稳定存在的位错，只能是伯格斯矢量最小的位错，那些伯格斯矢量比较大的位错则不易产生，即使偶尔产生也会因不稳定而向伯格斯矢量小的稳定位错转化。伯格斯矢量最小表示滑移只能沿那些原子线密度最大的方向发生。金刚石型晶体中原子线密度最大的方向是<110>，最短的伯格斯矢量为 $\frac{1}{2}a<110>$，<110>方向族中总共有 12 种取向，因此对应也有 $\frac{1}{2}a[110]$、$\frac{1}{2}a\left[\overline{1}\,\overline{1}0\right]$、$\frac{1}{2}a<101>$、$\frac{1}{2}a<\overline{1}0\overline{1}>$、… 共 12 个伯格斯矢量，这 12 个最短的伯格斯矢量称为特征伯格斯矢量，它们表示锗、硅等金刚石型晶体中产生位错的强度及原子滑移的方向。

由特征伯格斯矢量可知的滑移方向为<110>，但包含<110>方向的晶面又有许多(无限多)，它们是以<110>为晶带轴的一个晶带上的一系列晶面。究竟沿哪些晶面滑移，显然要看哪些晶面间的结合力最弱。第 5 章中曾分析过金刚石型晶体中原子面间距最大，面间价键密度最低的是{111}复合面，其次为{110}，再次为{100}。因此，沿{111}面的滑移最容易实现，称{111}面为特征滑移面。实践表明，在硅晶体中产生的位错，绝大部分位于{111}晶面族上。

2．汤普森记号

由于在研究面心立方结构的晶体的位错中，{111}面和<110>方向以及<211>、<111>方向具有很重要的地位，汤普森(N. Thompson)在 1953 年的一篇论文中引入了一个参考四面体和一套标记。沿用这一套记号可在研究面心立方结构晶体中的位错线及伯格斯矢量所在的面和方向时，获得一个清晰而直观的图像。

在面心立方晶胞中把(001)、(010)及(100)三个面的面心及原点依次标以 A、B、C、D 为顶点连成一个正四面体，与各个顶点相对的正三角形面分别以 (a)、(b)、(c)、(d) 标记，各面的中心分别以 α、β、γ、δ 表示，将该四面体以三角形 ABC 为底展开，得到图 7.6.1(b)。由图 7.6.1 可见如下情况。

(1)四面体的 4 个面即为特征滑移面{111}：

$$(a)=\left(11\overline{1}\right),\quad (b)=\left(1\overline{1}1\right),\quad (c)=\left(\overline{1}11\right),\quad (d)=(111)$$

(2)四面体的 6 个棱边表示的为特征伯格斯矢量 $\frac{1}{2}<110>$：

$$\overrightarrow{AB}=\frac{1}{2}[0\overline{1}1],\quad \overrightarrow{DC}=\frac{1}{2}[011],\quad \overrightarrow{AC}=\frac{1}{2}[\overline{1}01]$$

$$\overrightarrow{BC} = \frac{1}{2}[\bar{1}10]，\quad \overrightarrow{DB} = \frac{1}{2}[101]，\quad \overrightarrow{DA} = \frac{1}{2}[110]$$

另外 6 个矢量与上述大小相等、方向相反。

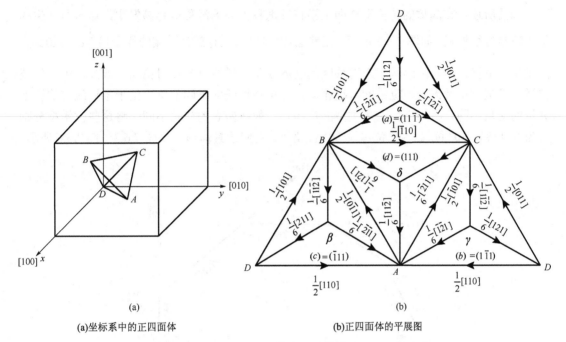

(a)坐标系中的正四面体　　　　　　　　　(b)正四面体的平展图

图 7.6.1　汤普森记号的图示

(3) 四面体的 4 个顶点到它所对的三角形中点的连线，是 Frank 不全位错的伯格斯矢量 $\frac{1}{3}<111>$：

$$\overrightarrow{A\alpha} = \frac{1}{3}[\bar{1}\bar{1}1]，\quad \overrightarrow{B\beta} = \frac{1}{3}[\bar{1}1\bar{1}]$$

$$\overrightarrow{C\gamma} = \frac{1}{3}[1\bar{1}\bar{1}]，\quad \overrightarrow{D\delta} = \frac{1}{3}[111]$$

另外 4 个矢量与上述大小相等、方向相反。

(4) 四面体三角形侧面的顶点到中心的连线，是 Shockley 不全位错的伯格斯矢量 $\frac{1}{6}<112>$：

$$\overrightarrow{\delta A} = \frac{1}{6}[11\bar{2}]，\quad \overrightarrow{\delta B} = \frac{1}{6}[1\bar{2}1]，\quad \overrightarrow{\delta C} = \frac{1}{6}[\bar{2}11]$$

$$\overrightarrow{C\beta} = \frac{1}{6}[1\bar{1}\bar{2}]，\quad \overrightarrow{D\beta} = \frac{1}{6}[121]，\quad \overrightarrow{A\beta} = \frac{1}{6}[\bar{1}21]$$

$$\overrightarrow{D\gamma} = \frac{1}{6}[\bar{1}21]，\quad \overrightarrow{A\gamma} = \frac{1}{6}[\bar{1}21]，\quad \overrightarrow{B\gamma} = \frac{1}{6}[\bar{1}1\bar{2}]$$

$$\overrightarrow{B\alpha} = \frac{1}{6}[\bar{2}1\bar{1}]，\quad \overrightarrow{C\alpha} = \frac{1}{6}[\bar{1}2\bar{1}]，\quad \overrightarrow{D\alpha} = \frac{1}{6}[112]$$

另外 12 个矢量与上述大小相等、方向相反。

3. 几种特征位错

如前所述，在晶体的特征滑移面上沿特征滑移方向的滑移最容易发生，这时所产生的位错将是特征位错。如图 7.6.2 所示，在硅晶体{111}面上有部分区域的原子沿 $\frac{1}{2}a<110>$ 方向发生了滑移，这时滑移区与未滑移区的交界便是位错线。与在讨论简立方晶格中产生棱位错、螺型位错及混合型位错的情况相似，在位错环线的不同部位上由于位错线与伯格斯矢量的交角不同，将会产生许多类型的位错。一般按两者的交角不同，将这些位错型分别称为 0°位错、60°位错、90°位错及 30°位错等。它们的具体形态如图 7.6.3～图 7.6.6 所示。

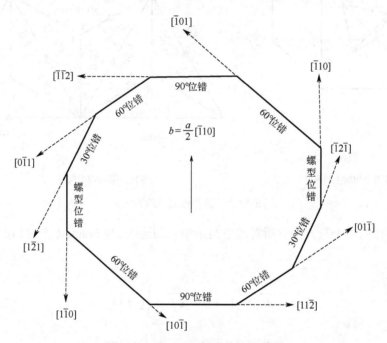

图 7.6.2　锗、硅晶体中的特征位错

图 7.6.3 所示为 0°位错的原子排列情况。图 7.6.3 中 7，8，9，10，11，12 为正常排列的原子的顺序，它呈闭合的六角形，而组成螺型位错的原子次序 13，2，3，14，15，16，17 呈螺旋形。从 13 到 17 的距离就等于伯格斯矢量的长度 b，a 表示位错轴线，它的方向与伯格斯矢量 b 平行，也为<110>。

图 7.6.4 所示为 60°位错，它具有两层原子组成的半晶面，沿位错线方向有一列原子各具有一个未饱和的悬挂键。这种位错是金刚石型晶体中容易出现的一种刃型位错，位错线位于与伯格斯矢量成 60°角的另一个<110>方向上。这种位错也称赝棱位错。

当位错线与伯格斯矢量方向垂直时，将产生 90°位错。如图 7.6.5 所示，在位错线上有两列原子，各具有一个未饱和的悬挂键。位错线的取向为<211>。由于在{111}晶面上原子的排布是 3 重对称的，因此与简立方晶体沿{100}面滑移所产生的 90°位错不同。这种类型的 90°位错并不是纯刃型位错，由图 7.6.5 可见，它已有一定的螺型位错的成分。

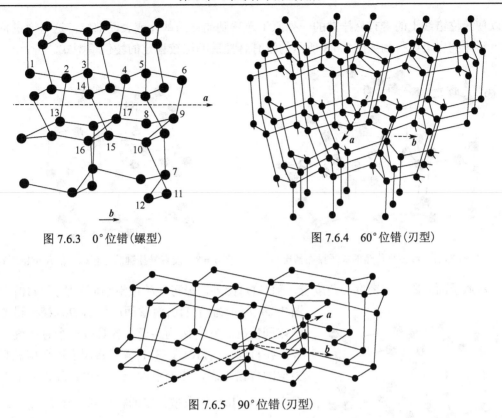

图 7.6.3　0°位错（螺型）　　　　　　　　　　图 7.6.4　60°位错（刃型）

图 7.6.5　90°位错（刃型）

30°位错是典型的混合型位错。由图 7.6.6 可见，它的位错线取向虽然与 90°位错一样位于<211>方向，但它只有一列原子，具有悬挂键，表明它的刃型成分更小，从图 7.6.6 可见，位错附近价键的扭转程度比 90°位错更大，表明它的螺型成分更高。

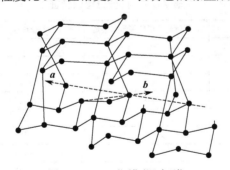

图 7.6.6　30°位错（混合型）

如果滑移不是发生在{111}晶面上，如发生在{100}、{110}等晶面上，那么将会产生一些另外型式的位错。下面仅举两例说明。

如果位错的滑移面为{100}，那么所产生的位错与以前讨论的简立方晶格沿{100}滑移产生的位错将有相似特点。例如，当位错线与伯格斯矢量垂直时，将会产生纯刃型位错。图 7.6.7 所示为这种棱位错的原子排布情况。它有一个由两层原子组成的半晶面，其边缘部位的一列原子各具有两个悬挂键，如果温度比较高，通过空位或间隙原子的扩散作用，可以使棱位错线上的带有悬挂键的一列原子迁移到晶体的基体或表面部位，这时通过价键的重新排列也可以得到如图 7.6.8 所示的没有悬挂键的比较稳定的棱位错型式。

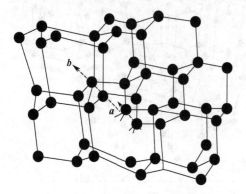 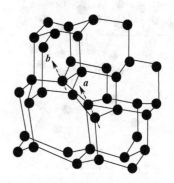

图 7.6.7　纯刃型位错的原子排布情况　　　图 7.6.8　没有悬挂键的比较稳定的棱位错型式

从原子面间距和键密度的角度看，除{111}面外，最可能构成滑移面的将是{110}面。

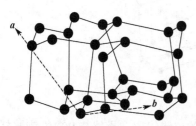

图 7.6.9 所示为沿{110}滑移面产生的 90°棱位错的原子排列情况。它有两列原子，各具有一个悬挂键。另外，在{100}、{110}及{311}等滑移面上还会构成其他类型的位错形态，此处不再一一介绍。现将伯格斯矢量为 $\frac{1}{2}a<110>$ 的典型位错的特点列入表 7.6.1 中。

$$b = \frac{1}{2}a<110>$$

图 7.6.9　90°棱位错的原子排列情况

表 7.6.1　典型位错的特征

编号	位错轴取向	位错轴与伯格斯矢量间夹角	滑移面	悬挂键数目 a/个
I	<110>	0°	—	0
II	<112>	90°	{111}	1.63
III	<110>	60°	{111}	1.41
IV	<112>	30°	{111}	0.82
V	<110>	90°	{100}	2.83 或 0
VIa	<100>	45°	{100}	2 或 0
VIb	<100>	45°	{100}	2 或 0
VII	<100>	90°	{110}	2 或 0
VIII	<112>	54°44′	{110}	1.63 或 0
IX	<112>	73°13′	{311}	2.45 或 0.82

7.6.2　位错对半导体材料的影响

1．位错对载流子浓度的影响

对于 N 型半导体材料，棱位错的悬挂键可以接受一个电子成为电子的满壳层，因此它起受主作用，而螺型位错没有这种性质。

假定硅晶体中的棱位错为 60°位错，由表 7.6.1 可知它的悬挂键密度为 1.41/a，即 2.6×10^7 个/cm。对于通常拉制的单晶，其位错密度在 10^4 条/cm^2 以下，因此相应的受主浓度在 10^{11} 个/cm^3 以下，它与通常掺杂材料的杂质含量相比是不大的。因此，位错对半导体材料的载流子浓度的影响在一般情况下是不显著的，但对高纯 N 型材料会产生一定的补偿作用。

对于 P 型半导体材料，悬挂键可以释放一个电子，从而起施主作用。

2．位错对迁移率的影响

在 N 型半导体材料中，棱位错线是一串受主，接受电子后形成一串负电中心。由于库仑力作用，在位错线周围形成一个圆柱形的正空间电荷区，它对运动的电子起散射作用，因此使迁移率降低。然而，平行于空间电荷圆柱运动的电子，几乎不受它们的影响。弯曲形变的锗晶体经实验表明，迁移率的下降确实有方向性。

3．位错对载流子寿命的影响

实验表明，位错对少数载流子的寿命有显著的影响，在位错密度比较高的半导体材料中，寿命 τ 与位错密度成反比。

造成少数载流子寿命变短的原因有两个。一是位错的存在使晶格发生伸张和压缩，导致禁带宽度发生变化，如图 7.6.10 所示，在晶格伸张区域中禁带宽度变小，在晶体收缩的区域中禁带宽度变大。由于电子倾向于处于导带的最低位置，而空穴倾向于处在满带的最高位置，因此它们倾向于在晶体伸张区域沿禁带最窄部位直接复合，使少数载流子的寿命降低。

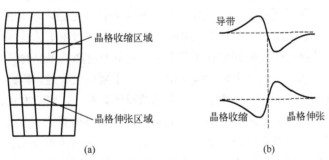

图 7.6.10　位错导致禁带宽度发生变化

另一原因是位错的受主能级可起复合中心的作用。它先从导带和满带捕捉电子和空穴，使其复合掉，从而降低少数载流子的寿命。

对于位错密度比较低的半导体材料，测量结果表明随着位错的增多，少数载流子寿命反而上升，人们认为这一现象是由位错吸收了晶体中的起复合中心作用的杂质而引起的。

4．位错对材料扩散及腐蚀性能的影响

由于位错周围应力场的作用，因此位错有吸附各类杂质的效应，杂质沿位错线的扩散速度大大高于完整部位的扩散速度。在器件生产的扩散操作中，位错会使扩散结出现不平整性，引起漏电流增大、不均匀击穿及局部短路等弊病。但利用这一性质，采用快扩散杂

质铜原子沉积到位错部位，可以通过红外显微镜观测硅晶体中的位错分布情况。

另外，由于位错部位存有较高的应变能，以及棱位错的悬挂键、螺型位错的扭转键等因素都使位错部位的化学活泼性增高，因此当晶体遭受化学腐蚀剂作用时，沿位错部位的腐蚀速度比完整区域要快得多，从而产生位错蚀坑，蚀坑的出现对采用化学抛光方法加工晶体表面是不利的，但通过观测蚀坑的数目、形状、组态等可以帮助了解位错密度及存在形态。

上述分析说明位错对半导体材料性能的影响是多方面的，特别是棱位错显得有更强的活泼性。当用位错比较多的材料制造器件时，发现有漏电流大、击穿电压低软甚至穿通，以及放大系数低、噪声大等现象。因此，在半导体材料制备工艺上，人们一直把降低位错密度作为一个努力方向，随着工艺技术的进步，目前已能获得完全没有位错的硅材料。然而实验表明，这种无位错的单晶材料对器件性能的改善，并没有达到预期的飞跃性的提高。经分析认为其原因可能有两个方面。一方面认为，位错对器件性能的危害往往是通过它与有害杂质的相互作用引入的，例如，器件反向漏电流增大和软击穿等主要是由位错吸附的金属杂质引起的。因此，有人指出在纯净的材料中存在的干净的位错是无害的，或危害性是微小的。另一方面认为，在器件制造的工艺过程中，材料往往要经过多次热处理及杂质扩散等项操作，这时即使原来没有或有较少位错的材料，在热应力或杂质扩散引起的失配应力的作用下也能引入大量的二次缺陷。这些新增殖的位错和层错等缺陷成为危害器件性能的主要因素，而材料原有的位错，一则数目较少，二则在材料制备的高温阶段，它们早已被各种杂质所饱和变为稳定的形式，因此它们对器件性能的影响是很有限的。目前对器件工艺过程中二次缺陷的引入问题已被广泛关注，例如，人们在采用应力补偿的方法同时选用原子半径不同的两种元素的杂质进行扩散等完美器件工艺技术的研究方面，已经开展了不少的工作。另外，如上所述，有害杂质通过位错的吸附作用在工艺过程中被大量引入材料中所引起的危害也被材料工作者和器件工作者所重视，如何降低单晶材料和工艺中所涉及的各种原材料的纯度问题，一直是半导体技术中的一项重要研究课题。因此，从杂质和位错的相互作用角度来研究位错的作用，才是符合实际情况的。例如，实验发现，在某些情况下采用具有均匀分布的低位错密度的硅单晶材料制得的器件的性能要比采用无位错硅单晶还好，其原因被认为是适量均匀分布的位错能够吸引材料中的许多有害性杂质到它的周围，使位错和杂质两者都变成相对稳定的状态，结果它们对器件性能的影响作用会相互抵消。例如，有位错的单晶硅中往往观测不到漩涡状微缺陷，就是由于位错有吸收微缺陷的成核中心的作用。总之，对位错的作用应有一个比较全面的认识，对于具体情况要注意做具体的分析。特别是要注意，从位错与杂质、位错与其他缺陷的相互影响的角度来加深对位错的认识。

习题及思考题

7.1　阐述位错的一般性定义及普遍性定义。

7.2　棱位错和螺型位错在几何特征和性能上各有哪些特点？

7.3　伯格斯矢量 $b = \frac{1}{3}a[111]$，$b = \frac{1}{6}a[112]$，$b = \frac{1}{2}a[110]$ 的含义各是什么？

7.4　硅晶片在外延（1150℃）操作时，由于石墨基座温度不均匀，在晶片的径向可能产生温度梯度为 10℃/cm，试估算由此可能引起的位错增殖情况。

7.5　位错的滑移运动和攀移运动的区别是什么？

7.6　试从应变能的角度说明在面心立方晶体中一个 $b_1 = a[110]$ 的位错可以分解为两个 $b_2 = \frac{1}{2}a<110>$ 的位错。

7.7　简要说明位错和点缺陷（包括杂质原子）之间有哪些相互作用。

7.8　试从位错应力场间弹性相互作用角度解释晶体中小角晶界及位错排的形成原因。

7.9　锗、硅晶体中产生位错的特征滑移面、特征伯格斯矢量及特征位错是什么？

7.10　简要说明位错对半导体材料性能的影响。

第8章 半导体中的面缺陷

晶界、相界、堆垛层错等称为晶体中的面缺陷。在讨论面缺陷的形态和性能时，常把面缺陷化为一系列的位错来处理，这是由于人们对位错的形态和性能已了解得比较透彻，把它推广到对面缺陷的形态和性能的认识方面会带来许多便利；另外，如小角晶界等面缺陷经观测表明确实由一系列位错排列而构成。因此，利用位错模型来处理一些面缺陷确实是比较合适的近似方法。此外，在讨论堆垛层错时，还要引入不全位错的概念。因此，本章的内容在许多方面可以看作第7章有关位错讨论的延伸。

8.1 层　错

8.1.1 堆垛层错

如 2.4.1 节所述，面心立方结构和六方结构是两种密堆积结构，许多金属晶体中的原子排列都是这两种密堆积方式，如图 2.4.4 和图 2.4.3 所示。

面心立方密堆积的堆垛次序为 $ABCABC\cdots$，而六方密堆积的堆垛次序为 $ABABAB\cdots$。弗兰克采用另一种符号来表示堆垛的次序：用 △ 表示 AB、BC、CA 的次序堆垛，用 ▽ 表示反方向的 BA、CB、AC 次序的堆垛，因此面心立方结构的次序为 △△△△△…，六方结构的堆垛次序为 △▽△▽△…。

堆垛层错(简称层错)表示在正常的堆垛次序中发生了错误。例如，在面心立方结构中，正常的堆垛次序为…△△△△△…，如果有一个 ▽ 代替 △，就产生了层错，其次序变为…△△▽△△…。又如，在六方结构中正常的堆垛次序应为…△▽△▽△▽…，现若为…△▽△△△▽…，便产生了层错。

面心立方结构中产生的层错可以分为两种基本类型：一种相当于在正常次序中抽走一层，称为抽出型或本征型；另一种相当于在正常次序中插入一层，称为插入型或非本征型，如图 8.1.1(a)、(b)所示。从图 8.1.1 可以看出一个插入型层错等于两层抽出型层错；而面心立方结构中的层错也相当于嵌入了薄层的六方结构。

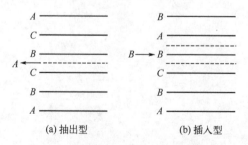

(a) 抽出型　　　　　　　　(b) 插入型

图 8.1.1　面心立方结构中的层错类型

　　实践表明，在同种结构中，出现层错的概率是随金属的不同而不同的。对面心立方结构的金属而言，不锈钢及 α-黄铜中可以看到大量的层错，而在铝中根本看不到层错，金、银、铜等金属则介乎其间。这些差异可以归结为由层错能(产生单位面积层错所需要的能量)不同所致。层错能越高，出现层错的可能性越小。从上面介绍的层错模型可以看出，层错部位原子的最近邻关系并未发生改变，只是次近邻关系发生变化，因此层错部位(不考虑层错区的边界部位)几乎不产生弹性畸变，所以人们认为层错能的主要来源应是电子能。它的数量级一般为 $n \times 10^{-6}$ J/cm²。半导体材料锗、硅、砷化镓等属于金刚石型或闪锌矿型结构，由于这种结构由两组面心立方格子构成，因此其所产生的堆垛层错在结构上将比上述模型更复杂一些，金刚石型结构中堆垛层错的原子排列情况将在 8.1.4 节中介绍。硅晶体在外延生长、热氧化及扩散工艺中经常会产生层错缺陷。

8.1.2　不全位错

　　如前所述，面心立方晶体中可能产生两种型式的堆垛层错，一种是本征型(抽出型)，另一种是非本征型(插入型)。就其产生方式来看，可以是在(111)面上将上下两半晶体做相对滑移，或者抽出去一层，或者插入一层。现在假使滑移中止在晶体的内部某处，或者抽去的不是完全的一层，或者插入的也不是完全的一层，这时所造成的堆垛层错只是在晶体中的一部分区域存在，于是在晶体中具有堆垛层错部分与完整部分的交界地方就造成了不全位错，即层错的周界就是不全位错。

　　第 7 章中所讨论的位错是滑移区和未滑移区的交界，这种位错的伯格斯矢量长度等于一个原子间距，故称其为全位错。造成堆垛层错的滑移则只是一个原子间距的一部分，不全位错的伯格斯矢量小于一个原子间距。在不全位错附近的原子排列发生一定的畸变，但畸变程度比全位错要小，因此在不全位错上每个原子的最大失调能量比全位错小，但比层错大。

　　由于以不同方式形成的堆垛层错，其周边部位原子排列的情况有所不同，因此所产生的不全位错的类型和性质也不同，下面将分别做以介绍。

　　1. 肖克莱不全位错

　　图 8.1.2 是面心立方晶体的 ($0\bar{1}1$) 面，空心圆点代表前面一层的原子排列位置，实心圆点代表后面一层的原子排列位置。原子之间的连线看起来是在一个平面上的菱形，实际上是一前一后两个平面上相邻两个原子的连线。

　　当以 A 层的右上角部分做整体的滑移时，若使 A 层的原子滑移到 B 层原子的位置，而 A 层上部的各层原子都随着依次由 B→C、C→A、A→B、…，于是右上角部分的原子连线出现了弯折。弯折部分便产生了堆垛层错，且属于抽出型的本征层错，图 8.1.2 中虚线部位是不全位错，它垂直于纸面(即 ($0\bar{1}1$) 面)，属于纯刃型位错。这种由滑移而产生的不全位错称为肖克莱不全位错，它的伯格斯矢量 $\boldsymbol{b} = \dfrac{a}{6} <112>$。和全位错相似，在滑移区和未滑移区的交界线的不同部位上，由于伯格斯矢量与位错线的交角不同，会产生纯刃型、纯螺型和混合型的肖克莱位错。然而它和全位错又有不同的地方，如图 8.1.2 所示，在不全位错的左侧是完整晶体，而右侧是堆垛层错；对于全位错，两侧均为完整区。

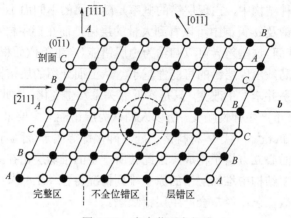

图 8.1.2　肖克莱不全位错

2. 负的弗兰克不全位错

如果在正常堆垛顺序中抽去一层密排面，而把上面半个晶体垂直放下来，这时造成的堆垛层错与滑移造成的堆垛层错将是相同的，为本征型层错。如图 8.1.3 所示，现若只抽去 B 层的右半部分，而使上面的 C 层垂直落下(至少越在晶体的右端部分越能做到垂直落下)。这时在抽出部分的左端附近原子排列发生较大的畸变。此即为不全位错所在部位，这种由于抽出一层原子造成的位错称为负的弗兰克不全位错，它与图 8.1.2 所示的纯刃型肖克莱不全位错的原子错排情况不同，但两者邻接的堆垛层错却是相同的，这种位错型为刃型，其伯格斯矢量为 $\frac{a}{3}$ <111>。

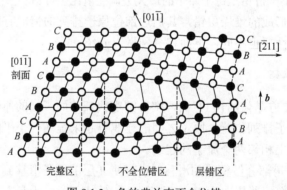

图 8.1.3　负的弗兰克不全位错

3. 正的弗兰克不全位错

如图 8.1.4 所示，若在晶体的右半部分沿 A、B 两层之间插入 C 层原子，这样所造成的不全位错称为正的弗兰克不全位错。它邻接的堆垛层错是非本征型的，其伯格斯矢量也为 $\frac{a}{3}$ <111>。

求不全位错的伯格斯矢量的方法与全位错情况相似，只是规定伯格斯回路的起点要选取在层错面上。

上面讨论的 3 种不全位错，都只能在密排面上存在，它的运动也限制在该面上。从不全位错处的原子排列特点上可以看出，肖克莱不全位错可以滑移而不能攀移，弗兰克不全位错则可以攀移而不能滑移。有关全位错在滑移运动中的特性都适用于肖克莱不全位错，如在外力作用下容易产生滑移运动、在晶体的表面出现宏观的形变、在应力场中受到力的作用等。但有一点，纯螺型的肖克莱位错不能在任意面上滑移，这与螺型全位错不同。弗兰克不全位错的运动只能以攀移的方式出现，这和全位错的攀移运动相同。由于弗兰克不全位错只能攀移而不能滑移，而攀移必须通过原子的扩散过程来实现，因此弗兰克不全位错的运动是较困难的。凡位错能以纯滑移来运动的，如肖克莱不全位错与全位错，都可称为可滑移位错；而弗兰克不全位错有时称为不滑移位错，由于它运动比较困难，因此也称固定位错或固着型位错等。实际上，不全位错的运动就是它所邻近的堆垛层错区的扩展或收缩，显然由弗兰克不全位错围绕的堆垛层错的扩展和收缩是比较困难和缓慢的。现将上述在面心立方晶体中存在的 3 种不全位错的特性综合于表 8.1.1 中。

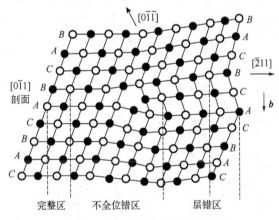

图 8.1.4　正弗兰克不全位错

表 8.1.1　不全位错的特征

特征描述	肖克莱不全位错	弗兰克不全位错	
		正的	负的
形成不全位错的方法	在{111}面上滑移	插入一层{111}面	抽去一层{111}面
邻接层错类型	本征型	非本征型	本征型
位错型	刃型、螺型	刃型	
伯格斯矢量	$b=\dfrac{a}{6}<112>$ 在{111}平面中	$b=\dfrac{a}{3}<111>$ 垂直于{111}面	
位错线形状	在{111}平面上任意形(混合型)	在{111}平面上任意形(刃型)	
运动方式	滑移、不攀移	攀移、不滑移	

8.1.3　扩展位错

由位错应变能关系可知，位错的应变能与伯格斯矢量的平方 (b^2) 成正比。因此，伯格斯矢量较大的位错不稳定，它倾向于分解为伯格斯矢量较低的位错。在面心立方晶体处于 {111} 面上的 $b=\dfrac{a}{2}<110>$ 型的位错是能量最低的全位错，从降低能量的角度看，它尚有分解为两个 $\dfrac{a}{6}<112>$ 型不全位错的可能，即

$$\frac{a}{2}[110] \rightarrow \frac{a}{6}[121] + \frac{a}{6}[21\bar{1}]$$

这样分解后将使位错的能量降低为原来值的 2/3。分解后的两个相平行的不全位错是相斥的，它们倾向于分开，这时在分开的两个不全位错之间就产生一片层错，直到层错的表面张力（等于层错能）和不全位错间的斥力相平衡。这样形成的位错（两个不全位错夹住一片层错）称为扩展位错。

如图 8.1.5 所示，若把沿 {111} 面上的滑移过程看作圆球的滚动，当产生全位错时，圆球将由 C 位置沿 <110> 方向运动到另外一个 C 位置，这种直线运动显然要困难一些。若圆球由 C 沿 <112> 方向首先滚到 B 位置，再由 B 沿另一个 <112> 方向滚到 C 位置，这种沿折线运动的方式则是比较容易实现的。可见从直观角度来看，一个全位错分解成两个不全位错也是有利的。

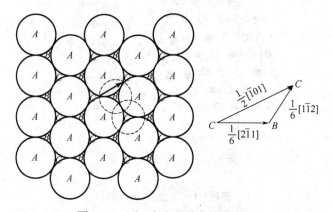

图 8.1.5　面心立方晶体中的密排面

为了便于理解扩展位错的形态，进一步给出了图 8.1.6 和图 8.1.7 两个略为直观的图示。图 8.1.6 (a) 是在面心立方晶体中的 (111) 面上，通过滑移产生的 $\dfrac{a}{2}[0\bar{1}1]$ 全位错的俯视图，图 8.1.6 中 a 和 b 代表相邻的两类 $(0\bar{1}1)$ 原子平面。这里绘出的是纯刃型位错，在位错部位出现 a、b 两层多余的原子面。图 8.1.6 (b) 所示为上述全位错附近各 $(0\bar{1}1)$ 面排布情况。

图 8.1.7 (a) 所示为 $\dfrac{a}{2}[0\bar{1}1]$ 全位错分解后产生两个肖克莱不全位错及中间所夹堆垛层错的情况，图 8.1.7 (b) 所示为扩展位错附近各 $(0\bar{1}1)$ 面排布情况。

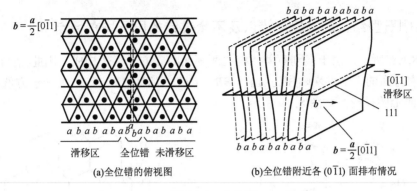

图 8.1.6　全位错

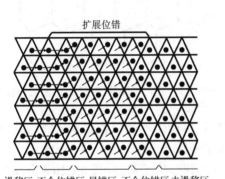

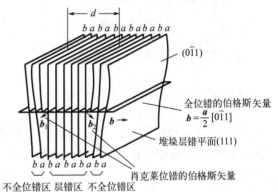

图 8.1.7　扩展位错

其他类型的晶体结构中，全位错也可以分解为扩展位错，如以下两种结构所示。

(1)六方结构。

以{0001}为层错面，有

$$\frac{1}{2}\left[2\overline{1}\overline{1}0\right] \rightarrow \frac{1}{2}\left[10\overline{1}0\right] + \frac{1}{2}\left[1\overline{1}00\right]$$

以{10$\overline{1}$0}为层错面，有

$$[0001] \rightarrow \frac{1}{2}\left[\overline{1}011\right] + \frac{1}{2}\left[10\overline{1}1\right]$$

(2)体心立方结构。

以{112}为层错面，有

$$\frac{1}{2}[111] \rightarrow \frac{1}{3}[112] + \frac{1}{6}[11\overline{1}]$$

在一般情况下，全位错的分解有 3 种不同的情况。

(1)全位错不分解，如体心立方结构中某些金属：W、Mo 等。

(2)扩展位错很窄，层错能较高（$>10^{-5}$ J/cm^2），如 Al 等。

(3)扩展位错很宽，层错能较低（$<10^{-5}$ J/cm^2），如不锈钢、α-黄铜等。

8.1.4　金刚石型结构的堆垛层错以及不全位错的原子排布特点

如图 8.1.8 所示，由于金刚石型结构由两套面心立方子格子构成，因此沿[111]方向的 {111}原子密排面的正常堆垛顺序为 *AA′*、*BB′*、*CC′*、*AA′*、*BB′*、···。为表示方便，常绘出它在 $(0\bar{1}1)$ 面上的投影，如图 8.1.9 所示。

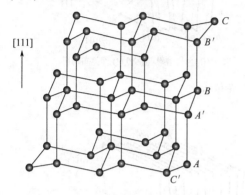

图 8.1.8　金刚石型结构的正常堆垛顺序

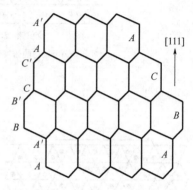

图 8.1.9　正常堆垛顺序在 $(0\bar{1}1)$ 面上的投影

与面心立方结构相似，在金刚石型结构中同样可以产生本征型和非本征型的堆垛层错，图 8.1.10 所示为由滑移方式产生的本征型堆垛层错原子排列情况，图 8.1.11 所示为由插入原子面方式产生的非本征型堆垛层错的原子排列情况。为了简便，图 8.1.10 和图 8.1.11 中用两个面间的单一字母 *A*、*B* 或 *C* 标记一对(111)面；层错部位的虚线两侧原子排列是镜像对称的，因此这些堆垛层错也可以看作由不同宽度的孪生缺陷的插入面构成。孪生结构在 Ge、Si 单晶生长期间常常发生，堆垛层错在 Ge、Si 晶体外延生长等工艺过程中也经常发生，这说明在 Ge、Si 晶体中堆垛层错的表面能是比较低的。Aerts 等用电子显微镜观测表明硅的本征和非本征层错能分别为 $5 \times 10^{-6} \sim 6 \times 10^{-6}$ J/cm^2。

在金刚石型晶体中，形成本征或非本征层错时，抽出或插入的将是两层(111)原子面。因此，如图 8.1.10 和图 8.1.11 所示，对于在层错边缘部位的不全位错，其原子排列情况将比简单面心立方格子情况更为复杂。图 8.1.10 和图 8.1.11 中给出的不全位错处的原子排列

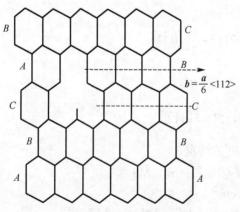

图 8.1.10　本征型堆垛层错

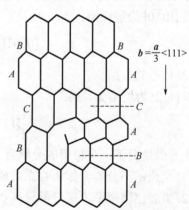

图 8.1.11　非本征型堆垛层错

情况并不是唯一的形式，例如，对于由滑移造成的堆垛层错其边缘邻接的肖克莱不全位错，Hornstra 就曾给出 3 种可能形式，如图 8.1.12 所示。其中，堆垛层错的原子排列情况，如图 8.1.13 所示。

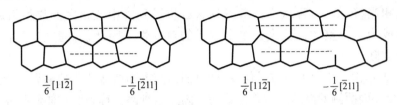

$$\frac{1}{6}[11\bar{2}] \qquad -\frac{1}{6}[\bar{2}11] \qquad \qquad \frac{1}{6}[11\bar{2}] \qquad -\frac{1}{6}[\bar{2}11]$$

图 8.1.12　滑移形成的堆垛层错

在简单面心立方结构中，沿(111)面的片状空位团的崩塌会产生本征型堆垛层错，下面再来看在金刚石型结构中沿(111)面的片状空位团崩塌时的情况。如图 8.1.14 所示，在金刚石型结构中，在(111)面间可能形成两种形式的片状空位：一种称为 BB 型；另一种称为 AB 型。显然 BB 型空位相当于在正常堆垛层错中抽掉 B、B′两层原子，它的崩塌可以产生本征型层错。但是，BB 型片状空位的出现要产生大量的悬挂键，因此可以预计它的产生概率是很小的，而比较容易产生的将是 AB 型的片状空位，这种片状空位实际上是抽去一部分{111}复合晶面，后者的悬挂键密度最低，但若使这种结构形式的片状空位崩塌，上下原子间的不饱和悬挂键由于空间位置的关系不能很好地吻合，进而不能形成稳定的共价键，这意味着错配能将是很高的。因此，在硅晶体中沿{111}面的片状空位不易直接崩塌而产生堆垛层错，它们将倾向于与氧、碳或其他杂质发生相互作用，并成为硅中微缺陷或热氧化层错的成核中心。

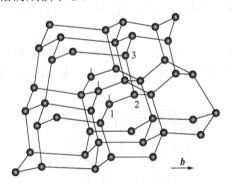

图 8.1.13　堆垛层错的原子排列情况

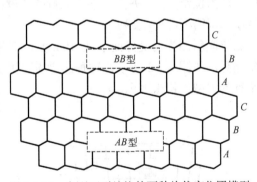

图 8.1.14　金刚石型结构的两种片状空位团模型

8.2　晶　　界

8.2.1　小角度晶粒间界的位错模型

晶粒间界分为大角度的晶界和小角度的晶界，大致地说，晶粒间的取向差小于 10°的可以称为小角度晶界。1940 年，Burgers J. M.以及 Bragg W. L.分别提出了晶体中的小角度晶界的模型，它是由一列位错列阵构成的。

对取向差 θ 在 1° 以内的小角晶界的实验观测完全符合上述的位错列阵模型。取向差为 1°～10° 的倾斜晶界的结构，由于位错密度增大，直接观测较困难，但通过间接的研究，它也十分符合上述模型，甚至大角度晶界的晶界能量的测量值与按位错列阵模型计算结果也相当符合，尽管这样，考虑到这时位错列阵中位错之间靠得很近，互相间将发生作用成为一个整体，已失去单个位错的对立性，因此仍然把它们看作位错列阵有些不切合实际。

图 8.2.1 表示由两个简单立方晶体以 (100) 面为交界面构成的小角晶界。两晶体间的取向差为 θ，交界面两侧的晶体是对称配置的，因此这种晶界称为对称倾斜晶界。这种晶界可以看作由一列位错构成，位错的伯格斯矢量的长度等于晶格常数 b。

由图 8.2.1 所示的模型可以看出如下简单几何关系：

$$\frac{\frac{b}{2}}{D} = \sin\frac{\theta}{2}$$

或

$$\frac{b}{D} = 2\sin\frac{\theta}{2}$$

当 θ 角很小时，$\sin\frac{\theta}{2} \approx \frac{\theta}{2}$，因此有

$$D = \frac{b}{\theta} \tag{8.2.1}$$

式中，D 为位错间距；b 为伯格斯矢量的长度；θ 为两晶粒之间的取向差，可见 θ 角越大，D 越小，位错列阵密度越大。

如果倾斜晶界的交界面不是 (100) 面，而是任意的 ($hk0$) 面，则这种晶界称为非对称的倾斜晶界。如图 8.2.2 所示，这种晶界需要用伯格斯矢量分别为 $\boldsymbol{b}_1 = [100]$ 和 $\boldsymbol{b}_2 = [010]$ 的两组平行的刃型位错来表示。

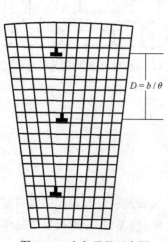

图 8.2.1　小角晶界示意图

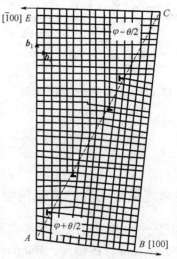

图 8.2.2　非对称的倾斜晶界

　　另外，由两组正交的螺型位错线可以形成扭转晶界，如图 8.2.3 所示。这时位错网络的间距 D 也满足式(8.2.1)的关系。

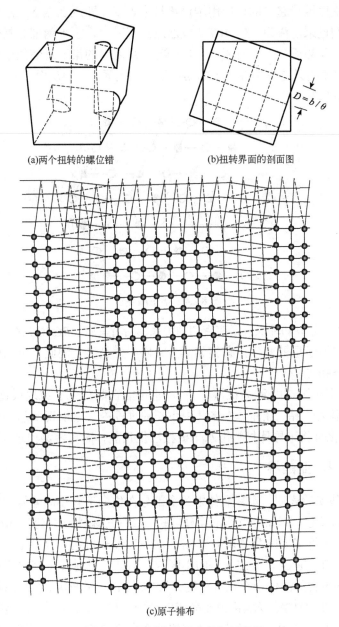

(a)两个扭转的螺位错　　　　　　　　　(b)扭转界面的剖面图

(c)原子排布

图 8.2.3　螺型位错形成的扭转晶界

8.2.2　孪生晶界

　　除一般的晶界外，还存在一种特殊的晶界，其晶界上的原子正好处在两个取向不同晶体的正常点阵的结点位置上，这种晶界称为共格晶界，由于界面上没有显著的原子错排，它的晶界能要比一般晶界能低得多。最常见的共格晶界是共格孪生晶界，界面两侧的晶体的位相满足反映对称的关系，反映面即称为孪生面。

　　下面以面心立方晶体为例来说明孪生晶界的问题。已知面心立方晶体中{111}面是按 *ABCABCABC* 的次序堆垛起来的，应用堆垛符号来表示，即△△△△△△。如果从某一层起，堆垛层错颠倒过来，成为 *ABCACBA* 或△△△▽▽▽，上下两部分晶体就形成了孪生关系，见图 8.2.4。可以看出，所有原子(包括孪生界面上的)的第一近邻的数目和距离都和完整晶体相同，有改变的只是孪生界面上的第二近邻的关系，它们从面心立方的 *CAB* 型转化为密堆积六方 *CAC* 型。

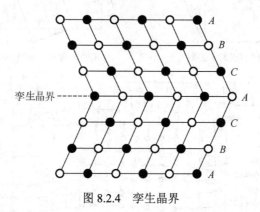

图 8.2.4　孪生晶界

　　显然，共格孪生晶界和堆垛层错有密切的关系，后者具有 *ABCACABC*(△△△▽△△△)的层序，相当于单原子层的孪生，有相邻两个共格孪生晶界。因此，可以用共格孪生晶界能的两倍来表示层错能。

　　孪生可以在形变中产生(称为机械孪生)，也可能在晶体生长或退火过程中产生(称为生长孪生及退火孪生)。锗、硅晶体在熔体中生长的过程中常会出现孪晶。砷化镓、锑化铟、锑化镓等Ⅲ-Ⅴ族化合物半导体材料用水平横拉法生长晶体时更容易出现孪生现象。

8.2.3　镶嵌组织、亚晶界

　　早期的 X 射线实验表明，实际晶体中各个部分在位向上有小的差异，从而提出了晶体中存在镶嵌组织的设想。例如，由理论计算可知，经理想晶体反射(实为衍射)的 X 射线的角宽度只有几秒，但许多实际晶体反射 X 射线的角宽度却可达几分甚至几度，因此推想到在晶体内存在许多在方向上有一定偏差的小区域；另外，反射线强度的测量值和理论值的比较，也表明在许多实际晶体中存在有线度约为 10^{-4}cm 的镶嵌块。实际晶体中这些位向差很小(几十分到 1~2 度)的镶嵌块称为亚晶或亚结构，如图 8.2.5 所示，这些亚结构之间的边界称为亚晶界。目前认为造成晶体中各部位间产生位向差的原因，是在晶体内存在不规则排布的三维位错网络或者规则排布的位错形成的小角晶界。

　　对于位错密度比较大、杂质含量比较高的金属单晶，有时用肉眼或低倍放大镜就能看到许多毫米数量级的胞状组织及与生长方向平行的线状组织，它们是比较密集的位错网络及杂质沉积。另外，晶体在退火处理后由于位错的重新排列形成的多边形化等都可以属于镶嵌组织的范畴。

　　在位错密度比较低、纯度比较高的半导体材料中，镶嵌组织一般表现不明显。但是，当对这些完整性较高的材料进行切割、研磨等机械加工以后，会在表面数微米甚至数十微米的区域内产生明显的镶嵌组织。图 8.2.6 所示为晶体表面加工损伤层的情况，其中的裂缝层实际上也属于镶嵌组织。

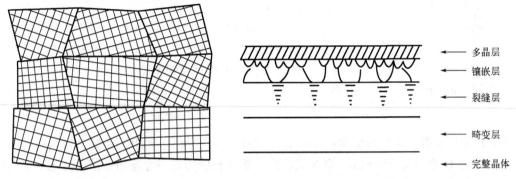

图 8.2.5　镶嵌块式亚结构示意图　　　　　　　　图 8.2.6　晶体表面加工损伤层

从熔体中拉制的锗、硅单晶除了会产生沿{111}滑移面排列的位错外，还会产生沿{110}面排列的位错结构的小角晶界（亚晶界）。小角晶界的进一步密集构成系属结构。图 8.2.7（a）是沿<111>方向生长的硅晶体用化学腐蚀显示的小角晶界构成的系属结构（选自 GB/T 30453—2013），图 8.2.7（b）是<113>方向的 Ge 晶体用 HF∶HNO$_3$∶Cu(NO$_3$)$_2$ 腐蚀后观察到的小角晶界（选自 GB/T 8756—2018）。

 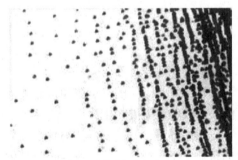

（a）硅晶体中的系属结构　　　　　　　　　（b）Ge 晶体中的小角晶界

图 8.2.7　晶体中的系属结构和小角晶界照片

8.2.4　晶界能及杂质吸附

实验测量表明，对于小角度的晶界能随着晶粒间的位向差的增加而增加，符合如下经验关系：

$$E = E_0\theta(A - \ln\theta) \tag{8.2.2}$$

式中，E 为单位面积晶界的能量；θ 为晶粒间的位向差；E_0 和 A 为常数。而大角度晶界的晶界能与取向差 θ 无关，基本上是一个定值。如图 8.2.8 给出的是锗晶体中相对晶界能（取

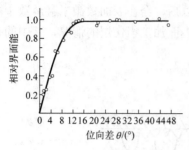

图 8.2.8　相对界面能与位向差关系

最大晶界能的数值为 1)随位向差 θ 变化的实验测量结果。可见在 $\theta < 15°$ 的范围内,实验结果与式(8.2.2)相符,在 $\theta > 15°$ 的区域内相对晶界能与 θ 无关,趋向于 1。

式(8.2.2)所表示的经验关系式可以由位错模型来定性地推得。由第 7 章对位错的畸变能的分析中得知,单位长度刃型位错畸变能为

$$E_1 = \frac{Gb^2}{4\pi(1-\nu)} \ln \frac{r}{r_0} \tag{8.2.3}$$

式中,r 为位错弹性场区域的半径;r_0 为一常数,接近于原子间距。如果认为晶粒间界由一列间隔为 D 的刃型位错构成,各位错所产生的长程应力场将会互相抵消,因此单个位错的应力场的范围可以近似地表示为

$$r = aD \tag{8.2.4}$$

式中,a 为数值接近于 1 的常数。假定单位面积上的晶界能等于该面积上各位错的畸变能的和,且知单位长度的晶界上有 $1/D$ 条位错线,而 $D = b/\theta$,于是晶界能为

$$E = \frac{1}{D} E_1 = \frac{\theta}{b} \frac{Gb^2}{4\pi(1-\nu)} \ln \frac{aD}{r_0} = \frac{Gb}{4\pi(1-\nu)} \theta \left(\ln \frac{ab}{r_0} - \ln \theta \right) \tag{8.2.5}$$

与式(8.2.2)比较可见,两者是一致的,而

$$E_0 = \frac{Gb}{4\pi(1-\nu)}$$

$$A = \ln \frac{ab}{r_0}$$

上述计算是近似的,里德和肖克莱曾做过严格的计算,所得结果基本相同,只是常数 A 的表示式略有差异,由此进一步验证了小角晶界的位错模型是合理的。

既然晶界是一种畸变区,小角度晶界比较符合位错模型,因此如同位错能够吸附晶体内的杂质原子一样,晶界也将会吸附晶体内的杂质原子并使晶界能降低,这种现象称为晶界的内吸附。除了畸变能的差异构成吸附的原动力外,杂质原子与晶界能的静电交互作用也可能对内吸附有所影响。一般地,如果杂质原子在晶体基体中和在晶界层中的能量差为 ΔE,则晶界层中杂质原子的浓度 C 和基体内的浓度 C_0 间应满足:

$$C = C_0 \exp[\Delta E / (kT)] \tag{8.2.6}$$

可以看出 C 与 C_0 的差异受温度的控制。在高温时,在平衡状态下杂质的分布比较均匀,内吸附能较小。

8.3　相　界

具有不同结构的相(或结构相同而点阵参数不同的相)的边界称为相界。相界在实际问题中的重要意义不亚于晶界。例如,采用外延技术生成的具有多层结构的半导体材料,其

衬底和外延层之间的界面一般可以作为相界来研究。

相界可以分为两类：一类是非共格的相界，不同的晶相并不保持一定的相位关系；另一类是共格或准共格的相界，界面两侧的晶相保持一定的相位关系，沿着界面，两相具有相同或相似的原子排列。本节主要讨论后一类相界。

如同小角晶界一样，共格或准共格的相界可以用位错模型来描述。例如，对于两种晶体结构相同的晶体，其点阵参数或夹角 θ 有少量(<10%)差异。两者之间如果要求完全共格地排列，晶体中就要产生很大的晶格畸变。如果沿着界面引起平行的位错行列，便可以容纳所需要的点阵参数或夹角的变化，而使畸变能大为减小。图 8.3.1(a)所示为两个晶格参数分别为 b_1、b_2 的简单立方晶相间的晶界，它可以由一系列的刃型位错组成。

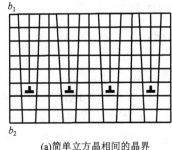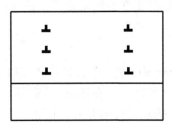

(a)简单立方晶相间的晶界　　　　　　　　(b)晶界处的刃型位错

图 8.3.1　晶格参数的差异产生的相界

如果以 δ 表示两种晶格参数间的相对偏差，则有

$$\delta = \frac{b_2 - b_1}{b_2} \tag{8.3.1}$$

式中，b 为位错的伯格斯矢量的长度。这时相界上的位错的间距可如下求出：

$$D = \frac{b}{\delta} \tag{8.3.2}$$

同样，如果相界两侧的晶格在夹角上存在差异：

$$\delta' = \frac{\theta_2 - \theta_1}{\theta} \tag{8.3.3}$$

则可以用一列平行的螺型位错来容纳这些差异，这时相界面产生螺型位错的间距为

$$D = \frac{b \sin \theta}{\delta'} \tag{8.3.4}$$

从理论上来考虑，相界能应该包括两部分：一部分涉及两相间原子的化学交互作用；另一部分是弹性场的畸变能，后者可能更重要一些。根据位错模型可以计算畸变能的部分，采用的方法和晶界能的计算方法相似：设在单位长度内有 $1/D$ 根位错线，每根位错应力场所及的区域设想为 aD（a 为接近于 1 的常数），因此单位面积的界面能可表示为各位错能量的叠加，即

$$E = \frac{1}{D} \frac{Gb^2}{4\pi k} \ln \frac{aD}{r_0} = E_0' \delta (A' - \ln \delta) \tag{8.3.5}$$

$$E'_0 = \frac{Gb}{4\pi k'}$$

$$A' = \ln \frac{ab}{r_0}$$

式 (8.3.5) 和晶界能表达式 (8.2.5) 十分相似，差异在于用 δ 代替了 θ。

目前在半导体材料制备工艺中广泛采用外延技术来获得供器件需要的具有多层结构的半导体基片。按外延层和衬底材料组分及结构上的差异，将外延又分为异质外延和同质外延两类。例如，在制作数码管时，需要在 GaAs 衬底上生长 $GaAs_{(1-x)}P_x$（x 为 0.4 左右），它属于异质外延。GaAs 的晶格常数为 0.55677nm，将它们近似地按简立方晶格考虑，由式 (8.3.2) 可以估算出在界面附近产生位错线的间距为

$$D = \frac{b}{\delta} \approx 66b$$

即每隔 66 个晶胞便产生一条刃型位错，这种位错常称为失配位错，其界面常称为错配间界。由于衬底和外延层之间存在组分（或杂质）的相互扩散作用，因此实际的界面往往不会如图 8.3.1(a) 所示的那样截然分开，而是由具有一定厚度的过渡层构成。有时为了缓和衬底和外延层间的失配应力，常人为地控制生长一定厚度的过渡层。在过渡层中，晶格参数是逐渐变化的，因此失配位错也将存在于整个过渡层中，它们在彼此应力场的作用下如同多边形化一样排成一列，如图 8.3.1(b) 所示。由于此位错列阵部位对外延层和衬底的基体材料都是相同的，但两者所含的杂质种类和浓度不同，因此晶格参数也将产生一定偏差，从而也会引起失配位错的产生。例如，在重掺杂 Sb 的硅衬底上生长纯硅时，由于掺 Sb 会引起晶格发生膨胀，因此新生长的外延层与掺 Sb 衬底间便会产生一定数量的失配位错。

习题及思考题

8.1　请说明常见的密堆积方式有几种。

8.2　何为堆垛层错、本征型层错和非本征型层错？

8.3　何为不全位错，它与全位错有何区别？不全位错有几种类型？各有何特点？

8.4　何为扩展位错，它的宽度与什么有关？

8.5　何为小角晶界、孪生晶界、系属结构？晶界与杂质之间有何作用？如何估算小角晶界处位错数目及晶界能大小？

8.6　何为相界、共格相界、失配位错？如何估算相界面附近引入失配位错的数目？

第9章 半导体结构的表征技术

材料的表征技术是人类探索微观世界的基石，各种表征技术的出现使晶体的各种经典理论模型得以验证。人们可以更直接地观测到晶体的微观结构并加深对晶体结构与特性的认识，同时表征技术的不断进步也加速了半导体工艺的发展。时至今日，晶体结构的分析已经可以借助大量表征手段，如扫描电子显微镜(scanning electron microscope，SEM)、原子力显微镜(atomic force microscope，AFM)、透射电子显微镜(transmission electron microscope，TEM)、X 射线衍射光谱(X-ray diffraction sepectrum，XRD spectrum)、X 射线光电子能谱(X-ray photoelectron spectroscopy，XPS)、拉曼光谱(Raman spectra，RS)等。研究者可以通过各种电子显微镜直接观察晶体的晶格点阵结构、晶面与晶面间距、表面缺陷、位错以及晶体点阵在倒空间的投影等。而根据各种谱学表征结果，可以分析晶体点阵的周期性与对称性、晶体中的元素组成与价键类型以及点缺陷类型和缺陷态密度。在诸多晶体结构表征技术中，本书着重介绍 XRD 光谱与 TEM 两种表征技术，它们的出现对结晶学与半导体工艺的发展有着深远影响。

9.1 晶体的极射赤面投影表示

在晶体学及 X 射线衍射工作中，非常需要用一种方法将一个立体的晶体(或晶体点阵中的一个晶胞)投影到一个平面，以便简单明确地表示晶体点阵中各个晶面的取向及其之间的夹角、晶带关系以及对称性等特性。为了达到这个目的，相关的科学工作者创造了多种晶体投影方法。

设想将一个很小的晶体放在一个大圆球的中心，这个圆球称为参考球或极球，在晶体的各个不同晶面上作它们的法线和参考球的球面相交于许多点，这些点称为极点，这种投影称为晶体的球面投影，如图 9.1.1 所示。在图 9.1.1 中，极点在前半球者用实心圆点表示，在后半球者用空心圆圈表示。

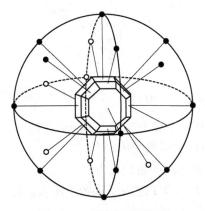

图 9.1.1　晶体的球面投影

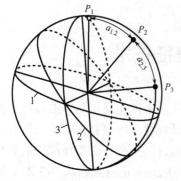

图 9.1.2　平面夹角用极点间夹角表示

因为与参考球相比，晶体的相对体积很小，所以可认为每个晶面都穿过球心，一般的情况是任何通过球心的晶面都和球面相交成"大圆"，不通过球心的晶面则与球面相交成为"小圆"，如果几个相交的晶面具有一定的夹角，则它们的法线交于球面的极点 P_1、P_2、P_3 等也有一定的角距离；如图 9.1.2 所示，如果这些晶面属于晶体中的同一个晶带，则它们的法线在同一平面上，因而它们的极点 P_1、P_2、P_3 在同一个大圆上，而其晶带轴的极点在 90° 以外，即垂直于这个大圆的直径和参考球面相交所成的极点。

球面投影虽然可以表示晶体各晶面间的夹角及晶带关系等，但其仍然是立体的，应用时并不方便。然而，由此出发可以引出其他投影方法，其投影面是一个平面，因而可以直接画在纸上表示。

下面介绍极射赤面投影。如果将观察者的眼睛放在参考球的一个极点 P 上，或在 P 处放一个光源，连接 P 点与球心的连线在对方球面上交于 P' 点，则通过赤道并且垂直于 PP' 的平面将成为投影面，与参考球相交于赤道成为一个大圆，这个大圆称为基圆，晶体上某一晶面的法线与参考球面相交而成的极点 A 将投影射到基圆上成为 A' 点(图 9.1.3)。晶体中点阵平面的球面投影极点在上半球以内者均可以投射在基圆以内，而在下半球球面上的极点投射到基圆以外，越近 P 点的极点，其投影点距基圆圆心越远。如果需要得出下半球极点的投影，可以将光源移至 P' 处，投影面不变，而所得的投射点一律加以负号，或以空心圆圈表示。这样的投影，由于光源在参考球的一个极上，而投影面在通过赤道的平面上，因此称为极射赤面投影。投影面也可采取任何垂直于 PP' 的其他平面，这样并不改变投影图的形状，而只是变更其比例。

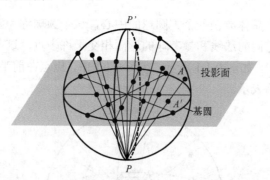

图 9.1.3　晶体的球面投影(上半球)和极射赤面投影的关系图

参考球上的大圆投射到基圆上成为圆弧，其两端在基圆直径的两对点上。通过 PP' 的大圆，其投射在基圆上成为直径(圆弧的特殊形式)。

若球面上某一极点 X 与 P 之间的角距离为 r，则 X 点在极射赤面投影上的极点 X' 与基圆圆心 O 之间的距离 s 由图 9.1.4 可以看出，该图中所表示的圆是一个通过 P、P' 及 X 点的大圆，与极射赤面投影平面垂直，此时有

$$s = OP\tan\frac{\gamma}{2} = r\tan\frac{\gamma}{2} \tag{9.1.1}$$

参考球上的小圆在极射赤面投影图上同样为一个圆，但球上小圆的中心投射至极射赤面投影平面上时并不在投影圆的几何中心，而是在其角距离的中心点上，此点位置可以由式 (9.1.1) 求出。用图 9.1.5 表示通过 $P'P$ 轴及球上小圆直径 AB 的大圆。C 为小圆中心，$P'A$ 及 $P'B$ 弧分别等于 α 及 β，A、B、C 点的极射赤面投影分别在 A'、B' 及 C' 位置，根据式 (9.1.2)，有

$$OC' = r\tan\frac{\angle COP'}{2} = r\tan\frac{\alpha + \dfrac{(\beta - \alpha)}{2}}{2} = r\tan\frac{\alpha + \beta}{4} \tag{9.1.2}$$

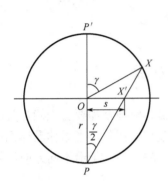

图 9.1.4　求取极射赤面投影上 S 值的方法

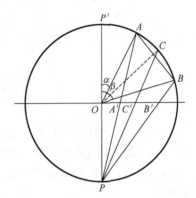

图 9.1.5　参考球上小圆的极射赤面投影

利用极射赤面投影的方法可以方便地把某一晶体的各个晶向标记到赤平面上，图 9.1.6 为立方晶体的标准投影图，图 9.1.6(a)、(b)、(c) 分别为把 001、011、111 极点置于投影中心绘制的 (001)、(011)、(111) 标准投影图，图中的 "○" "□" "△" 分别表示 2 重对称轴、4 重对称轴、3 重对称轴。

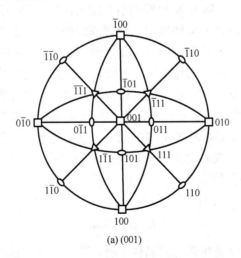

(a) (001)

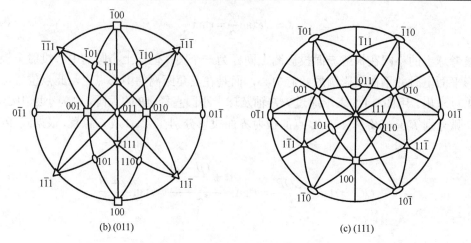

(b) (011)　　　　　　　　　　　　(c) (111)

图 9.1.6　立方晶体的标准投影

9.2　晶体的定向方法

由于单晶体具有各向异性的特点，在研究和使用晶体时通常需要首先确定其取向，然后沿着一定晶面、晶向切割成片、块、棒等形状以供使用。例如，半导体晶体无论在生长单晶还是制造器件方面，都对晶向有一定的要求，同一块晶体由于沿不同方向切割，其使用效果差别很大。

目前科研和生产中测定晶体取向的方法主要有光点定向法和 X 射线衍射定向法。此外，通过观察晶体外貌的棱线特征以及解理面位置也能大体上判定其晶向，本节主要介绍 X 射线衍射定向法。光点定向及采用解理面判定晶向的内容已在第 5 章结合讨论晶体特性时进行了介绍。

应用 X 射线在晶体中的衍射现象，可以得到有关晶体结构方面的许多信息，已发展成为一门独立的学科——X 射线晶体学。利用 X 射线衍射技术测定晶体的取向主要有劳厄照相法和单色 X 射线衍射法(或称为 X 射线衍射仪定向法)。劳厄照相法基于晶体对 X 射线的劳厄方程，采用连续波长的 X 射线照射一位置固定的晶体，通过感光底片接收由晶体各晶面产生的衍射线，在底片上形成按一定规律分布的感光斑点——劳厄衍射斑点，每一个斑点对应一组平行的平面，通过底片上斑点的位置，经过一定的几何变换可以确定晶体中各晶面的取向。这种定向方法在特制的劳厄相机上进行，定向过程需要经过照相、指标化等过程，比较烦琐，费时费工。目前广泛采用的是 X 射线衍射仪定向法，该方法是基于 X 射线衍射的布拉格方程，采用单色 X 射线照射一位置能连续转动的晶体样品上，通过计数器来检测衍射的位置和强度来测定晶体的取向，这种方法具有简单快速的特点。图 9.2.1 为单色 X 射线衍射仪定向的原理图。

根据布拉格方程：

$$2d_{hkl}\sin\theta = n\lambda \tag{9.2.1}$$

当波长为 λ 的 X 射线以 θ 角入射到晶体上时，若满足该方程，X 射线就会在晶面间距为 d_{hkl} 的一组平行晶面(hkl)上产生衍射，n 为任意整数。

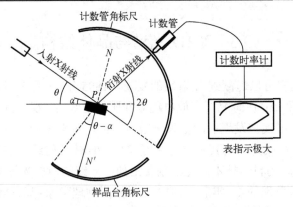

图 9.2.1　单色 X 射线衍射法定向原理图

入射 X 射线通过一套准直狭缝射在晶体上,晶体可在 P 点绕垂直于纸面的轴转动,此轴是仪器转角装置的中心轴,衍射线用一检测器(盖革计数器或其他适当的检测仪)检测。当晶体转动到某一位置时,若入射 X 射线和晶体某一 (hkl) 晶面的夹角为 θ,置于 2θ 位置的检测器将指示出极大值。此时晶体转动的角度与 θ 角的偏离角 α(可由样品台的角标尺读出)即为晶体的 (hkl) 晶面与仪器样品台的基准平面(它常选择与测量晶体的某一外表面一致)间的偏离角,实际上此偏离角只是晶体的 (hkl) 面与基准平面沿仪器垂直轴转动方向的偏离角。为准确测定转动 90° 后再按上述步骤测量使衍射线出现最强时对应的偏离角 β,可以证明:

$$\cos\varphi = \cos\alpha\cos\beta \tag{9.2.2}$$

由此可以求出晶体内部的 (hkl) 晶面与样品表面(基准面)的偏离角的大小和方位。

在作晶体的定向时,为使衍射线的强度较高,一般选择低指数的晶面作衍射晶面。通常 X 射线定向仪采用铜靶 X 光管的 Ka 特征辐射线为光源,其波长 $\lambda = 0.1542$ nm,由布拉格方程(9.2.1)(n 取 1)可以求出测量晶体 (hkl) 晶面产生衍射的 θ 角。表 9.2.1 给出硅、锗、砷化镓晶体几个低指数晶面对铜靶 Ka 轴辐射产生衍射的布拉格角 θ。

表 9.2.1　硅、锗、砷化镓晶体的几个低指数晶面对铜靶 Ka 轴辐射产生衍射的布拉格角 θ

衍射晶面	布拉格角 θ		
(hkl)	硅 $\alpha \approx 0.54305$nm	锗 $\alpha \approx 0.56575$nm	砷化镓 $\alpha \approx 0.56534$nm
(111)	14° 14′	13° 39′	13° 40′
(200)	—	—	15° 49′
(220)	23° 40′	22° 40′	22° 41′
(311)	28° 05′	26° 52′	26° 53′
(400)	34° 36′	33° 02′	33° 03′
(331)	38° 13′	36° 26′	36° 28′
(422)	44° 04′	41° 52′	41° 55′

在测量时,先按表 9.2.1 选定衍射晶面及衍射角 θ,把定向仪的检测器放置在 2θ 位置上,然后慢慢转动样品台的中心轴寻找衍射线出现极大值的位置。

9.3　XRD 光谱与晶体结构

现代结晶学的建立可以追溯到 X 射线的发现。1895 年 11 月 8 日，德国物理学家伦琴（Wilhelm Conrad Röntgen）在研究真空放电现象和阴极射线时，观察到一种尚未被发现的射线——X 射线。在 X 射线被发现后的很长一段时间内，科学家们对其本质争论不休，确定 X 射线是否具有波动性成为研究其本质的关键。由于推测 X 射线的波长仅为可见光波长的千分之一的量级，当时的科学技术尚无法制备出如此精细的衍射光栅来观察 X 射线的衍射现象。直至 X 射线被发现的 17 年后，1912 年，德国物理学家劳厄（Max von Laue）利用晶体内原子的周期性排列结构，将晶体作为天然光栅观测到 X 射线晶体衍射现象，开启了 X 射线衍射物理学的研究。劳厄的发现证实了当时科学界的两个推论，即晶体具有周期性的点阵结构和 X 射线具有波动性，是一类波长为纳米或更短量级的电磁波。凭借这一发现，劳厄获得了 1914 年诺贝尔物理学奖。当时，劳厄发现晶体 X 射线衍射的消息不久传到了英国，引起了布拉格父子的高度关注。1912 年，英国科学家威廉·劳伦斯·布拉格（William Lawrence Bragg，俗称小布拉格）在做 ZnS 晶体 X 射线衍射实验时，发现衍射斑点的大小随底片与晶体的距离而变化，并判定这一现象可能是由晶面对 X 射线的反射引起的。小布拉格精细地研究了晶体摆放角度与 X 射线衍射光斑的方位以后，推导出了著名的布拉格方程。布拉格方程标志着 X 射线晶体学理论及其分析方法的确立，揭开了晶体结构分析的序幕，同时为 X 射线光谱学奠定了基础。小布拉格的父亲，英国物理学家威廉·亨利·布拉格（William Henry Bragg，俗称老布拉格）在 X 射线晶体学的基础上开创了晶体 X 射线光谱学。1915 年，布拉格父子荣获诺贝尔物理学奖。晶体 X 射线衍射的发现对自然科学产生了深远影响，利用 X 射线衍射测定晶体的结构为人们打开了探索肉眼无法分辨的神秘原子分子尺度微观世界的窗户。X 射线光谱学的发展，使人们认识到原子结构的规律性，为原子结构理论提供了直接的实验证明。从此，物理学的研究从宏观进入微观，从经典过渡到现代，使科学技术产生划时代的进展。同时，也催生了利用 X 射线来实现有关晶体的晶相、织构、取向，甚至颗粒度、内应力的检测技术。XRD 光谱技术快速高效且对晶体无损害，因而得以广泛应用。

9.3.1　X 射线的产生及性质

X 射线是一种电磁波，具有波粒二象性，其波长范围为 $10^{-2} \sim 10^{2}$ Å，介于 γ 射线与紫外线之间。一方面，X 射线表现出波动性，具有波长 λ、振动频率 ν 和传播速度 c，符合 $\lambda = c/\nu$。由于 X 射线的波长与晶体点阵中原子间距处于相同量级，因而当用 X 射线照射晶体时可以观察到明显的衍射现象。另一方面，X 射线在被吸收或发射时表现出粒子性，其光子能量可表示为 $E = h\nu$（E 为能量，h 为普朗克常数，ν 为辐射电磁波的频率）。一般在真空中，高速运动的带电粒子轰击金属靶时，金属靶就会发出 X 射线，带电粒子可以是带负电的电子也可以是带正电的离子。

当高速运动的热电子撞击金属靶时，电子突然减速，损失的动能以光子形式放出，形成 X 射线光谱的连续部分，称为韧致辐射。另外，当电子被加速至携带的能量足够大时，有可能将金属原子的内层电子撞出。于是靶材的原子内层形成电子空穴，其外层电子会自发跃迁回内层与内层空穴复合，并发射光子。由于靶材原子的核外电子能量是量子化的，所以放出的光子的波长也集中在某些特定波长，这就形成了 X 射线光谱中的特征线，称为特征辐射（或特性辐射）。当靶材采用不同元素时，特征辐射 X 射线波长分布也有所不同。常用的 X 射线源靶材通常选用高熔点导热性好的金属材料，如铜、钼、铑和钨等。

　　如图 9.3.1 所示，根据玻尔原子模型，金属原子核外电子围绕原子核在一定能级轨道运动，自原子核向外电子层分布依次为 K 层、L 层和 M 层等。各层中单个电子的能量取决于其所在电子层，分别以 E_K、E_L、E_M 等表示，并有 $E_K < E_L < E_M$。当金属原子 K 层电子受激发射时，L 和 M 层中的电子会向 K 层跃迁填补 K 层空位，分别释放出 X 射线，称为 K_α 和 K_β 谱线。由于辐射的特征 X 射线能量等于电子跃迁时释放的能量，因此有

$$\frac{hc}{\lambda_{K_\alpha}} = E_L - E_K \tag{9.3.1}$$

$$\frac{hc}{\lambda_{K_\beta}} = E_M - E_K \tag{9.3.2}$$

　　由于 $E_M - E_K > E_L - E_K$，因此 $\lambda_{K_\beta} < \lambda_{K_\alpha}$，类似地，当 L 层或 M 层电子被激发时，可产生 L 系或 M 系特征谱线。但由于 K 系 X 射线的波长最短、强度最高，因此在晶体衍射分析时主要使用 K 系 X 射线，而 K 系 X 射线又分为 $K_{\alpha 1}$、$K_{\alpha 2}$ 和 K_β。

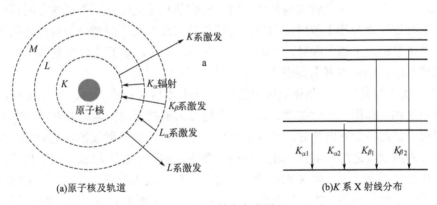

图 9.3.1　X 射线产生原理

　　图 9.3.2 所示为一种最简单也是最常用的 X 射线源——X 射线管，其主要由阴极、阳极和窗口 3 个模块组成。X 射线管的阴极通常由钨丝制成，在接通高压电源使钨丝发热后，其可发射出热电子。为加速钨丝释放的热电子使其高速定向运动，X 射线管的阴极与阳极间需要施加高压产生强电场。X 射线管的阳极也称靶，通常由金属制成，当高速运动的电子到达阳极时，电子轰击金属靶突然减速并发出 X 射线。由于高速运动的电子不断撞击金属靶会产生大量热量，因此 X 射线管工作时需要循环水冷却。窗口是 X 射线出射的通道，由于金属铍（Be，有剧毒）对 X 射线的吸收较少，窗口材料一般选用 Be 构成的林德曼玻璃。最终，热电子与金属撞击产生的 X 射线可以透过窗口辐射出来。

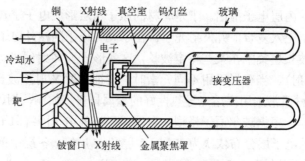

图 9.3.2　X 射线管结构示意图

9.3.2　X 射线晶体衍射与布拉格方程

　　X 射线与物质的相互作用过程十分复杂，当 X 射线照射物质时，部分射线可透过物质沿原方向继续传播，部分射线会与物质内部的原子相互作用改变传播方向，发生散射，而还有部分射线会被吸收，因此还会产生热量、康普顿电子、俄歇电子、光电子以及荧光 X 射线等。X 射线晶体衍射主要利用物质对 X 射线的散射过程，因此本书着重讨论 X 射线的散射。由于 X 射线是一种电磁波，当晶体中的原子受到 X 射线照射时，其核外电子在 X 射线作用下会发生受迫同频振动，这使得该电子成为新的辐射波源，向外辐射电磁波，这种由于电子受迫振动而发出的 X 射线称为 X 射线的散射线。X 射线的散射包括相干散射和非相干散射。当入射线与散射线波长相同时，它们的相位差恒定，散射线之间可以产生相互干涉，这种现象称为相干散射。而当入射线与散射线波长不同时，散射线之间无法产生干涉，这种现象称为不相干散射，也称康普顿散射。其中，相干散射 X 射线衍射光谱表征技术的物理基础，因此本书主要围绕相干散射进行重点讨论。

　　当 X 射线照射晶体时，晶格点阵中的原子会对 X 射线造成散射。由于 X 射线主要与原子核外电子相互作用产生散射线，且原子中包含大量做无规律运动的电子，当 X 射线与原子相遇时，会向各个方向散射，因而每个原子可视为一个 X 射线的点散射源。晶体中不同原子产生的散射线之间可以发生相互作用，在特定的方向相干相长或相干相消。假设有一任意平面晶体点阵，用一束 X 射线照射该晶体点阵，设入射角度为 θ。当 X 射线遇到晶体点阵中的原子时会向各个方向发生散射，这里只讨论平面内的散射线。在一晶体点阵中，各个原子作为点散射源发出的散射线相互干涉时存在一种特殊情况。当两束散射线传播方向平行，且光程差相差波长 λ 的整数倍时，它们可以相互叠加，形成相长干涉。而由于晶体点阵中的原子是按照周期性规律排列的，因而特定晶面的原子产生的散射线可以相互叠加，在特定方向可以产生高强度的散射线束。即当 X 射线照射晶体时，从晶体发出的散射线只沿某些方向传播，形成几束散射线束（图 9.3.3），晶体的这种特定角度发生 X 射线相干散射的现象称为晶体的 X

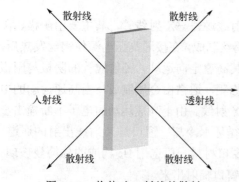

图 9.3.3　物体对 X 射线的散射

射线衍射（X-ray diffraction，XRD）现象。

　　XRD 现象发生的条件是散射线的光程差为其波长的整数倍，当 X 射线遇到晶体中一组晶面间距为 d_{hkl} 的平行晶面（hkl）时，如图 9.3.4 所示，过晶格点阵结点 O 向入射线 A 和散射线 A' 作垂线，则需满足 $BC + B'C = n\lambda$（n 为整数）方可满足衍射条件。由于 $BC = BC' = d\sin\theta$，可得

$$2d_{hkl}\sin\theta = n\lambda \tag{9.3.3}$$

　　式（9.3.3）即为布拉格（Bragg）方程，θ 为入射线和反射线与晶面间的夹角，也称掠射角或布拉格角。由于 $\sin\theta$ 不能大于 1，因此该方程中必须满足 $d > \lambda/2$，这使得晶体中能产生衍射线的晶面是有限的，一些晶面指数较高的晶面无法形成衍射线。利用布拉格方程，可以判断产生衍射的晶面间距和能产生衍射的晶面数目等信息。

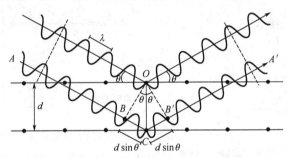

图 9.3.4　X 射线在晶体中的衍射

　　如果把 X 射线管发射出来的 X 射线经过狭缝准直，如图 9.3.5 所示，再经过分光使其单色化，便得到一束平行的波长 λ 为一定的 X 射线。当把它射向某一完整晶体时，若选择的衍射晶面为（hkl），则其晶面间距 d_{hkl} 为固定值。由布拉格关系式可以看出，这时只有调整晶体的方位使（hkl）晶面与入射线的夹角为某确定的 θ 角，才能产生衍射线。若晶体的几何位置偏离此准确的 θ 角，将不会有衍射线产生。因此，若在 2θ 处放置一接收记录 X 射线强度的计数器，且计数器与样品台以 2:1 的角速度同步转动，在这种情况下可以发现：当晶体的方位满足布拉格衍射条件时，计数器将会接收到较强的 X 射线，若晶体在此方位向右或向左摆动很小角度，记录的衍射线强度便会急剧下降。通过这种方式可以测得晶体的特征掠射角，以上便是 X 射线衍射仪的基本工作原理。测得晶体特征掠射角后，通过布拉格公式计算可以得到晶体的晶面间距，但晶体结构的解析需要进一步利用晶面间距与晶胞参数之间的关系。在 4.5 节中，本书利用倒易矢量推导了不同晶系中，晶面指数为（hkl）的晶面间距与晶胞参数之间的关系。本节分别以立方晶系、四方晶系、正交晶系为例。

　　立方晶系：

$$d_{hkl} = \frac{a}{\sqrt{h^2 + k^2 + l^2}} \tag{9.3.4}$$

　　四方晶系：

$$d_{hkl} = \frac{1}{\sqrt{\dfrac{h^2 + k^2}{a^2} + \dfrac{l^2}{c^2}}} \tag{9.3.5}$$

正交晶系：

$$d_{hkl} = \frac{1}{\sqrt{\left(\dfrac{h}{a}\right)^2 + \left(\dfrac{k}{b}\right)^2 + \left(\dfrac{l}{c}\right)^2}} \tag{9.3.6}$$

将以上表达式代入布拉格方程可得如下公式。

立方晶系：

$$\sin^2\theta = \frac{\lambda^2}{4a^2}(h^2 + k^2 + l^2) \tag{9.3.7}$$

四方晶系：

$$\sin^2\theta = \frac{\lambda^2}{4}\left(\frac{h^2 + k^2}{a^2} + \frac{l^2}{b^2}\right) \tag{9.3.8}$$

正交晶系：

$$\sin^2\theta = \frac{\lambda^2}{4}\left(\frac{h^2}{a^2} + \frac{k^2}{b^2} + \frac{l^2}{c^2}\right) \tag{9.3.9}$$

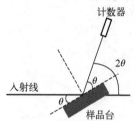

图 9.3.5　X 射线衍射实验装置示意图

通过这种方式可建立起掠射角、晶面指数与晶胞参数间的联系，从而对晶体结构进行进一步解析。

9.3.3　复杂晶体对 X 射线的衍射

通过布拉格方程可以确定 X 射线被晶体散射后产生衍射线的方向，但衍射方向只能反映出晶体的尺寸、晶胞参数、所属晶系等信息。当晶体单位晶胞内含多个不同种原子时，则要引入结构因子对晶体中的原子种类和分布情况进行进一步解析。

由于 X 射线与原子核外电子相互作用发生散射，而原子核外电子呈无规律运动，因此散射中心会偏离理想位置。而原子中各个空间位置对 X 射线散射贡献的和可定义为原子的散射因子 f。类似地，晶体中的不同原子间也存在相位差。在简单立方晶胞中，每个晶胞只含有一个有效原子，这时晶胞的散射强度与一个原子的散射强度相同。在复杂晶体中，原子的分布会影响衍射强度，在含有 n 个有效原子的复杂晶胞中，各原子占据不同原子坐标位置，它们所形成散射线的振幅和相位各不相同。晶胞中所有原子合成的衍射线振幅不能用各原子散射线振幅的简单叠加来表示。因此，需要引入结构因子 F 来表征晶胞的衍射与单电子散射间的关系，即

$$F_{hkl} = \frac{\text{单个晶胞的X射线散射线振幅}}{\text{单个电子的X射线散射线振幅}} = \frac{A_\text{b}}{A_\text{e}} \tag{9.3.10}$$

如图 9.3.6 所示，若假定晶胞的晶格矢量为 $\boldsymbol{a}$、$\boldsymbol{b}$、$\boldsymbol{c}$，其中某一原子处于坐标原点 O，位于 A 点的任意其他原子 j 的坐标矢量为

$$\boldsymbol{OA} = \boldsymbol{r}_j = x_j\boldsymbol{a} + y_j\boldsymbol{b} + z_j\boldsymbol{c} \tag{9.3.11}$$

原子 A 的 X 射线散射线与位于坐标原点 O 的原子散射线之间存在光程差：

$$\delta_j = \boldsymbol{r}_j(\boldsymbol{S} - \boldsymbol{S}_0)$$

其相位差为

$$\phi_j = \frac{2\pi}{\lambda}\delta_j = 2\pi\boldsymbol{r}_j\frac{\boldsymbol{S}-\boldsymbol{S}_0}{\lambda} = 2\pi\boldsymbol{r}_j\boldsymbol{r}^* = 2\pi(x_j\boldsymbol{a}+y_j\boldsymbol{b}+z_j\boldsymbol{c})(h\boldsymbol{a}^*+k\boldsymbol{b}^*+l\boldsymbol{c}^*) \quad (9.3.12)$$
$$= 2\pi(hx_j + ky_j + lz_j)$$

根据式(9.3.12)，晶胞中所有原子的相干散射的复合衍射线振幅可表示为

$$A_b = A_e\sum_{j=1}^{n}f_j\exp(\mathrm{i}\phi_j) \quad (9.3.13)$$

结构因子 F_{hkl} 可表示为

$$F_{hkl} = \sum_{j=1}^{n}f_j\exp(\mathrm{i}\phi_j) \quad (9.3.14)$$

根据欧拉公式，可将式(9.3.14)转换为三角函数形式：

$$F_{hkl} = \sum_{j=1}^{n}f_j[\cos 2\pi(Hx_j + Ky_j + Lz_j) + \mathrm{i}\sin 2\pi(hx_j + ky_j + lz_j)] \quad (9.3.15)$$

晶体的 X 射线衍射强度与结构因子的平方成正比关系，其关系式如下：

$$I = I_0 \cdot k \cdot |F_{hkl}|^2 \quad (9.3.16)$$

式中，I 为衍射强度；I_0 为入射线强度；k 是衍射强度系数，只有当结构因子 F_{hkl} 不为 0 时，才能产生衍射线。而结构因子取决于原子在晶胞中的坐标，下面以几种常见的晶体点阵结构为例来研究衍射强度与晶胞结构的关系。

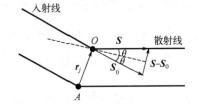

图 9.3.6　晶格中原子相干散射示意图

1．简单格子晶体

首先讨论一种最简单的情况，假设简单晶体的点阵结构属于简单立方结构，且只有一个原子，原子坐标为 $(0，0，0)$，将该原子坐标代入式(9.3.15)，得

$$F_{hkl} = f[\cos 2\pi(0) + \mathrm{i}\sin 2\pi(0)] = f \quad (9.3.17)$$

此时简单晶体的衍射只受布拉格方程约束，即 h、k、l 取任何整数时都能形成衍射。

2．面心立方结构晶体

许多金属单质具有面心立方点阵结构，每个晶胞中包含 4 个原子，原子坐标分别为 $(0，0，0)$、$(1/2，1/2，0)$、$(1/2，0，1/2)$、$(0，1/2，1/2)$，每个原子的散射因子均为 f，晶胞的结构因子可表达为

$$F_{hkl} = f\left[\cos 2\pi(0) + \cos 2\pi\left(\frac{h}{2}+\frac{k}{2}\right) + \cos 2\pi\left(\frac{h}{2}+\frac{l}{2}\right) + \cos 2\pi\left(\frac{k}{2}+\frac{l}{2}\right)\right.$$
$$\left. + \mathrm{i}\sin 2\pi(0) + \mathrm{i}\sin 2\pi\left(\frac{h}{2}+\frac{k}{2}\right) + \mathrm{i}\sin 2\pi\left(\frac{h}{2}+\frac{l}{2}\right) + \mathrm{i}\sin 2\pi\left(\frac{k}{2}+\frac{l}{2}\right)\right] \quad (9.3.18)$$
$$= f[1 + \cos\pi(h+k) + \cos\pi(h+l) + \cos\pi(k+l)]$$

式中，当 h、k、l 均为奇数或均为偶数时，$F_{hkl} = 4f$；当 h、k、l 为奇偶数混合时，$F_{hkl} = 0$。即对于属于面心立方点阵的晶体，只有当 h、k、l 均为奇数或偶数时才能产生衍射，当 h、k、l 为奇偶数混合时不会产生衍射效应，这种现象称为系统消光。

3. 金刚石型结构晶体

金刚石型结构的晶体每个晶胞中包含 8 个原子，原子坐标分别为 (0, 0, 0)、(1/2, 1/2, 0)、(1/2, 0, 1/2)、(0, 1/2, 1/2)、(1/4, 1/4, 1/4)、(3/4, 3/4, 1/4)、(3/4, 1/4, 3/4)、(1/4, 3/4, 3/4)，原子散射因子为 f，其结构因子可表达为

$$F_{hkl} = f\left[1 + e^{i\pi(h+k)} + e^{i\pi(h+l)} + e^{i\pi(k+l)} + e^{i2\pi\left(\frac{h}{4}+\frac{k}{4}+\frac{l}{4}\right)} + e^{i2\pi\left(\frac{3h}{4}+\frac{3k}{4}+\frac{l}{4}\right)}\right.$$

$$\left. + e^{i2\pi\left(\frac{3h}{4}+\frac{k}{4}+\frac{3l}{4}\right)} + e^{i2\pi\left(\frac{h}{4}+\frac{3k}{4}+\frac{3l}{4}\right)}\right] \tag{9.3.19}$$

$$= f\left[1 + e^{i\pi(h+k)} + e^{i\pi(h+l)} + e^{i\pi(k+l)}\right]\left[1 + e^{\frac{i\pi(h+k+l)}{2}}\right]$$

由于金刚石型晶体结构属于面心立方布拉维点阵，式 (9.3.19) 中，第一项 $\left[1 + e^{i\pi(h+k)} + e^{i\pi(h+l)} + e^{i\pi(k+l)}\right]$ 转换为三角函数形式后与前面讨论的面心立方结构的情况相同，只有 h、k、l 均为奇数或偶数时才不为零，可以产生衍射。在满足上述衍射条件的基础上，对于金刚石型结构晶体，还需满足式中第二项 $\left[1 + e^{\frac{i\pi(h+k+l)}{2}}\right]$ 不为零，结构因子才不为零。在满足面心立方布拉维点阵衍射条件下，式 (9.3.19) 中的第一项为 $4f$，故式 (9.3.19) 可转化为

$$F_{hkl} = 4f\left[1 + e^{\frac{i\pi(h+k+l)}{2}}\right] = 4f\left[1 + \cos\frac{\pi}{2}(h+k+l)\right] \tag{9.3.20}$$

$$F_{hkl}^2 = 16f^2\left[1 + e^{\frac{i\pi(h+k+l)}{2}}\right]\left[1 + e^{\frac{-i\pi(h+k+l)}{2}}\right] = 32f^2\left[1 + \cos\frac{\pi}{2}(h+k+l)\right] \tag{9.3.21}$$

由式 (9.3.21) 可知：

(1) 当 h、k、l 为奇偶数混合时，$F_{hkl} = 0$，无法发生衍射；

(2) 当 h、k、l 均为奇数时，$F_{hkl} = 4\sqrt{2}f$，可以发生衍射；

(3) 当 h、k、l 均为偶数，且满足 $h+k+l = 4n$ 时 (n 为任意整数)，$F_{hkl} = 8f$，可以发生衍射；

(4) 当 h、k、l 均为偶数，且满足 $h+k+l \neq 4n$ 时，$F_{hkl} = 0$，无法发生衍射。

从上述结果来看，金刚石型结构的系统消光规律与属于面心立方结构的晶体相同，但由于金刚石型结构中包含两套等同点系，因此出现了特殊的消光情况，这种特殊情况称为结构消光。

9.3.4　单晶衍射技术——劳厄法

　　劳厄法是使用连续 X 射线照射不动的单晶体，并利用照相底片收集衍射花样的实验方法。劳厄照相法分透射和背射两种方法，其实验装置如图 9.3.7 所示，入射 X 射线光路垂直于透射照相底片或背射照相底片，并将样品按一定取向置于光路上，样品于底片距离一般为 30～50 mm。X 射线经单晶散射后会在底片上形成规则分布的斑点，这些斑点称为劳厄斑。透射法测得的图像中，斑点分布在过底片中心的椭圆上，每个椭圆上的斑点都对应于属于同一晶带轴的晶面。在背射法测得的图像中，斑点都分布在一组双曲线或过中心点的直线上，每个双曲线或直线上的斑点都对应于属于同一晶带轴的晶面。

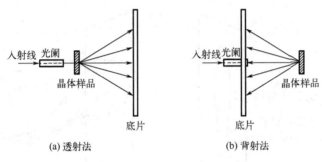

(a) 透射法　　　　　　　　　　　(b) 背射法

图 9.3.7　劳厄法实验装置示意图

　　由于劳厄法中入射 X 射线是连续谱，因此入射线中包含许多不同波长的 X 射线，这些不同波长的 X 射线照射晶体时均按布拉格方程的规律在晶体中发生衍射。通过 4.4 节倒易点阵的内容，已知倒空间中晶面的倒易矢量 $\boldsymbol{g}_{hkl}$ 的值是晶面间距的倒数。且在 X 射线晶体衍射过程中，入射线 $\boldsymbol{S}_0$ 与衍射线 $\boldsymbol{S}$ 的波长相等，因而 $|(\boldsymbol{S}-\boldsymbol{S}_0)|=2\sin\theta$。将这些关系代入布拉格方程（9.2.1）中，可以将其改写成：

$$\lambda\boldsymbol{g}_{hkl}=\boldsymbol{S}-\boldsymbol{S}_0 \tag{9.3.22}$$

　　设晶面 (hkl) 的晶带轴为 $\boldsymbol{L}_{uvw}$，该晶面的倒易矢量为 $\boldsymbol{g}_{hkl}$，则有

$$\lambda\boldsymbol{g}_{hkl}\cdot\boldsymbol{L}_{uvw}=(\boldsymbol{S}-\boldsymbol{S}_0)\cdot\boldsymbol{L}_{uvw}=0 \tag{9.3.23}$$

可得

$$\boldsymbol{S}\cdot\boldsymbol{L}_{uvw}=\boldsymbol{S}_0\cdot\boldsymbol{L}_{uvw}, \quad \lambda\boldsymbol{g}_{hkl}=\boldsymbol{S}-\boldsymbol{S}_0 \tag{9.3.24}$$

　　将式（9.3.24）转化成标量方程：

$$|\boldsymbol{S}||\boldsymbol{L}_{uvw}|\cos\alpha=|\boldsymbol{S}_0||\boldsymbol{L}_{uvw}|\cos\alpha', \quad \lambda\boldsymbol{g}_{hkl}=\boldsymbol{S}-\boldsymbol{S}_0 \tag{9.3.25}$$

则有 $\alpha=\alpha'$，如图 9.3.8 所示，属于同一晶带所有晶面的衍射线与晶带轴的夹角都和入射线与晶带轴夹角相等，即属于同一晶带轴的各晶面衍射线都分布在以晶体样品为顶点、以晶带轴为轴线、半顶角等于入射线与晶带轴夹角的圆锥面上。由于底片垂直于入射线而不是晶带轴，因此衍射线形成的圆锥与透射底片相交得到的图案为过底片中心的椭圆（图 9.3.9），且该椭圆的大小与 α 有关。当 $\alpha<45°$ 时，透射底片上斑点会围成过原点的椭

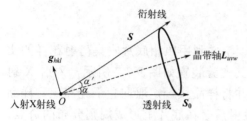

图 9.3.8　晶带轴及其晶面的衍射线分布

圆；当 $\alpha = 45°$ 时，透射底片和背射底片上的劳厄斑可以排列成抛物线；当 $45° < \alpha < 90°$ 时，则衍射线被背射底片接收，排列成双曲线；当 $\alpha = 90°$ 时，可得到过底片中心的直线。

得到劳厄衍射斑后，通过作各劳厄斑对应的衍射晶面的极射赤面投影即可实现单晶的定向。图 9.3.10 给出了透射底片上任一劳厄斑点与其极射赤面投影的几何关系，其中 P 为任一劳厄斑，CN 为与劳厄斑对应的衍射面法线，则 Q 为该晶面的极射赤面投影，通过这种方法可以将劳厄法测得的衍射图案转化为极射赤面投影，而根据极射赤面投影可以确定单晶的晶向。

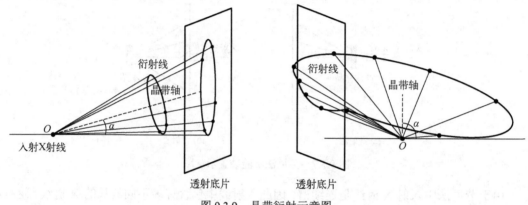

图 9.3.9　晶带衍射示意图

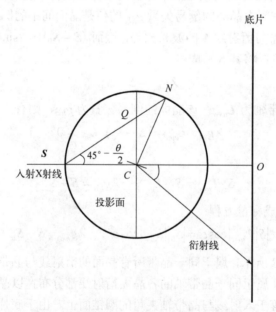

图 9.3.10　劳厄法衍射斑点的极射赤面投影

9.3.5　X 射线粉末衍射

使用 X 射线对晶体结构进行分析时，通常可以在多个 2θ 角处测得衍射线，利用测试得到的衍射线强度与衍射线角度作图，可得到如图 9.3.11 所示的 X 射线粉末衍射光谱图。本节以立方晶系为例，利用多晶粉末的 X 射线衍射光谱介绍晶胞参数的基本解析方法。在 X 射线衍射光谱中最基本的信息是 2θ 角，因此要解析晶胞结构就需要建立掠射角 θ 与晶体结构间的联系。

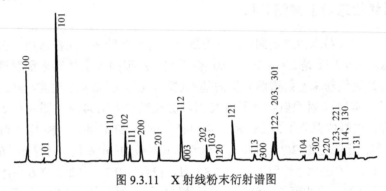

图 9.3.11　X 射线粉末衍射谱图

式 (9.3.7) 给出了立方晶系晶体掠射角 θ 与晶胞参数间的关系：$\sin^2\theta = \dfrac{\lambda^2}{4a^2}(h^2+k^2+l^2)$，在实际测试中，式中的 λ 和 a 都是常数，由此可得 $\sin^2\theta$ 与 $(h^2+k^2+l^2)$ 成正比。根据晶体的系统消光现象，对于简单立方格子，所有的晶面均可发生衍射。但对于面心立方格子，只有 h、k、l 均为奇数或偶数时才能产生衍射效应，而当 h、k、l 为奇偶数混合时不会产生衍射，因而面心立方晶体的 X 射线衍射光谱图中不会出现与 (100)、(110) 等晶面对应的特征衍射峰。表 9.3.1 中列举了不同类型立方晶系晶胞中各晶面在 X 射线衍射光谱图中的出峰情况，由于衍射角度越小，衍射强度越高，而衍射角度与晶面指数成正比，因此低指数晶面的衍射谱图更重要。由于 $\sin^2\theta$ 与 $(h^2+k^2+l^2)$ 成正比，因而对于简单立方晶体，其 X 射线衍射光谱图中峰位对应的 $\sin^2\theta$ 值之比为 1：2：3：4…；对于面心立方晶体，其 X 射线衍射光谱图中峰位对应的 $\sin^2\theta$ 值之比为 3：4：8：11…。通过这种方式，可以由 X 射线粉末衍射光谱测得的 2θ 角求出立方晶系晶体的晶胞类型以及各晶面的晶面指数，实现晶体结构的解析。

表 9.3.1　X 射线衍射光谱中立方晶系晶胞的晶面分布

$h^2+k^2+l^2$	简单立方	面心立方	体心立方
1	100	—	—
2	110	—	110
3	111	111	—
4	200	200	200
5	210	—	—
6	211	—	211
7			

续表

$h^2+k^2+l^2$	简单立方	面心立方	体心立方
8	220	220	220
9	300，221	—	—
10	310	—	310
11	311	311	—
12	222	222	222

9.3.6　X 射线粉末衍射谱图分析

通过分析 X 射线粉末衍射谱图，可以得到晶体的晶胞结构、晶格常数、晶体密度等待测物基本信息。图 9.3.12 是 2θ 在 $30°\sim80°$ 范围内单质银的 X 射线粉末衍射谱图，现以单质银为例介绍 X 射线粉末衍射谱图分析的基本过程。在分析晶体结构前，首先要确定所用的 X 射线波长，常规 X 射线衍射仪所用 X 射线波长通常为 1.54 Å。图 9.3.12 的曲线中包含 4 个特征峰，出峰位置分别为 $38.18°$、$44.34°$、$64.5°$ 和 $77.44°$。根据 X 射线粉末衍射谱图中各特征峰的出峰位置(2θ)，可以分别计算出其对应的 $\sin^2\theta$ 值。计算 $\sin^2\theta$ 值之间的比值，可发现 4 个 $\sin^2\theta$ 的比值近似于 3∶4∶8∶11，符合表 9.3.1 中面心立方晶体的 X 射线衍射谱图晶面分布规律，由此可判断单质银的晶体结构属于面心立方结构，且谱图中测得的 4 个衍射峰分别对应晶体的(111)、(200)、(220)、(311)晶面。这里也可根据经验，单质金属的晶体结构大部分属于立方晶系结构，且 X 射线衍射谱图中 4 个峰呈两密一疏的排布方式初步判断单质银的晶胞结构。确定晶胞结构后，可以根据公式 $\sin^2\theta=\dfrac{\lambda^2}{4a^2}(h^2+k^2+l^2)$，代入 $\sin^2\theta$、λ、h、k、l，进一步计算单质银晶胞的晶格常数 a。计算晶格常数时需要注意，通过 4 个晶面的特征峰出峰位置都可以对晶胞晶格常数进行计算，但原则上应选用 2θ 角最大的特征峰所对应的数据计算，因为掠射角越大，原子的散射因子越小，这样可以保证计算的结果误差最小。根据这一原则，测得单质银的晶胞常数。最后在已知银的相对分子质量为 107.87 的条件下，还可计算银的密度。由于一个面心立方结构的晶胞包含 4 个有效原子，根据有效原子数量和原子的相对分子质量，可以计算处晶胞中有效原子的总质量。而通过前面计算得到的银晶胞的晶格常数，可以计算单个晶胞的体积，由此可以得出晶体的密度。以上就是根据 X 射线粉末衍射谱图可以得到的晶体结构基本信息和衍射谱图分析方法。

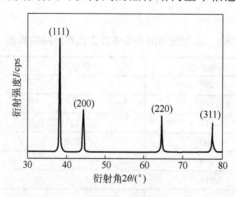

图 9.3.12　银晶体的 X 射线粉末衍射谱图

在分析 X 射线粉末衍射谱图时,除了利用曲线的出峰位置对晶胞基本结构进行分析外,还可通过分析特征衍射峰的宽度得到晶粒尺寸、晶格畸变情况等信息。在多晶体中,当晶块尺寸小于 100 nm 时,晶粒尺寸的减小会使得衍射曲线中特征峰的峰宽出现明显增加。这是由于当晶粒尺寸很小时,相干散射区各方向的晶胞数量都很少,使得三维尺寸都很小的晶体所对应的倒易点阵中各结点变为具有一定体积的倒易体元。粉末样品的晶粒尺寸可由谢乐(Scherrer)公式计算:

$$D = \frac{K\lambda}{B\cos\theta} \tag{9.3.26}$$

式中, D 为晶粒垂直于晶面方向的平均厚度; K 为谢乐常数; B 为实测样品衍射峰半峰高宽度或者积分宽度; θ 为掠射角。通过谢乐公式可对多晶粉末的晶粒进行估算,但需要注意该公式是在假设所有晶块尺寸均相同的条件下得到的,且与晶块形状有关,因此其只能讨论晶块的平均大小,而通常粉末样品中晶粒尺寸与形状均不相同,且单个晶粒中可能包含多个晶块,所以通过计算得到的晶粒尺寸往往与真实值有一定偏差,因而只能用于粗略的定性分析。

在多晶的形成及加工过程中,一些微观应力或晶格畸变会导致晶粒中不同位置同一晶面的晶面间距不再相等,可用 $d \pm \Delta d$ 表示。这种畸变导致相应晶面 (hkl) 的 X 射线掠射角产生微弱变化,这使得最终测得的 X 射线衍射特征峰是由在无畸变的 θ_{hkl} 处的特征衍射峰和附近多个有不同程度偏离的衍射峰叠合而成的宽峰(图 9.3.13)。

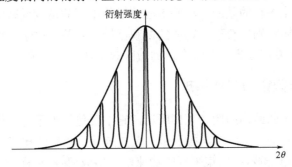

图 9.3.13　晶格畸变与衍射线宽化

假设晶格畸变加宽的衍射峰是由一组理想衍射峰组成的,则对布拉格方程进行微分,可得

$$2\Delta d\sin\theta + 2d\cos\theta\Delta\theta \tag{9.3.27}$$

$$\frac{\Delta\theta}{2} = -\tan\theta \cdot \frac{\Delta d}{d} \tag{9.3.28}$$

衍射线的半峰宽为

$$\beta = 2\left(\theta + \frac{\Delta\theta}{2}\right) - 2\left(\theta - \frac{\Delta\theta}{2}\right) = 2\Delta\theta \tag{9.3.29}$$

将式(9.3.28)代入式(9.3.29)可得

$$\beta = 4\tan\theta \cdot \frac{\Delta d}{d} \tag{9.3.30}$$

通过式(9.3.30)可从所测得的 X 射线衍射光谱中特征峰的半峰宽分析晶体中的晶格畸变量 $\Delta d / d$。

通过对 X 射线衍射光谱的进一步精修还可对粉末材料进行更深入的结构分析，本书中不展开介绍。通常在使用 X 射线粉末衍射光谱分析材料时，只需将测得曲线与标准卡对照分析晶体结构与结晶情况即可。

9.4　透射电子显微镜

随着人类对晶体微观结构认识的不断加深，科学家们需要更高分辨率的显微镜观测晶体结构，在验证结晶学各种假设的同时，发现了晶体内部原子排布的新规律。由于衍射效应，显微镜的空间分辨率极限是照明束波长的一半，使用可见光作为照明束的显微镜分辨率理论极限约为 200 nm，是紫色光波长的一半，但原子的尺寸为 Å(0.1 nm)量级。理论上，使用波长更短的电磁波作为照明束可以实现更高的分辨率，如 X 射线的波长可小于 Å 量级，但很难找到可以使 X 射线聚焦的物质作为透镜。由于粒子具有波粒二象性，电子的波长约为 2Å，且其体积相对于原子体积几乎可以忽略不计，同时电子表现出负电性，电子束可在电场、磁场中产生偏转聚焦，因而可作为高倍率显微镜的理想照明束。

电子显微镜是一种模仿光学显微镜以获得高倍放大效果的电子光学装置。用电子代替可见光使显微镜具有大得多的潜力，它可达到极高的分辨率，适于做微区观察，电子同物质的相互作用可以产生多种的效应，这些效应可以从不同的角度反映物质内部结构的多种特点，这使电子显微镜特别适合研究物质的微观结构。目前，电子显微学远远越出了单纯"显微"的范畴，已经发展成为一种综合性的微区观察和分析技术。

9.4.1　透射电子显微镜的工作原理

透射式电子显微镜的结构如图 9.4.1 所示，它主要包括电子枪、聚光镜、试样台、物镜、物镜光阑、选区光阑、中间镜、投影镜、荧光屏等。透射式电子显微镜的成像原理参见图 9.4.1，一个平面电子波(由一束平行的加速电子构成)穿透试样，在试样背面被调制成物面波。物镜将其相干部分(由弹性散射电子构成)会聚于后焦面 F 构成一个衍射图，而在物镜像平面 B 产生一个物像，中间镜把衍射图和物像再放大一次。如果调解中间镜的焦距，使放大后的物像落在投影镜的物面 C 上，就可以在荧光屏(投影镜的像面)上看到显微像；如果使放大后的衍射图落在 C 上，在荧光屏上看到的则是衍射图。如果在 F 面上放一个光阑(物镜光阑)，以便控制所通过的衍射线，并使经中间镜放大后的物像落在 C 上，就可以获得各种不同的电子显微像。如果在 B 面上放一个光阑(选区光阑)，以挡掉图像中选定区域以外的部分，并使经中间镜放大后的衍射图落在 C 上，就可以在荧光屏上获得所选区域的电子衍射图。

对于晶体试样，如果让两束或者更多的衍射同时通过物镜光阑，则可以获得一个直接反映晶体周期结构的显微像。在保持像差不变的情况下，通过光阑的衍射束数越多、衍射级数越高，所得图像的细节就将越丰富，这种像称为直接像或晶格像。直接像的成像过程与光学显微镜相似，也和用衍射法测定单晶体结构的过程类似。

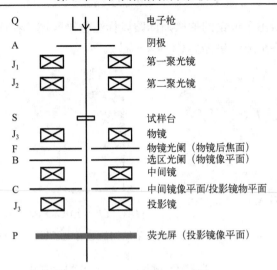

图 9.4.1　透射电子显微镜示意图

　　如果只让一个衍射束通过物镜光阑，所得的显微像就不能直接反映结构细节。当试样是理想完整的晶体时，像的亮度是完全均匀的。当试样含有缺陷，引起不均匀的晶格畸变时，试样各部分的衍射效果就有差异，所得显微像就显出明暗不匀的反衬，这种像称为衍射像，是晶体结构在倒空间的投影，其成像原理类似于 X 射线形貌法。

　　如果在通过物镜光阑的电子束中，含有沿入射方向穿透试样的电子束，所得显微像统称为亮场像，否则称为暗场像。因此，对于衍射像，亮场像就是只让直接穿透束通过物镜光阑所得的显微像，暗场像就是只让一束非零级衍射电子束通过物镜光阑所得的显微像。非零级衍射就是不平行于入射方向的衍射，由于直接穿透束的能量加上非零级衍射束的能量应正比于入射束的能量，故亮场衍射像与暗场衍射像的反衬大致上是互补的。

9.4.2　电子束在像平面成像

　　通过透射电子显微镜的基本原理可知，电子束经过晶体的透射束和衍射束在像平面所成的像是它在实空间的投影，可以直接显示原子在晶体中的真实排列情况，如观察晶面的原子排布、测量晶面间距、观察位错的运动及晶界的产生等。图 9.4.2(a) 显示了透射电子显微镜下单层石墨的原子排布情况，其原子呈六角蜂窝状结构排列，每个碳原子与相邻的3 个碳原子成键在单层中周期性排列，图 9.4.2(a) 中标注了石墨烯的晶胞结构，并可直接对其晶格常数进行测量。除了观察完整晶体的晶格结构外，透射电子显微镜还可以用于观察晶格中的缺陷状态，如图 9.4.2(b) 所示，石墨烯中的氧缺陷状态变化过程可以直观地被呈现出来。图 9.4.3(a) 是单晶硅中的透射电子显微镜照片，从照片中可以看到单晶硅中原子排列是十分有序的，通过测量两列原子间的距离即可得到对应晶面的晶面间距。图 9.4.3(b) 和图 9.4.3(c) 分别是单晶硅和多晶硅的透射电子显微镜照片，可以看到多晶硅中原子排列在小范围内也是有序的，但各个区域原子周期性排列规律并不相同，在晶体内形成了许多取向不同的晶块。图 9.4.4 是在应力作用下金纳米材料中位错的攀移和孪生晶界的形成过程，图 9.4.4(a) 中给出了金纳米材料原子排布的初始状态，其中位错均用 ⊥ 符号标注并进行标号，局部放大图给出了位错的伯格斯回路以标注位错区域。在应力作用下位错不断攀移，并逐渐消失，最终形成孪生晶界(图 9.4.4(g))。

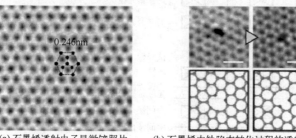

(a) 石墨烯透射电子显微镜照片　　(b) 石墨烯中缺陷态转化过程的透射电子显微镜
照片(左上及右上)及示意图(左下及右下)

图 9.4.2　石墨烯结构及其缺陷结构的透射电子显微镜照片

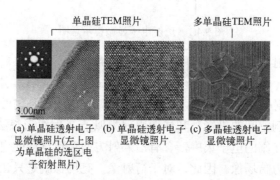

(a) 单晶硅透射电子　(b) 单晶硅透射电子　(c) 多晶硅透射电子
显微镜照片(左上图　　显微镜照片　　　显微镜照片
为单晶硅的选区电
子衍射照片)

图 9.4.3　多晶硅和多晶硅的透射电子显微镜照片

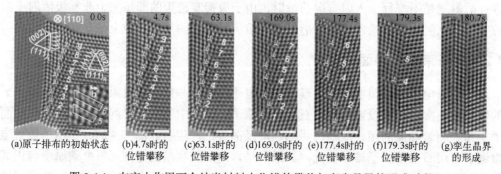

(a)原子排布的初始状态　(b)4.7s时的　(c)63.1s时的　(d)169.0s时的　(e)177.4s时的　(f)179.3s时的　(g)孪生晶界
　　　　　　　　　　位错攀移　　位错攀移　　位错攀移　　位错攀移　　位错攀移　　的形成

图 9.4.4　在应力作用下金纳米材料中位错的攀移与孪生晶界的形成过程

9.4.3　电子束在焦平面成像

相比于电子束在像平面所成的实像，其在焦平面成像更适合分析晶体内部的周期性有序结构。由于电子束在焦平面所成的像是其晶格点阵在倒空间的投影，是电子束照射待测材料产生的衍射线在焦平面聚焦得到的电子束衍射图案，因此焦平面成像中的每一个点都对应于晶体中的一组平行晶面。通过研究焦平面所成平面点阵中格点的排布和格点间距，可以得到晶体的晶格结构和晶面间距等基本信息。

由于内部原子排布方式不同，非晶、单晶和多晶材料的电子束衍射图案有着明显的区别。当电子束照射待测材料时，由于电子的体积远远小于原子核，因此绝大部分电子会直接穿过待测材料形成透射束，透射束在焦平面中心位置形成一个亮斑。而有少数电子会从距离原子核较近的位置穿过，由于电子带负电，受到带正电的原子核吸引会引起其运动方向发生一定偏转，最终在中心亮斑周围形成亮度逐渐变暗的光晕。而极少部分电子会与原子相互作用形成散射，散射线的传播方向与入射线夹角更大，会在距离中心光斑较远处形成一个淡淡的光晕。非晶体内部原子排列没有明显的规律性，因而非晶体的电子束散射线无法产生显著的相干干涉，因此电子束衍射图案是一个中心区域明亮，外围区域逐渐变暗的图像，如图 9.4.5(a)所示。而对于单晶体，由于晶体内部原子呈周期性排列，当入射角度与晶体中晶面夹角满足布拉格方程时，会出现衍射现象，在焦平面形成亮斑。由于晶体具有对称性，最终单晶的电子衍射束会在焦平面聚焦形成一个平面点阵，如图 9.4.5(b)所示。相对于单晶，多晶每个晶粒中的原子是呈周期性排布的，但是每个晶粒的取向不同，因此各个晶粒会在焦平面形成取向各不相同的平面点阵。由于每个晶粒的原子排布规律是相同的，因而它们所形成的平面点阵遵循相同的周期性，最终在焦平面会形成环状图案，如图 9.4.5(c)所示。

(a)非晶电子衍射图　　　(b)单晶电子衍射图　　　(c)多晶电子衍射图

图 9.4.5　非晶、单晶和多晶的电子衍射图案

由于电子衍射图案是晶体点阵在倒空间的投影，因此图案中从中心亮斑指向图案中任一亮斑的矢量是与晶体点阵中一组平行等距晶面对应的倒易矢量，如图 9.4.6 所示。有 $|g_{hkl}| = 1/d$，即倒易矢量的模等于晶面间距的倒数，在已知晶体的物质成分的基础上，利用倒易矢量计算出电子衍射图案中各亮斑对应的晶面间距，并通过对比晶体晶格结构的标准卡即可得到电子衍射图案中各亮斑对应的晶面指数，从而确定晶体的结构和结晶情况。

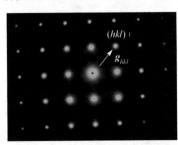

图 9.4.6　电子衍射图案中各亮斑晶面指数分析

对于多晶的电子衍射图案，可以通过散射环的间距判断其晶胞结构，其方法类似于利用 X 射线衍射光谱图判断晶胞结构。对于简单立方格子构造的晶体，其多晶电子衍射环的半径比应为 1:2:3:4:5…，而对于面心立方格子构造的晶体，其多晶电子衍射环的半径比应为 3:4:8:11:12…。

习题及思考题

9.1　将单色 X 射线光线分别沿着一块立方晶系单晶的<111>晶向和<100>晶向入射获得的劳厄光斑分布会有什么区别？

9.2　使用反射率测量法进行 X 射线衍射（也称 XRD-2θ 扫描）时，如果将硅和锗的粉末混合在一起，会获得什么样的 2θ 衍射图像？

9.3　当进行 XRD-2θ 扫描测试时，将晶体粉末研磨得较为细小或较为粗大，对测试结果有什么影响？

9.4　理论计算使用铜靶 K_α 射线单色 X 射线（$\lambda_{K_\alpha} = 0.154\text{nm}$），求得硅、锗、氮化镓的 (100) 反射角 θ。

9.5　简述透射电子显微镜(TEM)的基本原理。

9.6　简述使用电子束作为 TEM 照明束的优势。

9.7　怎样利用电子衍射花样区分单晶、多晶和非晶？

参 考 文 献

陈继勤, 陈敏熊, 赵敬世, 1992. 晶体缺陷[M]. 杭州: 浙江大学出版社.

江超华, 2014. 多晶 X 射线衍射技术与应用[M]. 北京: 化学工业出版社.

姜传海, 杨传铮, 2010. X 射线衍射技术及其应用[M]. 上海: 华东理工大学出版社.

金国立, 巩桂芬, 2022. 结晶学基础[M]. 北京: 化学工业出版社.

康昌鹤, 杨树人, 1995. 半导体超晶格材料及其应用[M]. 北京: 国防工业出版社.

李树棠, 1990. 晶体 X 射线衍射学基础[M]. 北京: 冶金工业出版社.

梁栋材, 2006. X 射线晶体学基础[M].2 版. 北京: 科学出版社.

廖立兵, 等, 2021. 晶体化学及晶体物理学[M].3 版. 北京: 科学出版社.

罗洋辉, 2023. 晶体结构与结晶[M]. 南京: 东南大学出版社.

潘峰, 王英华, 陈超, 2016. X 射线衍射技术[M]. 北京: 化学工业出版社.

王沿东, 刘沿东, 刘晓鹏, 2023. 晶体材料的 X 射线衍射原理与应用[M]. 北京: 清华大学出版社.

徐宝琨, 阎卫平, 刘明登, 1991. 结晶学[M]. 长春: 吉林大学出版社.

杨琇明, 2019. 结晶学及晶体光学[M]. 北京: 中国地质大学出版社.

CHEN M W, MA E, HEMKER K J, et al., 2003. Deformation twinning in nanocrystalline aluminum[J]. Science, 300(5623): 1275-1277.

CHU S F, LIU P, ZHANG Y, et al., 2022. In situ atomic-scale observation of dislocation climb and grain boundary evolution in nanostructured metal[J]. Nature Communications, 13(1): 4151.

HOFER C, SKÁKALOVÁ V, GÖRLICH T, et al., 2019. Direct imaging of light-element impurities in graphene revealstriple-coordinated oxygen[J]. Nature Communications, 10(1): 4570.

SHAN Z W, MISHRA R K, SYED ASIF S A, et al., 2008. Mechanical annealing and source-limited deformation in submicrometre-diameter Ni crystals[J]. Nature Materials, 7(2): 115-119.

附录 A 常见矿石的名称、分子式与所属晶系

名称	分子式	晶系	名称	分子式	晶系
硫砷银矿	Ag_3AsS_3	三方	橙红石	HgO	正交
碲金银矿	Ag_3AuTe_2	立方	辰砂	HgS	六方
溴银盐	$AgBr$	立方	黑辰砂	HgS	立方
氯银盐	$AgCl$	立方	硒汞矿	$HgTe$	立方
辉铜银矿	$Ag_{1.55}Cu_{0.45}S\text{-}III$	四方	碲汞矿	$HgTe$	立方
硫铜银矿	$Ag_{0.93}Cu_{1.07}S\text{-}III$	正交	白云石	$KAl_2[AlSi_3O_{10}](OH)_2$	单斜
硒铜银矿	$AgCuSe$	正交	锂云母	$K_2Al_3Li_2[AlSi_7O_{22}](OH)_4$	单斜
硫铁银矿	$AgFe_2S_3$	正交	明矾石	$KAl_3(SO_4)_2(OH)_6$	三方
黄碘银矿	AgI	立方	天然钾霞石	$KAlSiO_4$	六方
碘银矿	AgI	六方	白榴石	$KAlSi_2O_6$	四方
辉银矿	$Ag_2S\text{-}II$	立方	高白榴石	$KAlSi_2O_6$	立方
深红硫锑银矿	$AgSbS_3$	三方	铁白榴石	$KAlSi_2O_6$	四方
高硒银矿	Ag_2Se	立方	微斜长石	$KAlSi_3O_8$	三斜
碲银矿	$Ag_2Te\text{-}III$	单斜	高透长石	$KAlSi_3O_8$	单斜
刚玉	Al_2O_3	三方	正长石	$KAlSi_3O_8$	单斜
3·2莫来石	$3Al_2O_3\cdot2SiO_2$	正交	钾石膏	$K_2Ca(SO_4)_2\cdot2H_2O$	单斜
2·1莫来石	$2Al_2O_3\cdot SiO_2$	正交	钾盐	KCl	立方
勃姆石	$AlO(OH)$	正交	羟铁云母	$KFe_3[AlSi_3O_{10}](OH)_2$	单斜
水铝石	$AlO(OH)$	正交	铁羟铁云母	$KFe_3[FeSi_3O_{10}](OH)_2$	单斜
（三）水铝矿	$Al(OH)_3$	单斜	铁透长石	$KFeSi_3O_8$	单斜
钙长石	$CaAl_2Si_2O_8$	三斜	镁橄榄石	Mg_2SiO_4	正交
钙铝黄长石	$Ca_2Al_2SiO_7$	四方	氟块硅镁石	$Mg_2SiO_4\cdot MgF_2$	正交
钙铝榴石	$Ca_3Al_2Si_3O_{12}$	立方	氟硅镁石	$3Mg_2SiO_4\cdot MgF_2$	正交
硬柱石	$CaAl_2Si_2O_7(OH)_2\cdot H_2O$	正交	滑石	$Mg_3Si_4O_{10}(OH)_2$	单斜
钙柱石	$Ca_4Al_6Si_6O_{24}CO_3$	四方	镁闪石	$Mg_7[Si_8O_{22}](OH)_2$	单斜
黝帘石	$Ca_2Al_3(SiO_4)_3OH$	正交	直闪石	$Mg_7[Si_8O_{22}](OH)_2$	正交
斜黝帘石	$Ca_2Al_3(SiO_4)_3OH$	单斜	镁钛矿	$MgTiO_3$	三方
硬硼钙石	$CaB_3O_4(OH)_3\cdot H_2O$	单斜	锰印度石	$Mn_2Al_3(AlSi_5O_{18})$	六方
赛黄晶	$CaB_2Si_2O_8$	正交	锰尖晶石	$MnAl_2O_4$	立方
方解石	$CaCO_3$	三方	斜煌岩	$Mn_2Al_2Si_3O_{12}$	立方
球霰石	$CaCO_3$	六方	菱锰矿	$MnCO_3$	三方
霰石	$CaCO_3$	正交	氯锰矿	$MnCl_2$	三方
铁黄长石	$Ca_2Fe_2SiO_7$	四方	锰磁铁矿	$MnFe_2O_4$	立方
钙铬榴石	$Ca_3Fe_2Si_3O_{12}$	立方	锰铁橄榄石	$MnFeSiO_4$	正交

续表

名称	分子式	晶系	名称	分子式	晶系
萤石	CaF_2	立方	锰三斜辉石	$MnFe(SiO_3)_2$	三斜
钙铁辉石	$CaFe(SiO_3)_2$	单斜	方锰矿	MnO	六方
钙铁榴石	$Ca_3Fe_2Si_3O_{12}$	立方	软锰矿	MnO_2	四方
钙铁橄榄石	$CaFeSiO_4$	正交	方铁锰矿	Mn_2O_3	立方
铁透闪石	$Ca_2Fe_5[Si_8O_{22}](OH)_2$	单斜	黑锰矿	Mn_3O_4	四方
钙镁电气石	$CaMg_4Al_5B_3Si_6O_{27}(OH)_4$	三方	硫锰矿	MnS	立方
白云石	$CaMg(CO_3)_2$	三方	方硫锰矿	MnS_2	立方
透辉石	$CaMg(SiO_3)_2$	单斜	蔷薇辉石	$MnSiO_3$	三斜
钙镁橄榄石	$CaMgSiO_4$	正交	锰橄榄石	Mn_2SiO_4	正交
镁黄长石	$Ca_2MgSi_2O_7$	四方	红钛锰矿	$MnTiO_3$	三方
氟透闪石	$Ca_2Mg_5[Si_8O_{22}]F_2$	单斜	钼华	MoO_3	正交
锰钙辉石	$CaMn(SiO_3)_2$	单斜	辉钼矿	MoS_2	六方
钙蔷薇辉石	$CaMn(SiO_3)_2$	三斜	钨锰矿	$MnWO_4$	单斜
钙锰橄榄石	$CaMnSiO_4$	正交	铵矾	$(NH_4)_2SO_4$	正交
钼钨钙矿	$CaMoO_4$	四方	钠云母	$NaAl_2[AlSi_3O_{10}](OH)_2$	单斜
针钠钙石	$Ca_2NaH(SiO_3)_3$	三斜	冰晶石	Na_3AlF_6	单斜
石灰	CaO	立方	钠明矾石	$NaAl_3(SO_4)_2(OH)_6$	三方
羟钙石	$Ca(OH)_2$	六方	硬玉	$NaAl(SiO_3)_2$	单斜
碳酸磷灰石	$Ca_{10}(PO_4)_6CO_3·H_2O$	六方	低霞石	$NaAlSiO_4$	六方
氯磷灰石	$Ca_5(PO_4)_3Cl$	六方	高三斜霞石	$NaAlSiO_4$	立方
氟磷灰石	$Ca_5(PO_4)_3F$	六方	低钠长石	$NaAlSi_3O_8$	三斜
羟磷灰石	$Ca_5(PO_4)_3OH$	六方	长石/歪长石	$NaAlSi_3O_8$	三斜
陨硫钙石	CaS	立方	钠柱石	$Na_4Al_3Si_9O_{24}Cl$	四方
硬石膏	$CaSO_4$	正交	方沸石	$NaAlSi_2O_6·H_2O$	立方
石膏	$CaSO_4·2H_2O$	单斜	钠沸石	$Na_2Al_2Si_3O_{10}·2H_2O$	正交
硅灰石	$CaSiO_3$	三斜	硼砂	$Na_2B_4O_7·10H_2O$	单斜
假银星石	$CaSiO_3$	三斜	四水硼砂	$Na_2B_4O_7·4H_2O$	单斜
钙橄榄石	Ca_2SiO_4	正交	钠铝黄长石	$NaCaAlSi_2O_7$	四方
钙钛矿	$CaTiO_3$	正交	碳酸钠钙石	$Na_2Ca_2(CO_3)_3$	正交
榍石	$CaTiSiO_5$	单斜	氟浅闪石	$NaCa_2Mg_5[AlSi_7O_{22}]F_2$	单斜
钙钒榴石	$Ca_3V_2Si_3O_{12}$	立方	氟碱锰闪石	$Na_2CaMg_5[Si_8O_{22}]F$	单斜
白钨矿	$CaWO_4$	四方	岩盐	$NaCl$	立方
锌黄长石	Ca_2ZnSiO_7	四方	氟盐	NaF	立方
菱镉矿	$CdCO_3$	三方	钠闪石	$Na_2Fe_3Fe_2[Si_8O_{22}](OH)_2$	单斜
方镉石	CdO	立方	绿辉石(霓石)	$NaFe(SiO_3)_2$	单斜
硫镉矿	CdS	六方	镁电气石	$NaMg_3Al_6B_3Si_6O_{27}(OH)_4$	三方
方硫镉矿	CdS	立方	氟镁钠石	$NaMgF_3$	正交
镉硒矿	$CdSe$	六方	钠硝石	$NaNO_3$	三方

名称	分子式	晶系	名称	分子式	晶系
方铈矿	CeO_2	立方	镁钠闪石	$Na_2mg_3Fe_2[Si_8O_{22}](OH)_2$	单斜
钴方解石	$CoCO_3$	三方	蓝闪石 I	$Na_2mg_3Fe_2[Si_8O_{22}](OH)_2$	单斜
砷钴铁矿	$(Co_5Fe_5)As_2$	正交	蓝闪石 II	$Na_2mg_3Fe_2[Si_8O_{22}](OH)_2$	单斜
辉砷钴矿	$CoAsS$	立方	无水芒硝	Na_2SO_4	正交
铁硫砷钴矿	$(Co,Fe)AsS$	正交	芒硝	$Na_2SO_4·10H_2O$	单斜
方硫钴矿	CoS_2	立方	红砷镍矿	$NiAs$	六方
硫钴矿	Co_3S_4	立方	砷镍矿	$NiAs_2$	正交
方硒钴矿	$CoSe_2$	立方	辉砷镍矿	$NiAsS$	立方
钴橄榄石	Co_2SiO_4	正交	镍磁铁矿	$NiFe_2O_4$	立方
绿铬矿	Cr_2O_3	三方	绿镍矿	NiO	立方
绿松石	$CuAl_6(PO_4)_4(OH)_8·4H_2O$	三斜	硫铅镍矿	$\beta-Ni_3Pb_2S_2$	三方
砷黝铜矿	$Cu_{12}As_4S_{13}$	立方	硫镍矿	Ni_3S_4	立方
铜盐	$CuCl$	立方	方硫镍矿	NiS_2	立方
黄铜矿	$(CuFeS_2)CuFeS_{1.90}$	四方	镍矾	$NiSO_4·4H_2O$	四方
方黄铜矿	$CuFe_2S_3$	正交	镍橄榄石	Ni_2SiO_4	正交
高斑铜矿	Cu_5FeS_4	立方	碲镍矿	$NiTe_2$	六方
低斑铜矿	Cu_5FeS_4	四方	白铅矿	$PbCO_3$	正交
透视石	CuH_2SiO_4	三方	氯铅矿	$PbCl_2$	正交
碘铜矿	CuI	立方	氟氯铅矿	$PbFCl$	四方
铜硝石	$Cu_2(NO_3)(OH)_3$	正交	钼铅矿	$PbMoO_4$	四方
黑铜矿	CuO	单斜	正方铅矿	PbO	四方
赤铜矿	Cu_2O	立方	铅黄	PbO	正交
褐铜矾	$Cu_2O(SO_4)$	单斜	铅丹(红铅)	Pb_3O_4	四方
孔雀石	$Cu_2(OH)_2CO_3$	单斜	方铅矿	PbS	立方
蓝铜矿	$Cu_3(OH)_2(CO_3)_2$	单斜	硫酸铅矿	$PbSO_4$	正交
蓝辉铜矿(富铜)	$Cu_{1.79}S$	立方	硒铅矿	$PbSe$	立方
铜蓝矿	CuS	六方	碲铅矿	$PbTe$	立方
高蓝辉铜矿	Cu_2S-I	立方	钨铅矿	$PbWO_4$	四方
辉铜矿	Cu_2S-III	正交	砷铂矿	$PtAs_2$	立方
胆矾	$CuSO_4·5H_2O$	三斜	硫铂矿	PtS	四方
黝铜矿	$Cu_{12}Sb_4S_{13}$	立方	硫钌锇矿	RuS_2	立方
硒铜矿	Cu_2Se	立方	方锑矿	Sb_2O_3	立方
红硒铜矿	Cu_3Se_2	四方	锑华	Sb_2O_3	正交
蓝硒铜矿	$CuSe$	六方	黄锑矿	Sb_2O_4	立方
铁印度石	$Fe_2Al_3(AlSi_5O_{18})$	六方	辉锑矿	Sb_2S_3	正交
铁堇青石	$Fe_2Al_3(AlSi_5O_{18})$	正交	石膏岩	SeO_2	四方
铁尖晶石	$FeAl_2O_4$	立方	α-方英石	SiO_2	四方
贵榴石	$Fe_3Al_2Si_3O_{12}$	立方	β-方英石	SiO_2	立方

续表

名称	分子式	晶系	名称	分子式	晶系
砷铁矿	$FeAs_2$	正交	热液石英	SiO_2	四方
菱铁矿	$FeCO_3$	三方	β-鳞石英	SiO_2	六方
陨氯铁	$FeCl_2$	三方	锡石	SiO_2	四方
陨硫铬铁	$FeCrS_4$	立方	硫锡矿	SnS	正交
黑钨矿	$Fe_{.5}Mn_{.5}WO_4$	单斜	菱锶矿	$SrCO_3$	正交
硫镍铁矿	$Fe_{5.25}Ni_{3.75}S_8$	立方	天青石	$SrSO_4$	正交
硫镍铁矿	$Fe_{4.75}Ni_{5.25}S_8$	立方	付黄碲矿	TeO_2	四方
紫硫镍矿	$FeNi_2S_4$	立方	方钍石	ThO_2	立方
方铁矿	$Fe_{0.953}O$	立方	钍石	$ThSiO_4$	四方
赤铁矿	Fe_2O_3	三方	金红石	TiO_2	四方
磁铁矿	Fe_3O_4	立方	锐钛矿	TiO_2	四方
硫铁矿	FeS	六方	板钛矿	TiO_2	正交
硫铁矿	Fe_3S_4	立方	沥青铀矿	UO_2	立方
黄铁矿	FeS_2	立方	水硅铀矿	$USiO_4$	四方
磁黄铁矿	$Fe_{0.98}S$	六方	硫钨矿	WS_2	六方
磁黄铁矿	$Fe_{0.885}S$	六方	磷钇矿	YPO_4	四方
水绿矾	$FeSO_4 \cdot 7H_2O$	单斜	锌尖晶石	$ZnAl_2O_4$	立方
硒铁矿	$FeSe_2$	正交	菱锌矿	$ZnCO_3$	三方
斜铁辉石	$FeSiO_3$	单斜	红锌矿	ZnO	六方
正铁辉石	$FeSiO_3$	正交	闪锌矿	ZnS	立方
铁橄榄石	Fe_2SiO_4	正交	纤锌矿	ZnS	六方
铁滑石	$Fe_3Si_4O_{10}(OH)_2$	单斜	锌矾	$ZnSO_4$	正交
铁闪石	$Fe_7[Si_8O_{22}](OH)_2$	单斜	皓矾	$ZnSO_4 \cdot 7H_2O$	正交
碲铁矿	$FeTe_2$	正交	方硒锌矿	$ZnSe$	立方
钛铁矿	$FeTiO_3$	三方	硅锌矿	Zn_2SiO_4	三方
钨铁矿	$FeWO_4$	单斜	钨锌矿	$ZnWO_4$	单斜
低二氧化锗	GeO_2	四方	斜锆石	ZrO_2	单斜
高二氧化锗	GeO_2	六方	锆石	$ZrSiO_4$	四方

附录 B 常见单质的所属晶系

单质名称	元素符号	晶系	单质名称	元素符号	晶系
银	Ag	立方	铂	Pt	立方
砷	As	三方	正交硫	S	正交
金	Au	立方	单斜硫	S	单斜
铋	Bi	三方	三方硫	S	三方
金刚石	C	立方	锑	Sb	三方
石墨	C	六方	硒	Se	六方
铜	Cu	立方	硅	Si	立方
α-铁	Fe	立方	β-锡(白)	Sn	四方
镍	Ni	立方	碲	Te	六方
铅	Pb	立方	锌	Zn	六方

附录 C 常见半导体材料的 XRD 标准卡

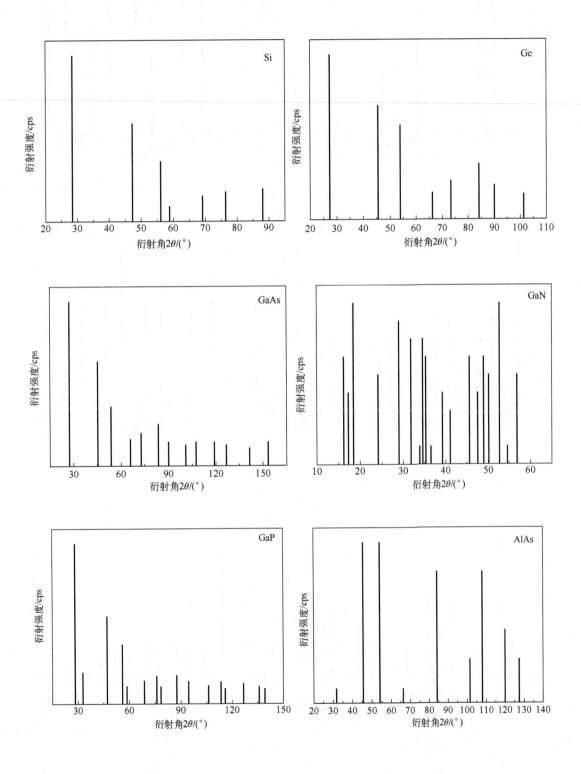

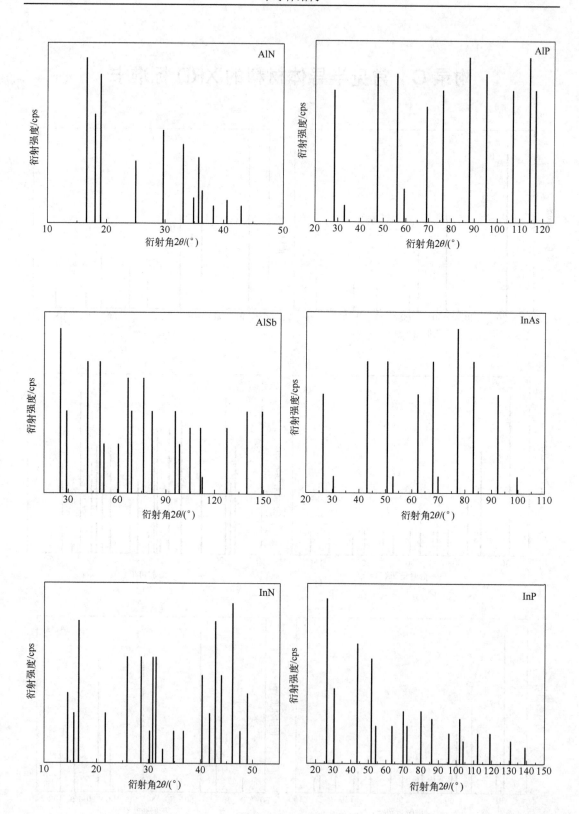

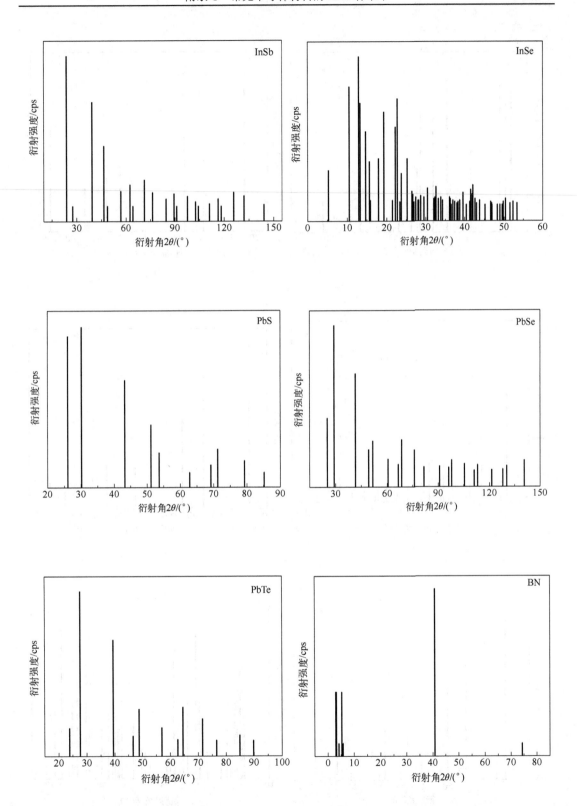

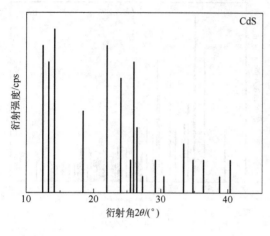

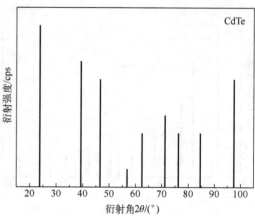

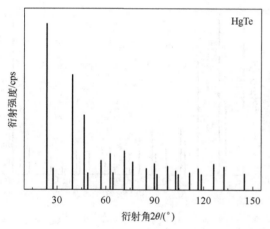

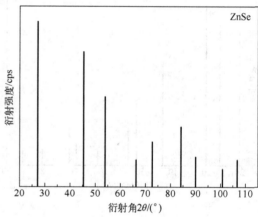

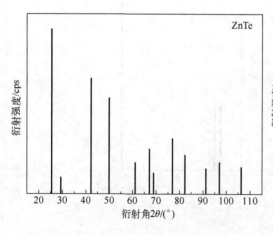

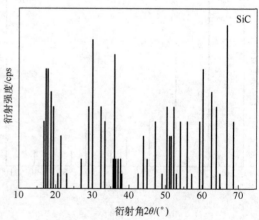

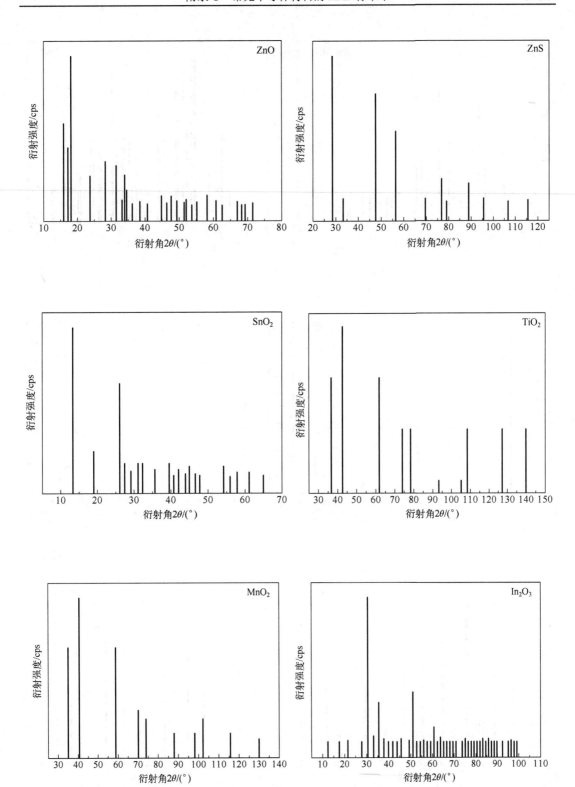

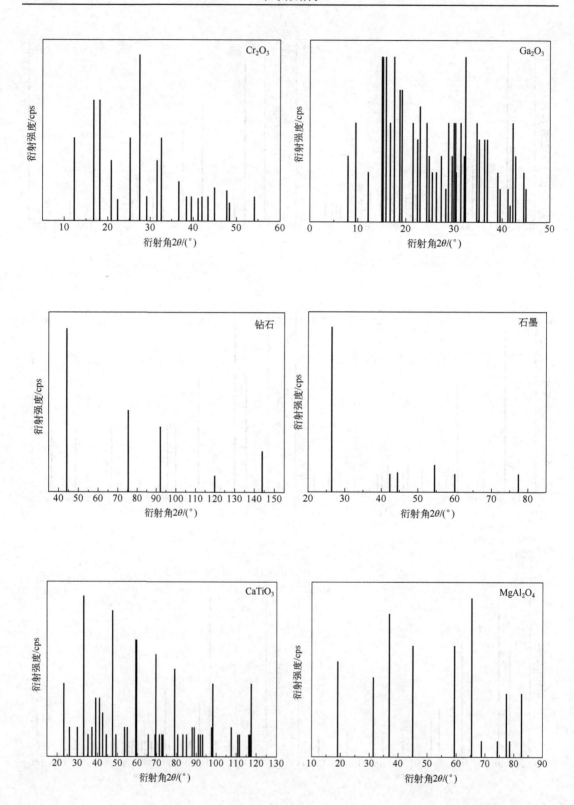